高分子材料成型技术

主　编　张世玲　龚晓莹
副主编　杨海燕　朱　波
主　审　康远琪　马洪涛

U0283753

中国建材工业出版社

图书在版编目（CIP）数据

高分子材料成型技术/张世玲，龚晓莹主编．--北
京：中国建材工业出版社，2016.9
ISBN 978-7-5160-1518-6

Ⅰ．①高…　Ⅱ．①张…　②龚…　Ⅲ．①高分子材料—
成型—高等职业教育—教材　Ⅳ．①TQ316

中国版本图书馆 CIP 数据核字（2016）第 140554 号

内 容 简 介

本书由四个模块组成，模块一高分子材料成型基础，模块二成型用物料配制（塑料粉料的配混与塑炼），模块三塑料制品成型技术（挤出成型技术、注射成型技术、模压成型技术、压延成型技术、中空吹塑成型技术和其他成型技术），模块四橡胶制品成型技术（橡胶制品成型用物料及准备、橡胶压延成型技术、橡胶压出成型技术）。

本书适合作为高职高专化工技术类及高分子材料加工类专业教材，也可供从事高分子材料加工类相关企业的技术工人参阅。

本书有配套课件，读者可登录中国建材工业出版社官网（www.jccbs.com.cn）免费下载。

高分子材料成型技术

主　编　张世玲　龚晓莹
副主编　杨海燕　朱　波
主　审　康远琪　马洪涛

出版发行：中国建材工业出版社
地　　址：北京市海淀区三里河路 1 号
邮　　编：100044
经　　销：全国各地新华书店
印　　刷：北京雁林吉兆印刷有限公司
开　　本：787mm×1092mm　1/16
印　　张：14
字　　数：330 千字
版　　次：2016 年 9 月第 1 版
印　　次：2016 年 9 月第 1 次
定　　价：46.00 元

本社网址：www.jccbs.com.cn　　微信公众号：zgjcgycbs
本书如出现印装质量问题，由我社市场营销部负责调换。联系电话：（010）88386906

前　　言

　　本书按照教育部与高职高专人才培养的指导思想，依据高职高专人才培养的要求以及高分子材料加工技术人才培养规格，确立以职业活动过程为导向，以工学结合、校企合作为切入点，广泛吸取多年来高职高专教学经验，并会同高分子材料成型加工行业专家、教育专家等相关人员对高分子材料成型加工岗位典型工作任务与职业能力进行剖析，形成以典型高分子材料制品为载体，以工作过程系统化组织教学，着重培养学生的岗位加工操作技能、高分子材料制品质量控制、生产岗位的设备维护保养及故障处理等方面的能力。

　　本书由四个模块组成，模块一高分子材料成型基础，模块二成型用物料配制（塑料粉料的配混与塑炼），模块三塑料制品成型技术（挤出成型技术、注射成型技术、模压成型技术、压延成型技术、中空吹塑成型技术和其他成型技术），模块四橡胶制品成型技术（橡胶制品成型用物料及准备、橡胶压延成型技术、橡胶压出成型技术）。

　　本书由张世玲、龚晓莹担任主编，杨海燕、朱波担任副主编，康远琪和马洪涛担任主审。具体编写人员分工：模块一由张世玲、朱波编写，模块二由龚晓莹、赵雪君编写，模块三由张世玲、杨海燕、陈科宇、李卫、张燕青、张吉昌编写，模块四由张嵩、黄岚、马昆华、张明秋、王旗编写。

　　教材在编写过程中得到了昆明耀龙塑胶有限公司、云南云仁轮胎有限公司等相关企业工程技术人员的大力支持，在此表示衷心感谢。

　　本书适合作为高职高专化工技术类及高分子材料加工类专业教材，也可供从事高分子材料加工类相关企业的技术工人参阅。

　　由于编者的水平有限，加之时间仓促，在教材编写中难免有疏漏和不妥之处，恳请有关专家、同行批评指正。

编　者

2016 年 8 月

目　　录

模块一　高分子材料成型基础

模块二　成型用物料配制

模块三 塑料制品成型技术

模块四　橡胶制品成型技术

绪　　论

教学目标

（1）掌握高分子材料的分类。
（2）掌握高分子材料的加工特性和成型方法。
（3）了解高分子材料成型工业的发展概况。

1. 高分子材料分类

人类社会的进步与材料的使用密切相关。其中，高分子材料是材料中的一大类。

高分子材料是配合一定的高分子化合物（由树脂或橡胶和添加剂组成）在成型设备中，受一定温度和压力的作用熔融塑化，然后通过模塑制成一定形状，冷却后在常温下能保持既定形状的材料制品。因此适宜的材料组成、正确的成型方法以及合理的成型机械和模具是制备性能良好的高分子材料的 3 个关键因素。高分子材料按特性分为塑料、橡胶、纤维、高分子胶粘剂、高分子涂料和高分子基复合材料等。

塑料是以合成树脂或化学改性的天然高分子为主要成分，再加入稳定剂、增塑剂、填料等添加剂制得。其分子间次价力、模量和形变量等，介于橡胶和纤维之间。室温下通常处于玻璃态，呈现塑性。通常按合成树脂的特性分为热固性塑料和热塑性塑料；按用途又分为通用塑料和工程塑料。

橡胶是一类线型柔性高分子聚合物。其分子链间次价力小，分子链柔性好，在外力作用下可产生较大形变，除去外力后能迅速恢复原状。室温下处于高弹态，呈现弹性。有天然橡胶和合成橡胶两种。

高分子纤维分为天然纤维和化学纤维。前者指蚕丝、棉、麻、毛等。后者是以天然高分子或合成高分子为原料，经过纺丝和后处理制得。纤维的次价力大、形变能力小、模量高，一般为结晶聚合物。

高分子胶粘剂是以合成和天然高分子化合物为主体制成的胶粘材料，分为天然胶粘剂和合成胶粘剂两种。应用较多的是合成胶粘剂。

高分子涂料是以聚合物为主要成膜物质，添加溶剂和各种添加剂制得。根据成膜物质不同，分为油脂涂料、天然树脂涂料和合成树脂涂料。

高分子基复合材料是以高分子化合物为基体，添加各种增强材料制得的一种复合材料。它综合了原有材料的性能特点，并可根据需要进行材料设计。

除胶粘剂、涂料一般无需加工成型而可直接使用外，塑料、橡胶、纤维等须用相应的成型方法加工成制品。

由于高分子材料具有品种多、性能各具特色、适应性广等优点，因此，高分子材料工业的发展一直保持着旺盛的势头。

 ## 2. 高分子材料成型及其重要性

高分子材料的生产由高分子化合物的制造和成型加工两大部分组成，如图1所示为高分子材料的生产加工简图。

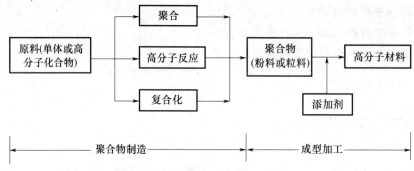

图1　高分子材料生产加工简图

利用单体的聚合反应、高分子化合物的化学反应性使之改性和采用接枝反应、相容剂等复合化制造出高分子化合物——聚合物，经过成型加工制备成有用的高分子材料。聚合物的制造是决定高分子材料结构、性能和应用的前提，而成型加工是决定高分子材料最终结构和性能的重要环节。高分子材料的成型加工即为本课程的论述内容。

成型加工是将高分子材料（有时还加入各种添加剂、助剂或改性材料等）转变成实用的材料或制品的一种工程技术。在成型过程中，聚合物有可能受温度、压强、应力及作用时间等变化的影响，导致高分子降解、交联以及其他化学反应，使聚合物的聚集态结构和化学结构发生变化。因此，加工过程不仅决定高分子材料制品的外观形状和质量，而且对材料的分子结构和织态结构甚至链结构有重要影响。要使成型过程中材料性能达到满意，不同材料、不同制品要采用不同的成型加工方法。

一般塑料制品常用的成型方法有挤出、注射、压延、吹塑、模压、热成型等；橡胶制品有塑炼、混炼、压延或挤出、硫化等成型工序；纤维有纺丝熔体或溶液制备、纤维成型和卷绕、后处理、初生纤维的拉伸和热定型等。研究这些方法及所获得的产品质量与各种因素（材料的流动和形变的行为以及其他性质、各种加工条件参数及设备结构等）之间的关系，就是高分子材料成型加工这门技术的基本任务。

 ## 3. 高分子材料成型加工特性

高分子材料有优异的加工性能，即能便易而廉价地加工，采用简单操作就能生产出几何形状相当复杂的制品，加工成本又很少超过材料的成本。高分子材料的加工性主要表现为如下三个方面。

（1）可挤压性。可挤压性是指聚合物通过挤压作用形变时获得形状和保持形状的能力。高分子材料在加工过程中常受到挤压作用，例如物料在挤出机和注射机料筒中、压延机辊筒间以及在模具中都受到挤压作用。

通过对高分子材料可挤压性的研究，能对材料和工艺方面作出正确的选择和控制。通常条件下处于固体状态的物料不能通过挤压而成型，只有当高分子材料在熔体和溶液状态下才具有可挤压性。材料的可挤压性与聚合物的流变性（剪切应力或剪切速率对黏度的关系）、熔体流动速率密切相关。

（2）可模塑性。可模塑性是指材料在温度和压力作用下形变和在模具中模塑成型的能力。具有可模塑性的材料可通过注射、模压和挤出等加工方法制成各种形状的模塑制品。

可模塑性主要取决于材料的流变性、热性能和其他物理力学性能等，热固性聚合物还与其化学反应性能有关。模塑工艺参数、模具的结构和尺寸会影响高分子材料的可模塑性，同时也对制品的力学性能、外观、收缩以及制品中的结晶和取向等都有重要的影响。

（3）可延性。可延性表示无定形或半结晶固体聚合物在一个方向或两个方向上受到压延或拉伸应力变形的能力。

材料的这种性质为生产长径比（有时是长度对厚度的比）很大的制品提供了可能。利用该性质，可通过压延或拉伸工艺生产薄膜、片材和纤维。高分子材料的可延性取决于材料产生塑性形变的能力。可延性也使高分子材料能产生高倍的拉伸变形，使其形成高度的分子取向材料。

（4）可纺性。可纺性是高分子材料熔体通过成型而制成细长而连续的固态纤维的能力。它与高分子材料的熔体流变性、熔体黏度、强度以及熔体的热稳定性和化学稳定性有关。

4. 高分子材料制品及成型方法

高分子材料已经应用到国民经济各个领域，从人们的日常生活到航空航天及军工领域，到处都有高分子材料的身影。高分子材料可制作出耐腐蚀、耐辐射、耐紫外线和臭氧、耐高温（350℃）和耐低温（－100℃）、耐深度真空和超高压条件、阻燃、隔热、消音减振、具有磁性和生物医学功能等特殊性能的制品。高分子材料品种繁多，成型方法各异。对于塑料制品而言，根据其形状和使用性能分管材、薄膜、中空制品、汽车配件、日用品和建筑结构材料等，其成型方法与制品的适应性见表1。

表 1　各种成型方法与制品适应性

成型方法		成型时剪切速率范围（s^{-1}）	成型时压力（MPa）	制品实例
一次成型	挤出成型	$10^2 \sim 10^3$	几～几十	管、薄膜、片、板、棒、丝、网、异型材、电线电缆
	注射成型	$10^3 \sim 10^4$	高压50～100；低压＞30	日用品、家电配件、汽车保险杠、浴缸、齿轮
	压延成型	$10 \sim 10^2$		人造革、薄膜
	发泡成型		零点几～几	隔热材料、漂浮材料
	模压成型	$1 \sim 10$	几	密胺餐具、连接器件

续表

成型方法		成型时剪切速率范围（s⁻¹）	成型时压力（MPa）	制品实例
一次成型	层压成型		高压>5；低压0~5	电解槽、安全帽、印刷线路板
	传递模塑	0~10	10~20	电器零件
	浇铸	0~10		有机玻璃产品、尼龙滚轮
	滚塑	0~10		大型容器、小船壳体
	搪塑、蘸浸			玩具、手套
二次成型	中空吹塑		几	瓶、管、桶、鼓状物
	热成型		几	敞口容器、冰箱内胆、罩、广告牌
二次加工	表面处理		印刷、涂装、表面硬化、静电植绒等	
	粘接		溶剂粘接和热熔粘接	
	机械加工		钻、车、刨、切断、弯曲等	

5. 高分子材料成型工业的发展概况

　　高分子材料工业经历了将近一个半世纪，19世纪之前人们就开始使用天然高分子材料，1823年英国建立了世界上第一个橡胶加工厂，用溶解法生产防水胶布；1826年Hancock发明了橡胶塑炼机，橡胶经双辊塑炼后弹性下降，可塑度提高，为橡胶加工奠定了基础；1869年第一个人工半合成高分子材料——硝酸纤维素用樟脑增塑后制得赛璐珞，1870年用柱塞式湿式挤出法和1892年用立式注射机使赛璐珞成型；1892年确定了天然橡胶的干馏产物为异戊二烯结构，这为高分子合成指明了方向；1907年第一个合成高分子材料——酚醛树脂诞生，随后又开发了氨基塑料，这预示着热固性塑料时代的开始，与之相匹配的模压、注压等工艺技术开始发展。20世纪20年代后多种乙烯基聚合物工业化，使得热塑性塑料成型达到快速发展时期。在这一时期，聚合理论、结构与性能关系的研究已十分深入，各种聚合方法和成型加工技术的确立，极大地推动了高分子材料工业发展。20世纪50年代Ziegler-Natta发明了低压催化剂，使得聚乙烯、聚丙烯的生产规模更大型化，价格更便宜。同时各种通用橡胶（顺丁橡胶、异戊橡胶、乙丙橡胶等）大规模生产，聚甲醛、聚碳酸酯、聚酰亚胺、聚砜、聚苯硫醚等工程塑料相继问世，之后各种新型高强度、耐高温、导电、降解等功能高分子材料层出不穷，促进了高分子材料成型加工技术的迅速发展。表2列举了高分子材料成型加工技术的发展史。

表2　高分子材料及其成型加工技术发展史

年代	高分子材料	成型加工工艺	成型加工方法
20世纪30年代前	天然纤维素、赛璐珞、UF、MF	双辊混炼、溶解、纺丝、配制、加热塑化、粉末化	编、织、组合、双辊混炼加工、加硫、压制、挤出、柱塞式注射
20世纪30年代后	PVC、PMMA、PS、LDPE		螺杆式注射、真空成型

年代	高分子材料	成型加工工艺	成型加工方法
20世纪40年代	AS、ABS、PA、氟树脂、FRP、硅树脂		薄板片成型、发泡成型、吹塑成型
20世纪50年代	HDPE、PP、PET、PC、POM	挤出、双向拉伸	螺杆式注射、薄膜挤出、异型挤出、泡沫挤出
20世纪60年代	第二代高分子合金、CF、高分子/无机物复合材料		大型注射、挤出吹塑、大型吹塑、网挤出
20世纪70年代	PPS、PE	大型挤出机、多螺杆挤出、偶联剂处理	嵌件成型、低发泡注射、多层吹塑、多层挤出
20世纪80年代	PEEK、PES、第三代高分子合金、LCP、长纤维增强材料	相容性技术、反应挤出	拉吹塑、RIM、超大型挤出、精密成型、ST板
20世纪90年代	功能高分子、生物降解高分子、超细材料		三元吹塑、气体辅助注射成型、多层注射
21世纪	分子设计	流体辅助塑料成型振动、成型、纳米复合成型	辅助微发泡技术、全电动注射吹塑

目前三大合成高分子材料（合成树脂、合成橡胶、合成纤维）的世界产量已经超过3亿多吨，其中80%以上为合成树脂及塑料。到2004年底，中国五大合成树脂（聚乙烯、聚丙烯、聚苯乙烯、聚氯乙烯、ABS）的产量已经达1790万吨，列世界第二位，国内消费量达3125万吨；五大合成纤维（涤纶、腈纶、锦纶、丙纶、维纶）产量达1314万吨，列世界第一位，国内消费量达1481万吨合成橡胶产量达148万吨，列世界第三位，国内消费量达258万吨。

近年来，由于加工技术理论的研究、加工设备设计和加工过程自动控制等方面都取得了很大的进展，产品质量和生产效率大大提高，产品适应范围扩大，原材料和产品成本降低，高分子材料成型加工工业更进入了一个高速发展时期。高分子材料的发展已经超过钢铁、水泥和木材三大传统材料。

模块一　高分子材料成型基础

项目一　高分子材料成型基础理论

教学目标

(1) 掌握高分子流体的性质与其他材料流体的流动过程的本质区别。

(2) 掌握高分子流体的流动与其加工的工艺过程及产品的综合质量的关系。

1.1　高分子材料的性能

高分子材料应用比较广泛的一个很重要的原因，是高分子材料具有其他材料所不可比拟的性能，也因此而具有与其他材料不同的成型技术，了解和掌握高分子材料的性能对学习高分子材料成型技术十分重要。

1.1.1　力学性能

对大多数高分子材料来说，力学性能是最重要的性能指标。聚合物的力学特性是由结构特性所决定的。

1. 高弹性

高弹性是高分子材料极其重要的性能，其中橡胶是以高弹性作为主要特征的。

2. 黏弹性

黏弹性是指聚合物既有黏性又有弹性的性质，实质上是聚合物的力学松弛行为。在玻璃化转变温度以上，非晶态线型聚合物的黏弹性最为明显。

3. 力学强度

高分子材料的力学强度指标主要有缺口冲击强度、拉伸强度、断裂伸长率、拉伸模量、弯曲强度和弯曲模量等。

将高分子材料按照结构完全均匀的理想情况计算得到的理论强度要比聚合物的实际强度高出几十倍至上百倍。主要是因为聚合物的实际结构存在着大小不一的缺陷，引起应力的局部集中。而弹性模量实际值与理论值比较接近。

聚合物的抗张强度与聚合物本身的结构、取向、结晶度、填料等有关，同时还与载荷速率和温度等外界条件有关。冲击强度在很大程度上取决于试样缺口的特性，此外成型条件、分子量、添加剂等对冲击强度也有影响。

4. 疲劳强度

聚合物在周期性交变应力作用下、在低于静态强度的应力下破裂，这种现象称为材料的疲劳现象。同样的疲劳现象也是在应力作用下，由裂纹的发展引起的。在一定负荷的反复作用下，材料的疲劳寿命随聚合物分子量的提高而增加。

此外，高分子材料的力学性能还有力学屈服、蠕变、应力松弛等。

 ## 1.1.2 物理性能

1. 热性能

由于聚合物一般是靠分子间力结合的，所以导热性比靠自由电子的热运动导热的金属材料低得多，属于较差的一类。高分子材料的比热容和热膨胀性比金属材料和无机材料大。

2. 电性能

聚合物是极好的电气材料，其体积电阻率常随充电时间的延长而增加；在各种电工材料中聚合物是电阻率非常高的绝缘材料。但由于聚合物的高电阻率使得它有可能积累大的静电荷，比如聚丙烯纤维因摩擦可产生高达1500V的静电压。一般可以通过体积传导、表面传导等来消除静电。目前工业上广泛采用添加抗静电剂来提高高分子材料的表面导电性。

3. 光性能

聚合物的光性能主要有折射和透明性。

聚合物的折射率一般都在1.5左右。大多数聚合物不吸收可见光谱范围内的辐射，当其不含结晶、杂质时都是透明的，如有机玻璃（PMMA）、聚苯乙烯等。但是由于材料内部结构的不均匀性而造成光的散射，加上光的反射和吸收使透明度降低。

4. 渗透性

液体分子或气体分子可从聚合物膜的一侧扩散到其浓度较低的另一侧的现象称为渗透或渗析。由于高分子材料的渗透性，使其在薄膜包装、提纯、医学、海水淡化等方面获得了广泛的应用。

 ## 1.1.3 化学性能

1. 老化

聚合物及其制品在使用或成型过程中由于环境的影响，性能逐渐变坏的现象称为老化。由于光、热、水、微生物、化学物质等的作用，发生化学反应，导致聚合物大分子链断裂，特别是有氧的情况下，加剧了聚合物的氧化过程。为防止聚合物的老化，常常加入稳定剂，如光稳定剂、抗氧剂、热稳定剂。

2. 降解

聚合物大分子可能在成型过程中受到热和应力的作用或由于高温下聚合物中微量水分、酸、碱等杂质及空气中氧的作用而导致分子量降低，大分子结构改变等化学变化。通常称分子量降低的作用为降解（或裂解）。成型过程中聚合物的降解一般难以完全避免。

成型过程的降解大多是有害的。轻度降解会使聚合物变色，进一步降解会使聚合物分解出低分子物质、分子量（或黏度）降低，制品出现气泡和流纹等弊病，并因此削弱制品的各项物理力学性能。严重的降解会使聚合物焦化变黑，产生大量的分解物质。

3. 交联

聚合物的成型过程，形成三维网状结构的反应称为交联，通过交联反应能制得交联（即体型）聚合物。和线型聚合物比较，交联聚合物的力学强度、耐热性、耐溶剂性、化学稳定性和制品的形状稳定性等均有所提高。

通过不同途径如以模压、层压、注塑等成型方法生产热固性塑料和硫化橡胶的过程，就存在着典型的交联反应，但在成型热塑性聚合物时，由于成型条件不适当或其他原因（如原料不纯等）引起交联反应，为非正常交联，会使聚合物性能改变，应加以避免。

 1.1.4　成型性能

绝大多数高分子材料在成型时，为使成型材料获得良好的流动性，都要借助加热等手段，使成型材料温度升高，聚合物在温度变化时，其所处的力学状态也必然随之发生变化。每种高分子材料都有其特定的玻璃化转变温度（亦称玻璃化温度，T_g）、黏流温度（T_f）或结晶温度（T_m）和分解温度（T_d）。

在 T_g 以下，高分子材料处于玻璃态，为坚硬的固体，受外力作用形变很小，一旦外力消失，形变可以立即恢复。

在 T_g 以上，高分子材料处于高弹态（亦称橡胶态），与玻璃态相比，只要较小的外力就可使其发生较大的形变（高弹形变）。但这种形变是可逆的。

当达到 T_f（或 T_m）时，高分子材料处于黏流态（亦称加工与成型温度流动态），此时，只需不太大的外力就可使其发生形变，而且这种形变是不可逆的，外力除去后，仍将继续保持，无法自行恢复。

达到 T_d，则高分子材料开始分解。

因此在 T_g 以下，对高分子材料不能进行形变较大的成型加工，只能进行机械加工，如车、铣、削、刨等。T_g（对非晶态聚合物，亦称无定形聚合物）或 T_m（对结晶聚合物）是选择和合理使用塑料的重要温度参数，亦是大多数塑料成型的最低温度。从图 1-1 可更直观地理解温度、聚合物的力学状态以及成型加工之间的关系。

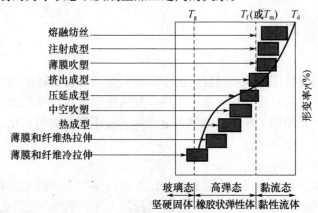

图 1-1　线型非结晶型聚合物的温度、力学状态以及成型加工的关系

1.2　高分子材料加工的流变性质

　　高分子材料加工成为制品和制件的过程，总是通过变形和流动来实现的，变形和流动贯穿整个成型过程。研究材料流动和形变的科学称为流变学，本模块主要介绍高分子材料在应力作用下产生黏性、塑性和弹性变形的行为及影响高分子熔体黏度和弹性的因素。

1.2.1　高分子材料在成型过程中的黏性流动与黏度

　　在高分子材料成型加工过程中，除少数几种成型方法外，均要求材料成型时处于黏流态。处于该力学状态下的聚合物（除少数几种聚合物如纤维素、聚四氟乙烯等）在外力作用下，分子重心可发生相对位置的变化，流体主要发生不可逆的黏性流动变形。也就是说大多数的热塑性塑料的成型、合成纤维的熔融纺丝和橡胶制品的成型，都是利用黏流态下的流动行为加工成型的。

　　流体的流动和变形都是在受到外力作用时产生的。聚合物受外力作用后内部产生与外力相平衡的力称为应力，单位为帕（Pa）。液体流动和变形所受的应力有3种：剪切应力、拉伸应力和压缩应力。其中剪切应力最重要，其次拉伸应力也常见，压缩应力不常用，但会影响熔体黏度。

　　3种应力不同，产生的流动方式也不同。在剪切应力作用下产生的流动为剪切流动。例如在双辊机塑炼、挤出机、口模、流道和喷嘴以及纺丝喷丝板毛细管孔道中等的流动主要是剪切流动。在拉伸应力作用下的流动称为拉伸流动，如纺丝、拉伸薄膜等。

1.2.1.1　高分子流体的剪切流动

　　产生速度梯度的方向与流体流动方向相垂直的流动，称为剪切流动。高分子材料成型过程中的流变性质主要表现为黏度的变化，根据流体在剪切流动中黏度与应力及应变速率的关系可将聚合物的流变行为分为牛顿流体和非牛顿流体。

1. 牛顿流体

　　牛顿流体是理想的黏性流体，在无限小的应力作用下也没有屈服值，在静止状态下也没有固定形状。牛顿型流体在外力作用下所发生的流动形变具有不可逆性，当外力消除后，形变将永久保留。流体流动时，内部抵抗流动的阻力称为黏度，它是流体内摩擦力的表现。为了研究剪切流动的黏度，可将这种流体的流动简化成图1-2所示的层流模型。

　　流体在剪切力 F 作用下，以流速 v 做层流流动，单位面积 A 上所受的剪切力称为剪切应力 τ（N/mm²）：

$$\tau = \frac{F}{A} \tag{1-1}$$

　　在恒定应力作用下，可以看做彼此相邻的薄液层沿作用力方向进行彼此滑移，移动层可以看做管中心，从中心到管壁由于管壁的摩擦力（外摩擦）和流层间的黏滞阻力（内摩擦力）使流层速度递减，管壁处最小，管中心处最大。相邻两层距离为 dy，速度为 v 和 $v+dv$，垂直液流方向的速度梯度即为 dv/dy，流体在剪切应力作用下产生的剪切应变 γ，单位时间

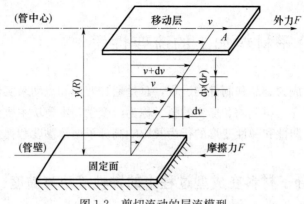

图 1-2　剪切流动的层流模型

内的应变称为应变速率，即剪切速率（$\dot{\gamma}$），

$$\dot{\gamma}=\frac{\mathrm{d}v}{\mathrm{d}y} \qquad (1-2)$$

牛顿在研究低分子液体的流动行为时发现，在一定温度下剪切应力和剪切速率存在以下关系：

$$\tau=\eta\dot{\gamma} \qquad (1-3)$$

此关系式即为牛顿流体的流动方程。式中 η 为比例常数，通称牛顿黏度或绝对黏度，简称黏度，单位为 Pa·s。

牛顿黏度定义为产生单位剪切速率（速度梯度）所必需的剪切应力值。它表征液体流动时流层之间的摩擦阻力，即抵抗外力引起流动变形的能力，仅与流体的分子结构和外界条件有关。黏度不随剪切应力和剪切速率的大小而改变，始终保持常数的流体通称为牛顿流体。把剪切应力与剪切速率的关系曲线称为流动曲线，牛顿流体的流动曲线为过原点的直线。如图 1-3 中曲线 a 所示。该直线与 $\dot{\gamma}$ 轴夹角 θ 的正切值是流体的牛顿黏度。

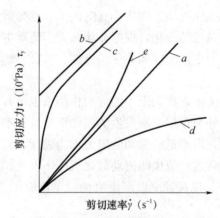

图 1-3　不同类型流体的流变曲线

a—牛顿性流体；b—宾哈流体；c—假塑性流体 1；d—假塑性流体 2；e—膨胀性流体

真正属于牛顿流体的只有低分子化合物的液体或溶液，如水和甲苯等。而高分子熔体，除聚碳酸酯、偏二氯乙烯、一氯乙烯共聚物等少数几种物料与牛顿流体相近外，绝大多数在成型过程中一般不是这种情况，流动行为不遵循牛顿流体定律。

2. 非牛顿流体

由于大分子长链结构和缠结，高分子聚合物熔体、溶液和悬浮体的流动行为远比低分子物质液体复杂。在宽广的剪切速率范围内，其剪切应力和剪切速率不再成正比关系，液体的黏度不再是常数，而是随剪切应力和剪切速率而变化。流体的流动行为不符合牛顿流动定律，通常把不遵循牛顿流动定律的流动叫做非牛顿流动，具有这种流动行为的液体称为非牛顿流体。聚合物加工时大都处于中等剪切速率范围（$\dot\gamma = 10 \sim 10^4 \mathrm{s}^{-1}$），此时，大多数聚合物流体都表现为非牛顿流体。

黏性系统的非牛顿型流体，其剪切速率仅依赖于所施加的剪切应力，而与剪切应力所施加时间长短无关。此类非牛顿型黏性流体可分为宾哈流体、膨胀性流体和假塑性流体。

（1）宾哈流体。宾哈流体与牛顿型流体相比，如图 1-3 中曲线 b 所示，剪切应力与剪切速率之间也呈线性关系，但此直线的起始点存在屈服应力 τ_y，只有当剪切应力高于 τ_y 时，宾哈流体才开始流动。因此，宾哈流体的流变方程为

$$\tau - \tau_y = \eta_p \dot\gamma \qquad (\tau > \tau_y) \qquad (1\text{-}4)$$

式中，η_p 称为宾哈黏度，它为流动曲线的斜率。宾哈流体所以有这样的流变行为，原因是此种流体在静止时内部有凝胶性结构。当外加剪切应力超过 τ_y 时，这种结构才完全崩溃，然后产生形变不能恢复的塑性流动。在塑料加工中，几乎所有的聚合物的浓溶液和凝胶性糊塑料的流变行为，都与宾哈流体相近。

（2）假塑性流体。假塑性流体是非牛顿型流体中最常见的一种。橡胶和绝大多数塑料的熔体和溶液，都属于假塑性流体。如图 1-3 中 c、d 所示，此种流体的流动曲线是非线性的。剪切速率的增加比剪切应力增加得快，并且不存在屈服应力。因此其特征是黏度随剪切速率或剪切应力的增大而降低，常被称为"剪切变稀的流体"。

其主要原因与流体分子的结构有关，对聚合物溶液来说，当它承受应力时，原来由溶剂剂化作用而被封闭在粒子或大分子盘绕空穴内的小分子就会被挤出，这样，粒子或盘绕大分子的有效直径即随应力的增加而相应地缩小，从而使流体黏度下降。对聚合物熔体来说，造成黏度下降的原因在于其中大分子彼此之间的缠结。当缠结的大分子承受应力时，其缠结点就会被解开，同时还沿着流动的方向规则排列，因此就降低了黏度，缠结点被解开和大分子规则排列的程度随应力的增加而加大。

（3）膨胀性流体。膨胀性流体也不存在屈服应力。如图 1-3 中 e 所示流动曲线，剪切速率增加比剪切应力增大得慢些。其特征是黏度随剪切速率或剪切应力的增大而升高，故称为"剪切增稠的流体"。如固体含量高的悬浮液、在较高剪切速率下的聚氯乙烯糊以及碳酸钙填充的塑料熔体属于此种流体。

剪切增稠的原因可解释为当悬浮液处于静止时，体系中的固体粒子构成的空隙最小，其中流体只能勉强充满这些空间。当施加于这一体系的剪切应力不大时，也就是剪切速率较小时，流体就可以在移动的固体粒子间充当润滑剂，因此黏度不高。当剪切速率逐渐增高时，固体粒子的紧密堆砌就逐渐被破坏，整个体系就显得有些膨胀。此时流体不再能充满所有空隙，润滑作用因而受到限制，黏度就随剪切速率增大而增大。

3. 聚合物黏性流动的特点

（1）由链段的位移运动完成流动。

低分子液体中存在着许多与分子尺寸相当的孔穴，当没有外力存在时，靠分子的热运动使孔穴周围的分子向孔穴跃迁，其概率是相等的，这时孔穴与分子不断交换位置的结果只是

分子扩散运动，外力存在使分子沿作用力方向跃迁的概率比其他方向大。分子向前跃迁后，分子原来占有的位置成了新的孔穴又让后面的分子向前跃迁。分子在外力方向上的从优跃迁，使分子通过分子间的孔穴相继向某一方向移动，形成液体的宏观的流动现象。当温度升高，分子热运动能量增加，液体中的孔穴也随着增加和膨胀，使流动的阻力减小。

高分子的流动不是简单的整个分子的迁移，而是通过链段的相继蠕动来实现的。形象地说，这种流动类似于蛇的蠕动。这种流动模型并不需在高分子熔体中产生整个分子链样大小的孔穴，而只要如链段大小的孔穴就可以了。这里的链段也称流动单元，尺寸大小约含几十个主链原子。

（2）高分子流体流动呈现非牛顿性。

对于高分子熔体来说，黏度随剪切应力或剪切速率的大小而改变，一般剪切速率增大时，黏度变小或增大，称为"非牛顿流体"。

这是因为高分子在流动时各液层间总存在一定的速度梯度，细而长的大分子若同时穿过几个流速不等的液层时，同一个大分子的各个部分就要以不同速度前进，这种情况显然是不能持久的。因此，在流动时，每个长链分子总是力图使自己全部进入同一流速的流层。不同流速液层的平行分布就导致了大分子在流动方向上的取向。聚合物在流动过程中随剪切速率或剪切应力的增加，由于分子取向使其液体黏度降低。

（3）高分子流体流动时伴有高弹形变。

低分子液体流动所产生的形变是完全不可逆的，而聚合物在流动过程中，所发生的形变中一部分是可逆的。因为聚合物的流动并不是高分子链之间简单的相对滑移的结果，而是各个链段分段运动的总结果，在外力作用下，高分子链不可避免地要顺外力的方向有所伸展，这就是说，在聚合物进行黏性流动的同时，必然会伴随一定量的高弹变形，这部分高弹形变显然是可逆的，外力消失以后，高分子链又要蜷曲起来，因而整个形变要恢复一部分。这种流动过程如图1-4所示。

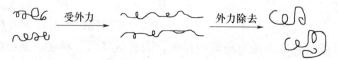

图 1-4　聚合物分子链在流动时的变化

高弹形变的恢复过程也是一个松弛过程，恢复得快慢一方面与高分子链本身的柔顺性有关：柔顺性好，恢复得快；柔顺性差，恢复得慢。另一方面与高分子所处的温度有关：温度高，恢复得快；温度低，恢复得慢。

在高分子材料挤出时，型材的截面实际尺寸与口模尺寸往往有差别。一般型材的截面尺寸比口模大，这种截面膨胀的现象是由于外力消失后，聚合物在流动过程中发生的高弹形变回缩引起的。这是由高弹形变引起的。膨胀的程度与聚合物的性质和流动条件有关，一般相对分子质量越大，流速越快、挤出机机头越短、温度越低、膨胀程度越大。

由于高分子流体流动的这个特点，在加工过程中必须予以充分的重视，否则，就不可能得到合格的产品，例如，要设计一个制品，应尽量使各部分的厚薄相差不要过分悬殊，因为薄的部分冷却得快，其中链段运动很快就被冻结了，高弹形变回复得较少，各个高分子链之间的相对位置来不及做充分的调整。而制品中厚的部分冷却得较慢，其中链段运动冻结得较慢，高弹形变恢复得就多，高分子链之间的相对位置也调整得比较充分。所以制件厚薄两部分的内在结构很不一致，在它们的交界处存在着很大的内应力，其结果不是制件变形，就是引起制品开裂。

4. 影响聚合物黏性流动的因素

高分子熔体的黏度是影响高分子材料加工性的重要因素之一，不同的加工方式，对高分子熔体的黏度要求有所不同。在挤出、注射中，高分子熔体主要受到剪切作用，所以，熔体的黏度主要表现为剪切黏度；高分子熔体在受拉伸作用的过程中，熔体的黏度主要表现为拉伸黏度。下面主要讨论的是影响高分子熔体黏度的主要因素。影响高分子熔体黏度的主要因素有相对分子质量、温度、压力、剪切速率、分子结构等。

（1）分子参数与结构的影响。

聚合物分子结构对其黏度的影响比较复杂。聚合物熔体的黏性流动主要是分子链之间发生的相对滑移，因此聚合物相对分子质量越大，流动性越差，其熔体黏度也随之增大。因此在满足制品力学性能要求条件下，应尽量采用相对分子质量低的聚合物。此外成型方法不同，对聚合物相对分子质量的要求也不同。例如，注射成型要求聚合物的相对分子质量低，挤出成型则可采用相对分子质量较高的聚合物，而中空吹塑成型介于两者之间。

相对分子质量分布对熔体黏度的影响与剪切速率有关。通常聚合物成型的剪切速率较高，所以，相对分子质量分布较宽的，其流动性较好，易于加工，但此材料的拉伸强度较低。

相对分子质量相同时，分子链是直链型还是支链型及其支化程度，对黏度影响很大。按照比切理论，支化聚合物的黏度比相同分子质量的线型聚合物黏度要小。黏度减小，主要是由于支化分子的无规运动在熔体中弥散的体积较线型分子的小。

（2）温度的影响。

高分子液体的黏度与温度之间有如下关系：

$$\eta = Ae^{\frac{\Delta E_\eta}{RT}} \tag{1-5}$$

式中　A——常数；

　　　R——气体常数；

　　　T——热力学温度；

　　　ΔE_η——黏流活化能，是分子向孔穴跃迁时克服周围分子的作用所需要的能量。

温度对黏度有重要的影响。温度升高，分子间空隙变大，分子间相互作用力减小，黏度降低，由式（1-5）可见，黏度取决于 ΔE_η 与 RT（每摩尔分子热运动能量）的比值。若 ΔE_η 一定，提高温度可以使黏度降低。若活化能不同，温度变化幅度相同，则黏度改变则幡然不同。由此可见，黏流活化能在温度对黏度的影响中有重要的作用。大分子柔顺性是影响黏流活化能的主要因素，见表1-1。

表1-1　一些高分子化合物黏流活化能

高分子化合物	ΔE_η（kJ/mol）	高分子化合物	ΔE_η（kJ/mol）
NR	1.05	LDPE	46.1～71.2
IR	1.05	PA-6	60.7～66.9
CR	5.63	PC	105～125
SBR	13.0	酪酸纤维素	292
NBR	23.0	PP	41.9

由表 1-1 可知，分子链刚性高或极性大，取代基体积大，黏流活化能高；分子链柔顺，黏流活化能低。除此之外，黏流活化能还与相对分子质量分布、剪切速率、剪切应力、温度、补强剂等有关，如相对分子质量分布宽、黏流活化能低；温度升高，黏流活化能降低、但温度变化不大时，黏流活化能基本为一常数；补强剂用量增加，黏流活化能增加，但在低剪切速率下与补强剂无关。

对式（1-5）取对数形式

$$\ln\eta=\ln A+\frac{\Delta E_\eta}{R}\times\frac{1}{T} \tag{1-6}$$

然后做 $\ln\eta-\frac{1}{T}$ 图，如图 1-5 所示。图中所示不同直线，斜率为 $\frac{\Delta E_\eta}{R}$（相当于高分子化合物的活化能）。

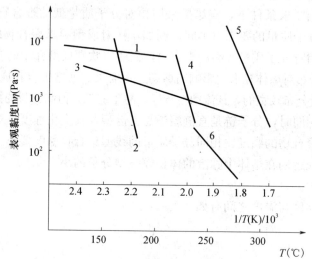

图 1-5　几种高分子熔体黏度与温度的关系

1—天然橡胶；2—醋酸纤维；3—PE；4—PMMA；5—PC；6—PA

具有较低活化能的高分子化合物，如天然橡胶、PE 等直线斜率小，温度大幅度提高，黏度降低较小，说明黏度对温度的敏感性低。具有较高活化能的高分子化合物，如 PC、醋酸纤维等直线斜率很大，温度稍微增加，黏度明显降低，说明黏度对温度敏感性很强；例如，PC 和 PMMA 的熔体，温度每升高 50℃ 左右，表观黏度可以降低一个数量级。因此加工此类高分子化合物时，可通过调节温度来大幅度地控制黏度。

而分子链柔顺的天然橡胶、PE 等，它们的流动活化能变化较小，表观黏度随温度变化不大，故在加工中调节其流动性，单靠改变温度是不行的，需要改变剪切速率等因素来有效地调节黏度。

（3）压力的影响。

在注射、挤出等加工中，高分子熔体还受到静压力的作用。这种压力导致物料体积收缩，分子链之间相互作用力增大，熔体黏度增高，至无法加工。所以对高分子熔体来说，静压力增加相当于温度的降低。

（4）剪切速率的影响。

多数高分子化合物熔体属于非牛顿流体，其黏度随剪切速率的增加而降低。但各种高分子化合物熔体黏度降低的程度不同。图 1-6 是几种高分子熔体的表观黏度与剪切速率关系曲线。

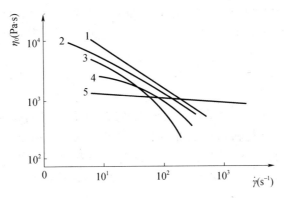

图 1-6　剪切速率对高分子材料熔体表观黏度的影响

1—氯化聚醚（200℃）；2—PE（180℃）；3—PS（200℃）；4—醋酸纤维素（210℃）；5—PC（302℃）

从图 1-6 可以看出，柔性链高分子如氯化聚醚和 PE 的表观黏度随剪切速率的增加而明显下降；刚性链高分子，PC、醋酸纤维素等的表观黏度也随剪切速率的增加而下降，但下降幅度较小。这是因为剪切速率增加，柔性高分子链容易改变构象，即通过链段运动破坏了原有的缠结，降低了流动阻力。而刚性高分子链的链段较长，构象改变比较困难，随着剪切速率的增加，流动阻力变化不大。

（5）添加剂的影响。

高分子材料是以聚合物为主要成分，加入各种添加剂构成的多组分体系。常见的添加剂主要有两种形态：一是小分子流体；二是固体颗粒或纤维状填料。对于第一种形态的小分子流体如溶剂、增塑剂、润滑剂等，在成型条件下，能够降低物料的整体黏度，增加其流动性。对于成型条件下呈固态的物质，如填充剂、补强剂等，则会增大物料的整体黏度，降低其流动性。

1.2.1.2　高分子流体的拉伸流动

高分子材料流体的一种基本流动形式，它还有另一种基本流动形式，即拉伸流动。拉伸流动在高分子材料加工过程中也经常出现，如单丝、纤维、薄膜、中空吹塑等制品的加工，都存在高分子流体的拉伸流动。

1. 拉伸流动与拉伸黏度

拉伸流动的特点是流体流动的速度梯度方向与流动方向相平行，即产生了纵向的速度梯度场，此时流动速度沿流动方向改变。拉伸流动中速度梯度的变化如图 1-7 所示。

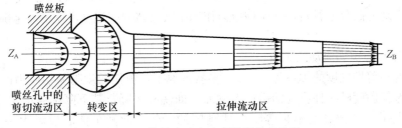

图 1-7　拉伸流动中速度梯度的变化图

通常在流体流动中，凡是发生了流线收敛或发散的流动都包含拉伸流动成分。

拉伸流动又可按拉伸是沿一个方向或相互垂直的两个方向同时进行而分为单轴和双轴拉伸流动。单丝生产属于单轴拉伸工艺，双向拉伸薄膜和塑料薄膜生产属于双轴拉伸工艺。

对于牛顿流体，拉伸应力 σ 与拉伸应变速率 $\dot{\varepsilon}$ 之间有类似于牛顿流动定律的关系：

$$\lambda = \frac{\sigma}{\dot{\varepsilon}} \tag{1-7}$$

式中　λ——拉伸黏度。

在低拉伸应变速率下，高分子材料熔体服从式（1-7）。此时拉伸黏度为常数；当拉伸应变速率增大时，高分子材料熔体的非牛顿型变得明显，其拉伸黏度不再为常数，随拉伸应变速率或拉伸应力而变化。对于不同的高分子材料，其拉伸黏度随拉伸应变速率或拉伸应力的变化趋势不同。图 1-8 给出了三类典型的 λ-σ 关系及与这些聚合物剪切黏度的对照。

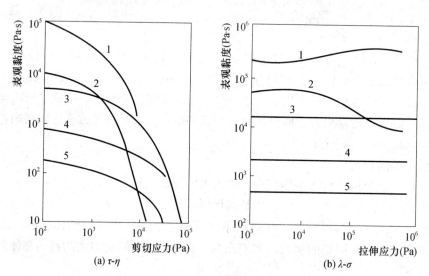

图 1-8　三种典型的 λ-σ 关系及与这些聚合物剪切黏度的对照

1—LDPE（1701℃）；2—乙-丙共聚物（230℃）；3—PMMA（250℃）；

4—POM（200℃）；5—PA-66（285℃）

由图 1-8（b）可见，一些高分子流体的 λ-σ 关系如曲线 1 所示，拉伸黏度随拉伸应力的增加而增大，一般支化高分子化合物如 LDPE 属于此类；另一些高分子流体的拉伸黏度几乎与拉伸应力无关，如曲线 3、4、5；还有一类高分子，拉伸黏度随拉伸应力的增大而减少，一般高聚合度的线性聚合物属于此类，如曲线 2。

由图 1-8（a）和图 1-8（b）的对比可知，在剪切应力作用下，熔体的表观黏度随剪切应力增大而下降的高分子材料，在拉伸应力作用下其熔体的表观黏度就不一定随拉伸应力的增大而下降。

2. 拉伸流动与剪切流动的关系

拉伸黏度与剪切黏度的关系为 $\lambda = 3\eta$。多数情况下，剪切黏度随剪切应力的增加而大幅度下降，但拉伸黏度随拉伸应力的增加而增加（即使有下降，其下降幅度也很小），因此在大应力的情况下，拉伸黏度不再等于剪切黏度的三倍，前者可能较后者大一至两个数量级。

1.2.2　高分子熔体的弹性

1.2.2.1　弹性的表现行为

高分子熔体黏流过程中伴随可逆的高弹形变，这是高分子熔体区别于小分子流体的重要特点之一。由于高分子在黏流过程中构象发生了变化，因此，在外力作用下，除表现出不可逆形变即黏性流动之外，还会发生一定的可恢复形变而表现出弹性。高分子熔体的弹性流变效应主要有包轴现象（亦称包轴效应或爬杆现象）、巴拉斯效应（出口膨胀）以及熔体破裂现象。

1. 包轴现象

包轴现象是如果用一转轴在液体中快速旋转，高分子熔体或溶液与低分子液体的液面变化明显不同。低分子液体受到离心力的作用，中间部位液面下降，器壁处液面上升，如图 1-9（a）所示；高分子熔体或溶液等受到向心力作用，液面在转轴处是上升的，在转轴上形成相当厚的包轴层，如图 1-9（b）所示。

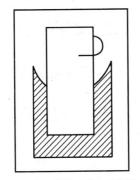
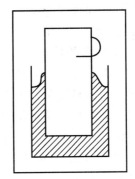

(a) 低分子液体受离心力作用　　　　　　(b) 高分子溶液受向心力作用

图 1-9　在转轴转动时液面的变化图

包轴现象是高分子熔体的弹性所引起的。由于靠近转轴表面的线速度较高，分子链被拉伸取向缠绕在轴上。距转轴越近的高分子拉伸取向的程度越大，取向了的分子链，其链段有自发恢复到蜷曲构象的倾向，但此弹性恢复受到转轴的限制，使这部分弹性能表现为一种包轴的内裹力，把熔体分子沿轴向上挤（向下挤看不到），形成包轴层。

2. 挤出物胀大现象

挤出物胀大现象（亦称巴拉斯效应或离模膨胀）是指熔体挤出口模后，挤出物的截面积比口模截面积大的现象。当口模为圆形时，如图 1-10 所示，挤出胀大现象可用胀大比 B 值来表征。B 定义为挤出物最大直径值 D_f 与口模直径 D 之比。

挤出物胀大现象也是高分子熔体弹性的表现。至少有两方面因素引起；其一是高分子熔体在外力作用下进入窄口模，在入口处流线收敛，在流动方向上产生速度梯度，因而高分子受到拉伸力产生拉伸弹性形变。这部分形变一般在经过模孔的时间内还来不及完全松弛，到了出口之后，外力对分子链的作用解除，高分子链就会由受拉伸的伸展状态重新回缩为蜷曲状态，发生出口膨胀。另一种原因是高分子在模孔内流动时由于剪切应力的作用，所产生的弹性形变在出口模后恢复，因而挤出物直径胀大。

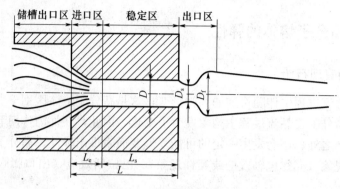

图 1-10　挤出物胀大现象

D—口模直径；D_s—挤出物收缩到最小时的直径；D_f—挤出物体膨胀到最大时的直径；

L_e—进口区的长度；L_s—定区的长度；L—定型部分的长度

挤出物胀大现象对制品设计有很大影响。设计时必须充分考虑到模具尺寸和膨胀程度之间的关系，才能使制品达到预定的尺寸。

3. 不稳定流动——熔体破裂现象

高分子熔体在挤出时，如果剪切速度过大超过一极限值时，从口模出来的挤出物不再是平滑的，而会出现表面粗糙、起伏不平、有螺旋波纹、挤出物扭曲至为碎块状物。这种现象称为不稳定流动或熔体破裂。熔体破裂时，一些挤出物的外观如图 1-11 所示。有多种原因造成熔体的不稳定流动，其中熔体弹性是一个重要原因。在高分子材料的加工中，应尽可能避免产生不稳定流动，以避免成型制品性能劣化。

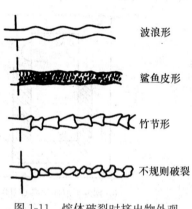

图 1-11　熔体破裂时挤出物外观

1.2.2.2　影响高分子熔体弹性的因素

高分子的弹性形变是由于链段运动引起的，链段运动的能力即松弛过程的快慢由松弛时间所决定。当松弛时间很小时，形变的观察时间远大于高分子链段的松弛时间，则高分子熔体的形变以黏性流动为主。当松弛时间远大于形变的观察时间，则高分子熔体弹性形变为主。

1. 剪切速率

通常，随着剪切速率的增大，熔体弹性效应增大。但是，如果剪切速率太快了，以致毛细管内分子链都来不及伸展，则出口处膨胀反而不太明显。

2. 温度

温度升高，高分子熔体弹性形变减小。因为温度升高，能使大分子的松弛时间变短。

3. 相对分子质量及其分布

高分子熔体的弹性受相对分子质量和相对分子质量分布的影响很大。相对分子质量大，或者相对分子质量分布宽，高分子熔体弹性效应特别显著。这是因为当相对分子质量大，熔体黏度高，松弛时间长，弹性形变松弛得慢，则弹性效应就可明显地观察出来。

4. 流道的几何形状

高分子熔体流经管道的几何形状对熔体弹性也有很大影响。例如，流道中管径的突然变化，会引起不同位置处流速及应力分布情况的不同，进而引起大小不同的弹性形变导致高弹湍流。

除以上几个方面外，还有一些影响熔体弹性的因素，如长支链支化程度增加，导致熔体弹性增大，又如加入增塑剂能缩短物料的松弛时间，减少高聚物熔体弹性。

要避免或减轻高分子熔体产生熔体破裂现象，可以从几方面考虑：

（1）可将模孔入口处设计成流线型，以避免流道中的死角。

（2）适当提高温度，可使熔体开始发生破裂的临界剪切速率提高。

（3）降低相对分子质量，适当加宽相对分子质量分布，使松弛时间缩短，有利减轻弹性效应，改善加工性能。

（4）采用添加少量低分子物或与少量高分子共混，也可减少熔体破裂。例如硬 PVC 管挤出时如共混少量丙烯酸树脂，可提高挤出速率改进塑料管的外观光泽。

（5）注射模具设计时，浇口的大小和位置要恰当。

（6）在临界剪切应力、临界剪切速率以下成型。

（7）挤出后适当牵引可减少或避免破裂。

1.3　高分子材料在加工中的物理变化

聚合物在成型加工过程中会发生一些物理变化，例如在某些条件下、聚合物能够结晶或改变结晶度；能借外力作用产生分子取向等，加工中出现的这些物理变化，会引起聚合物出现性能上的变化，如力学、光学以及热学性质等。这些物理变化，有些对制品质量是有利的，有些则是有害的。例如为生产透明和有较好韧性的制品，应避免制品结晶或形成过大的晶粒，但有时为了提高制品使用过程中的稳定性，对结晶聚合物进行热处理能加快结晶速度，有利于避免在使用中发生缓慢的后结晶，引起制品尺寸和形状持续变化。

所以，了解聚合物加工过程产生的结晶、取向等物理变化，并根据产品性能和用途的需要，对这些物理变化进行控制，这在聚合物的加工和应用上有很大的实际意义。

1.3.1　成型过程的结晶

聚合物成型过程中常出现结晶现象，结晶形态、结晶度随聚合物所处的状态（稀溶液或浓溶液或熔体）、结晶条件（如过冷度、有无应力等）而不同，结晶度和形态又会影响高分子材料的性能。

1.3.1.1　聚合物的结晶能力

聚合物的结晶能力由其分子结构特征所决定。有的聚合物容易结晶或结晶倾向大，有的聚合物不易结晶或结晶倾向小，有的则完全没有结晶能力。影响聚合物结晶能力的结构特征包括以下几方面。

1. 聚合物分子链的对称性

聚合物分子链的结构对称性越高，则越容易结晶，如聚乙烯、聚四氟乙烯，分子主链上全部是碳原子，没有杂原子，也没有不对称碳原子，连接在主链碳原子上的全部是氢原子或氟原子，对称性极好，所以结晶能力也极强。

主链上含有杂原子的聚合物（如聚甲醛等），主链上含有不对称碳原子的聚合物（如聚氯乙烯、聚丙烯等），以及对称取代的烯类聚合物（如聚偏二氯乙烯、聚异丁烯等），分子链的对称性不如前述聚乙烯和聚四氟乙烯，但仍属对称结构，仍可结晶，结晶能力大小取决于链的立构规整性。

2. 聚合物分子链的立构规整性

主链上含有不对称中心的聚合物，如果不对称中心构型是间同立构或全同立构，则聚合物具有结晶能力。结晶能力大小与聚合物的等规度有密切关系，等规度高，结晶能力就大。如果不对称中心的构型完全是无规立构，则聚合物将失去结晶能力。

3. 分子链的柔顺性

分子链节小和柔顺性适中有利于结晶。链节小有利于形成晶核，柔顺性适中，一方面不容易缠结，另一方面使其具有适当的构象才能排入晶格形成一定的晶体结构。如主链中含有苯环的聚对苯二甲酸乙二醇酯时，链的柔顺性差，其结晶能力因此也较低。这样，在熔体冷却速度较快时，就有可能来不及结晶。

4. 分子间作用力

规整的结构只能说明分子能够排列成整齐的阵列，但不能保证该阵列在分子热运动下的稳定性。因此要保证规整排列的稳定性，分子链节间必须有足够的分子间作用力。这些作用力包括偶极力、诱导偶极力和氢键。分子间作用力越强，结晶结构越稳定，而且结晶度和熔点越高。

1.3.1.2 聚合物的结晶过程

结晶性聚合物的结晶温度范围在聚合物的玻璃化转变温度 T_g 与熔点 T_m 之间。聚合物由非晶态转变为结晶的过程就是结晶过程。结晶过程也包括两个阶段——晶核生成和晶体生长。所以聚合物结晶的总速度由晶核生成速度与晶体生长速度所控制，晶核生成和晶体成长对温度都很敏感，且受时间的控制。

当聚合物熔体温度降至 T_m 以下时，由于分子热运动剧烈，分子链段有序排列所形成的晶核不稳定或不易形成，所以尽管此时分子运动能力很强，但总的结晶速度几乎等于零。随着熔体温度的下降，晶核生成的速度增加，同时由于此时分子链仍具有相当的运动活性、容易向晶核扩散排入晶格，因而晶体生长速度也加快，所以结晶总速度迅速增加；在温度 T_{max} 下，结晶总速度达到极大值；当温度进一步下降时，虽然晶核生成速度继续增加，但由于此时温度较低、聚合物熔体黏度增大，分子链的运动能力降低，不易向晶核扩散而排入晶格，因而晶体生长速度降低，从而使结晶总速度也随之降低；当熔体温度接近玻璃化转变温度 T_g 时，分子链的运动越来越迟钝，因此晶核生成速度和晶体生长速度都很低，结晶几乎不能进行。

均相成核时，高分子材料结晶速率与温度的关系如图 1-12 所示。

T_{max} 对实际生产由重大的指导意义。例如，对某一高分子材料制得的制品，如果需要较高的结晶度，则在成型过程中，冷却时要在 T_{max} 附近保温一段时间；如果制品的结晶度要尽可能的低，则在冷却时必须以最快的冷却速率偏离 T_{max}。

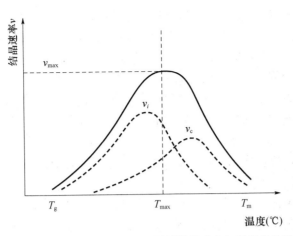

图1-12　均相成核时，高分子材料结晶速率与温度的关系

1.3.1.3　成型工艺对聚合物结晶的影响

影响结晶过程的一个极其重要的因素是冷却速率。在理论上，研究高分子材料结晶过程是温度变化很小条件下的结晶，这种结晶称为静态结晶过程。但实际上，高分子程中的结晶大多数情况下都不是在等温条件下进行的，温度是在逐渐下降，而且在外力（如拉伸应力、剪切应力和压缩应力）的作用，产生流动和取向等。这种多因素影响下的结晶称为动态结晶过程。

1. 模具温度

温度是聚合物结晶过程的最敏感因素。这里的模具温度是指与制品直接接触的模腔表面温度，它直接影响着塑料在模腔中的冷却速度。当然，除了模具温度外，制品厚度以及聚合物自身的热性能等对冷却速度也起着十分重要的作用。

模具温度对结晶的影响表现在它将决定制品的结晶度、结晶速度、晶粒尺寸及数量等。塑料成型时模具温度应根据制品结构及使用性能要求来确定，不同的使用场合所要求的制品性能不同，结晶结构也应随之发生变化，模具温度也应随之调整。制品的结构（如厚度）不同，熔体冷却速度不同，要得到同样结晶结构的制品，所选择的模具温度也不同。

影响塑料熔体在模具中冷却速度的一个很重要的因素就是聚合物熔点 T_m 与模具温度 T_M 之差 ΔT。根据冷却温差的不同，可将聚合物成型时的冷却分为 3 种情况。

（1）缓慢冷却。此时，冷却温差很小，模具温度 T_M 接近于聚合物熔点 T_m，熔体冷却缓慢，结晶过程在近似于等温条件下进行。在这种情况下，由于晶核生成速度低，且生成的晶核数目少，而聚合物分子链的运动活性很大，故制品中易生成粗大的结晶晶粒，但晶粒数量少，结晶速度慢。粗大的晶粒结构会使制品韧性降低，力学性能劣化。同时，冷却速度太慢会使成型周期延长，生产效率降低。另外，由于模具温度太高，成型出的制品刚度往往不够，易扭曲变形，所以实际生产中较少采用这种操作。

（2）快速冷却。采用快速冷却操作时，冷却温差 ΔT 很大，T_M 远低于 T_m，而接近聚合物的 T_g 值。此时冷却速度太快，聚合物分子链运动重排的松弛速度滞后于温度的降低速度，这一点对制品表层塑料尤为突出。

快速冷却造成的结晶结果是这样的：首先，由于模具温度很低，聚合物的导热系数也较小，虽然制品表层部分靠近模具，温度降低较快，但制品芯部温度下降较缓慢，这样造成制品表层和芯部温差较大，不仅会在结晶度上表现为皮层低于芯部，晶粒尺寸上皮层大于芯部，晶粒数目上皮层少于芯部，结晶速度皮层低于芯部，还易造成制品产生较大的热致内应力；其次，由于熔体温度骤冷，造成制品总的结晶度很低，这无疑会使结晶型聚合物的物理及力学性能大大降低；最后，迅速冷却造成制品中形成的结晶结构不完善或不稳定，制品在以后的储存和使用过程中会自发地使这种不完善或不稳定的结晶结构转化为相对完善或稳定的结构，即在制品中发生后结晶和二次结晶，从而造成制品形状及尺寸的不稳定性。

与缓慢冷却相比，快速冷却虽然大大缩短了成型周期，提高了生产效率，但通常制品的性能较难达到要求，因此实际生产中也不常用。

（3）中速冷却。中速冷却时，一般控制模具温度 T_M，在聚合物的玻璃化转变温度 T_g 与聚合物的最大结晶速度温度 T_{max} 之间。此时，靠近表层的聚合物熔体在较短时间内形成凝固壳层、在冷却过程中最早结晶。而制品内部温度有较长时间处于 T_g 以上，有利于晶体结构的生长、完善和平衡，在理论上，这一冷却速度能获得晶核数量与其生长速度之间最有利的比例关系，晶核生长好，结晶完善且稳定，同时成型周期较短。因此，实际生产中常采用中速冷却。

2. 熔融温度和熔融时间

任何能结晶的高分子材料在加工前的聚集态中都具有一定数量的晶体结构，当其被加热到 T_m 以上温度，还需要一定的时间才能使高分子的原始晶体熔化。因此，熔化温度的高低与在该温度的停留时间长短会影响到高分子熔体中是否残存原始的微小有序区域或晶核的数量。实际生产中，加工温度总要高出 T_m 许多，且有足够的保温时间，因此残存晶核是不存在的。

3. 应力

高分子材料在纺丝、薄膜拉伸、注射、挤出、模压和压延加工过程中受到应力作用，应力会加速结晶。原因是应力作用下高分子熔体取向产生了诱发成核作用所致，例如，高分子材料受到拉伸或剪切应力作用时，大分子沿受力方向伸直并形成有序区域。在有序区域中形成一些"原纤"，它使初级晶核生成时间大大缩短，晶核数量增加，以致结晶速率增加。例如，受到剪切作用的 PP 生成晶体所需的时间比静态结晶少一半；PET 在熔融纺丝过程中受拉伸时，其结晶速率甚至比未拉伸时要大 1000 倍。

应力对晶体结构、形态、晶体的大小和形状也有相当大的影响。

在加工过程中，必须充分地估计应力对熔体结晶过程的作用。例如，应力的变化使结晶温度变化，在高速流动的熔体中就有可能提前出现结晶，从而导致流动阻力增大，使加工发生困难。

4. 成核剂与结晶行为

用来提高结晶型高分子材料的结晶度、加快结晶速率，完善晶体结构，有时也能改变高分子晶体形态的物质叫成核剂。添加成核剂可使球晶直径变小。添加成核剂在工艺上的优点是注塑制品能在较高的温度下脱模，大幅度地缩短了加工周期。这是因为添加成核剂后，在较高的温度下即可达到完善的结晶，不致在室温下存放时再继续结晶而引起尺寸变化，这样不仅对缩短加工周期有利，而且对提高制品质量也有利。

成核剂的用量及其添加方式，对制品性能的影响也是不同的。成核剂的用量为 1 份左右。除了直接添加外，也时先做成母料，然后再加入，这样才能保证成核剂均匀分散。

1.3.1.4　结晶对制品性能的影响

1. 结晶对制品密度及光学性质的影响

由于结晶时聚合物分子链做规整、紧密排列，所以晶区密度高于非晶区密度，因而制品的密度也随结晶度的增加而增大。

物质的折光率与密度密切相关，因此，制品中晶区与非晶区折光率也不同。当光线通过结晶聚合物制品时，就会在晶区与非晶区的界面上发生反射和折射现象，不能直接通过制品，因此结晶聚合物制品通常呈乳白色，不透明。但如果晶区与非晶区密度十分接近或者晶区尺寸小于可见光的波长，则结晶聚合物制品也可能具有较好的透明性。故在成型过程中，常采用加入成核剂减小晶区尺寸的方法来提高结晶型聚合物制品的透明度。

2. 结晶对制品力学性能的影响

结晶对聚合物制品力学性能的影响与制品中非晶区所处的力学状态有关。如果制品中非晶区处于橡胶态，则随着结晶度的增加，制品的硬度、弹性模量、拉伸强度增大，而冲击强度、断裂伸长率等韧性指标降低；如果制品中非晶区处于玻璃态，随着结晶度的增加，制品变硬，拉伸强度也下降。如表 1-2 所示为不同结晶度聚乙烯性能。

表 1-2　不同结晶度聚乙烯的性能

结晶度 （%）	相对密度	熔点 （℃）	拉伸强度 （MPa）	伸长率 （%）	冲击强度 （kJ/m²）	硬度 （GPa）
65	0.91	105	1.4	500	54	0.3
75	0.93	120	18	300	27	2.3
85	0.94	125	25	100	21	3.6
95	0.96	130	40	20	16	7.0

除结晶度外，聚合物的结晶形态、晶粒尺寸和数量也对制品的力学性能产生影响，一般为使制品获得良好的综合力学性能，总是希望制品内部形成细小而均匀的晶粒结构，另外需要注意的是，对于结晶度不是 100% 的制品来说，由于制品内不同区域的结晶度、结晶结构及形态不同，因此各部分的力学性能也会产生差异，这也是结晶型塑料成型过程中，制品产生翘曲与开裂的原因之一。

3. 结晶对耐热性及其他性能的影响

结晶有利于提高制品的耐热性能，例如，结晶度为 70% 的聚丙烯热变形温度为124.9℃，结晶度变为 95% 后，热变形温度提高到 151.1℃，耐热性提高后，在相同温度条件下，制品的刚度也提高，而制品获得足够刚度是注塑制品脱模的前提条件之一，因此提高制品的结晶度可以减少制品在模内的停留时间，缩短成型周期，提高生产效率。

结晶能更好地阻隔各种试剂的渗入，因此，随着结晶度的提高，制品的耐溶剂性也得到提高，同时结晶度也会影响气体、蒸汽或液体对聚合物的渗透性。

结晶性塑料成型时，由于形成结晶，成型收缩率较高（可以为无定形塑料成型收缩率的数倍）。

 ## 1.3.2　成型中的取向作用

在流动的状态下，高分子材料中存在的细而长的纤维状填料和大分子链在很大程度上，顺着流动的方向作平行的排列,这种排列常称为取向,在剪切作用下所产生的取向称为剪切取向,简称取向。取向的原因是:如果不做平行排列,那么细而长的单元势必以不同的速度运动,这实际上是不可能的。当然,由于同样的原因对处于 T_g 与 T_m(或 T_f)之间的热塑性高分子材料受到拉伸应力时,大分子链也必然会沿着流动方向作平行排列,这称为拉伸取向。

形成取向的结果使产品有了各向异性(力学性能),其原因有二:首先,使主价键与次价键分布不均,在平行于流动方向上以次价键为主。因为,克服次价键所需的力要比克服主价键所需的力要小得多。其次,取向过程可以消除存在于未取向材料的某些缺陷(如微孔等),或使某些应力集中物同时顺着力场方向取向,这样,应力集中效应在平行的方向上减弱,而在垂直的方向上加强。

1.3.2.1 纤维状填料的取向

塑料熔体中纤维状填料在扇形制品中的取向过程如图 1-13 所示。

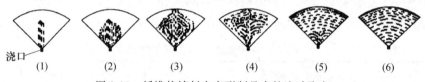

浇口
(1)   (2)   (3)   (4)   (5)   (6)

图 1-13 纤维状填料在扇形制品中的流动取向

在注塑扇形薄片制品时,纤维状填料的取向过程按图 1-13 中的(1)~(6)的顺序进行,首先是熔体的流线自浇口处沿半径方向散开,在扇形模腔的中心部分熔体流速最大,当熔体前沿到达模壁被迫改变流向时,流向转向两侧形成垂直于半径方向的流动,熔体中纤维状填料也随熔体流线而改变方向,最后纤维状填料形成同心环似的排列,以扇形边沿部分最为明显。由图 1-13 分析可知,填料的取向方向总是与液体的最终流动方向一致的。在扇形制品种,填料的取向具有平面取向的性质。

实验证明,扇形片状试样在切线方向上的力学强度总是大于径向方向上的力学强度,而在切线方向上的收缩率和后收缩率又往往小于径向。因为纤维状填料的力学强度往往比树脂要大,其收缩率往往比树脂小。由此可以看出,纤维状填料的取向同样会造成制品性能上的各向异性。

1.3.2.2 加工过程中的分子链取向

在剪切流动中,高分子材料的分子链同时存在着取向与解取向两方面的作用:在速度梯度的作用下,蜷曲状的长链分子逐渐沿流动方向舒展伸直而引起取向,由于熔体温度很高,分子热运动剧烈,故在大分子流动取向的同时必然存在着解取向的作用。因此,在分析大分子取向的程度就是分析这两方面综合平衡的结果。

在流动过程中,可从塑料熔体在管道和模具中的流动情形,如图 1-14 所示中分析长链大分子取向结构的分布规律。

在等温流动区域,由于管道截面小,故管壁处的速度梯度最大,靠管壁附近的熔体中取向程度最高,在非等温流动区域,熔体进入截面尺寸较大的模腔后压力逐渐降低,故熔体中的速度梯度也由浇口处的最大值逐渐降低到料流前沿的最小值。所以熔体前沿区域分子取向程度低。当这部分熔体首先与温度很低(与熔体相比)的模壁接触时,被迅速冷却,只能形

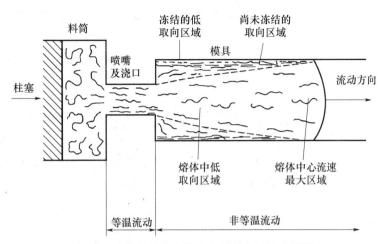

图 1-14　塑料熔体在管道和模具中的流动情形

成很少的取向结构的冻结层，即表层。但靠近表层内的熔体仍然流动，且黏度高、速度梯度大，故这层（称为次表层）的熔体有很高的取向程度，再加上次表层物料的热量散失较快，故次表层的取向结构大多数能够保留下来。模腔中心部分的熔体由于速度梯度小，取向程度本来就很低，加之中心层的温度高、冷却速度慢，分子链解取向的时间充足，故最终中心层的取向程度极低。

　　注塑过程中，高分子熔体的流动取向是复杂的，取向情况与两类因素有关。一类是模具因素，主要表现为浇口长度和模型深度，浇口的长度越长，则制品的分子取向程度越大；模腔深度（即物料的流程）越深，则分子的取向程度就越大。另一类是工艺因素，主要是熔料温度、模具温度、注射压力与保压时间这四个因素对制品分子取向程度均有一定的影响。

1.3.2.3　塑料材料的拉伸取向

　　拉伸取向是将用各种方法成型出的薄膜、片材等形式的中间产品，在玻璃化温度 T_g 和熔点 T_m 之间的温度范围内，沿着一个或两个相互垂直的方向拉伸至原来长度的几倍，使其中的聚合物链段分子链或微晶结构发生沿拉伸方向规整排列的过程。

1. 无定形塑料材料的拉伸取向

　　拉伸取向过程包含着链段取向和大分子取向这两个过程、两个过程可以同时进行，但速率不同。在外力作用下最早发生的是链段的取向，链段取向进一步发展引起分子链的取向，如图 1-15 所示。

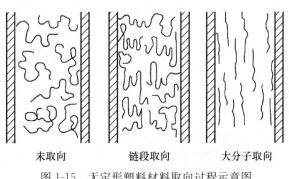

未取向　　　　链段取向　　　　大分子取向

图 1-15　无定形塑料材料取向过程示意图

在拉伸过程中，由于材料变细，材料沿拉力方向的拉伸速率是逐渐增加，则必然使材料的取向程度沿拉伸方向逐渐增大。

当温度低于 T_g（或 T_m）时，由于分子链处于冻结状态，即使用很大的拉力，由于此时材料的弹性模量较大，所以，发生的形变很小，分子链很难进行重排。所以，在玻璃态下，高分子材料是不能进行拉伸取向的。

在 $T_g \sim T_f$（或 T_m）温度区间，升高温度时，材料的拉伸弹性模量和拉伸屈服应力降低，所以，拉伸应力可以减小；如果拉伸应力不变，则拉伸应变增大。所以，升高温度可以降低拉伸应力和增大拉伸速率。当温度足够高时，不大的外力就能使高分子产生连续的均匀性的塑性形变，并获得较稳定的取向结构和较高的取向程度。

当温度升高到 T_f（或 T_m）以上时，高分子材料的拉伸称为黏流拉伸。由于温度很高，大分子的活动能力很强，即使应力很小也能引起大分子链的解缠、滑移和取向，但此时分子链的解取向也很快，因而，保留下来的有效取向程度非常低。同时，由于熔体黏度低，拉伸过程极不稳定，容易造成拉伸材料中断，使生产不能连续进行。要使在此温度区间已取得的取向结构能较好地保留下来，则必须采用非常快的冷却速度，在大分子没有来得及解取向之前就使温度降低到很低的温度（如 T_g），这实际上是不可能的。

综上所述，无定形塑料材料在工业生产中拉伸工艺要诀可用六个字概括：低温、快拉、骤冷，其中低温的含义是在 $T_g \sim T_f$ 区间内，拉伸温度偏向于 T_g。

2. 结晶型塑料的拉伸取向

结晶型塑料的拉伸取向通常在 T_g 以上适当的温度进行。拉伸时所需应力比非结晶型塑料大，且应力随结晶度的增加而提高，因此，结晶塑料在拉伸取向之前要设法降低其结晶度。

结晶塑料取向过程中包含晶区与非晶区的形变。两个区域的形变可以同时进行，但速率不同。结晶区的取向发展快，非晶区的取向发展慢。晶区的取向过程很复杂，取向过程包含晶体的破坏，大分子链段的重排和重结晶以及微晶的取向等，取向过程伴随着相变化的发生。

结晶高分子拉伸取向的工艺要点有三点：

（1）在拉伸之前，将结晶型塑料在特定条件下转变为无定形塑料，在工业生产采取的措施通常是熔融挤出后的骤冷（一般是水冷）来降低其结晶度。

（2）经急冷的材料（一般为片材或薄膜）需将温度回升至 $T_g \sim T_m$ 之间的某一适当的温度（称为拉伸温度 T_{dr}）才能进行拉伸，并且拉伸温度 T_{dr} 要偏离最大结晶速率温度 T_{max}。拉伸时按无定形塑料拉伸取向工艺要诀进行。

（3）取得取向结构以后，同样也要通过冷却使取向结构得以保留。

最后，进行热处理。即已经取向的材料在张紧的条件下，在 T_{max} 附近一段时间，然后再冷却下来。热处理的目的有二：一是恢复材料原有的结晶度，改善其结晶结构；二是在保留分子链取向的基础上，解除链段的取向。因为链段的取向对材料力学强度的贡献不大，却能引起制品有较大的收缩率，而较大的收缩率是制品在使用过程中所不需要的。

3. 拉伸温度的讨论

拉伸温度制定在 $T_g \sim T_{max}$ 之间，还是制定在 $T_{max} \sim T_m$ 之间呢？

从理论上讲，应该取决于该材料的结晶速率。如果某种高分子材料的结晶速率较快（例如 PP），其半结晶时间 $t_{1/2}$ 较快（如 $t_{1/2,pp} = 1.25s$），为了减轻晶区与非晶区变形的不均匀性，则拉伸温度应该取在 $T_{max} \sim T_m$ 之间。如果某种高分子的结晶速率较慢，如 PET，则拉伸温度应该取在 $T_g \sim T_{max}$。然而，在实际生产中，无论材料的结晶速率是快还是慢，都将拉伸温度取在 $T_g \sim T_{max}$ 之间。这样做的好处有二：其一，减少了能源的消耗；其二，减轻了冷却设备的负担，生产中也不会出现问题。

 ## 练习与讨论

1. 在与时间无关的黏性系统中，非牛顿液体可分为哪几类？其特性和原因分别是什么？

2. 在高分子材料加工中，除了剪切流动和拉伸流动这两种主要的流动形式外，还有哪几种流动形式？

3. 影响高分子熔体黏度的主要因素有哪些？

4. 聚合物熔体的黏度与相对分子质量的关系式是什么？这一关系式对加工和制品的力学性能各有何指导意义？

5. 黏度对温度敏感性指标的数值对实际生产有何指导意义？

6. 高分子材料离模膨胀的原因何在？对实际生产有何指导意义（膨胀对制品尺寸和形状有何影响）？

7. 取向对制品性能（尤其是力学性能）有何影响？其原因何在？

8. 塑料材料的拉伸取向在何种热力学状态下进行？为什么必须在该状态下进行？

9. 结晶型塑料拉伸取向后的制品往往要经过热处理过程。其目的有哪些？热处理工艺如何确定？为什么这样确定？

模块二 成型用物料配制

在高分子材料制品的生产中，很少使用纯聚合物，大部分由聚合物与其他物料混合，进行高分子材料制备后才能进行成型加工。加入其他物料的目的是改善高分子材料制品的使用性能和成型工艺性能以及降低成本。

根据高分子材料成型过程不同的需要，所要求的高分子材料的形态也就不同。生产橡胶时，先要按配方把生胶和配合剂混合均匀，制成混炼胶；生产塑料时，先要按配方把树脂和配合剂混合均匀，制成粉料、粒料、溶液或分散体。这些物料的配制工艺过程实际上是橡胶、塑料制品成型前的准备工艺。合成纤维成型前的准备工艺比较简单，但溶液纺丝要配制聚合物溶液。工业上以粉料、粒料为主。

项目二 塑料粉料的配混与塑炼

教学目标

（1）能分析聚氯乙烯塑料配方。
（2）能规范操作高速混合机、密炼机、开炼机辅助设备，能运用理论知识解释操作过程。
（3）会分析、处理混合工艺过程中常见的质量问题。
（4）能对主要配混设备进行日常维护与保养。

工作任务

（1）S-PVC 粉料配混。
（2）R-PVC 粒料制备。

2.1 原料与配方设计

粉料主要是由基体树脂和各种助剂构成，在制备过程中，要确保他们能够相互混溶，切忌彼此抑制与副作用。

制成的粉料可直接用于挤出、注射成型等，也可塑化造粒后成型，或经密炼机、开炼机塑化后向压延机供料压延成型。

图 2-1 介绍了粉状和粒状塑料配制工艺流程。

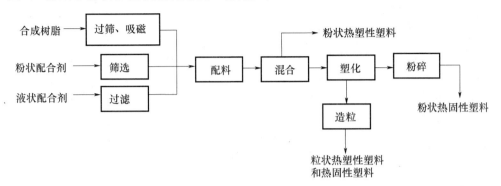

图 2-1　粉状和粒状塑料配制工艺流程图

图 2-2 介绍了粉料在塑料主要成型工艺中的应用。

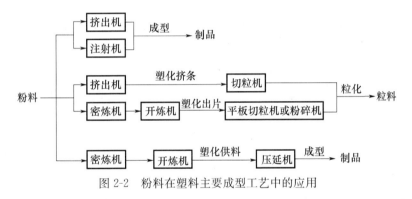

图 2-2　粉料在塑料主要成型工艺中的应用

2.1.1　聚氯乙烯塑料的组成

纯的聚氯乙烯（PVC）树脂属于一类强极性聚合物，其分子间作用力较大，从而导致了 PVC 软化温度和熔融温度较高，一般需要 160～210℃才能加工。另外 PVC 分子内含有的取代氯基容易导致 PVC 树脂脱氯化氢反应，从而引起 PVC 的降解反应，所以 PVC 对热极不稳定，温度升高会大大促进 PVC 脱 HCl 反应，纯 PVC 在 120℃时就开始脱 HCl 反应，从而导致了 PVC 降解。鉴于上述两个方面的缺陷，PVC 在加工中需要加入助剂，以便能够制得各种满足人们需要的软、硬、透明、电绝缘良好、发泡等制品。在选择助剂的品种和用量时，必须全面考虑各方面的因素，如物理-化学性能、流动性能、成型性能，最终确立理想的配方。另外，根据不同的用途和加工途径，我们也需要对树脂的型号做出选择。不同型号的 PVC 树脂和各种助剂的配搭组合方式，就是我们常说的 PVC 配方设计。

聚氯乙烯塑料材料主要由树脂、热稳定剂、填料、润滑剂、增塑剂、改性剂等构成，为了满足制品使用要求，有时还要加入抗氧化剂、光稳定剂、着色剂等。

（1）树脂。树脂用于配制粉料的聚氯乙烯树脂为悬浮法生产，工业上按聚氯乙烯平均相对分子质量的大小划分为不同的规格型号（GB/T 5761—2006），我国悬浮法均聚的聚氯乙烯树脂型号有 8 种，型号小的聚氯乙烯树脂，黏数大、平均相对分子质量高，树脂的力学性能好，热稳定性和玻璃化温度高，成型加工温度也高，塑化较困难，为了改善其成型加工性能，需加入较多的增塑剂，因而这类树脂适用于力学性能要求较高的聚氯乙烯软制品；与此相反，型号大的聚氯乙烯树脂，黏数小、平均相对分子质量较低，其力学性能较差，但成型加工容易，可用于生产要求无增塑剂或有少量增塑剂的聚氯乙烯硬制品。

（2）热稳定剂。聚氯乙烯树脂对热很敏感，未稳定的聚氯乙烯在受热时会引起降解，甚至在较低温度下进行干混合也会引起热降解。所以聚氯乙烯塑料必须加入热稳定剂。可作为聚氯乙烯的热稳定剂有铅盐、金属皂、有机锡及复合稳定剂等，不同稳定剂并用的效果可能会比单独使用效果之和更好或更差，即产生"协同效应"或"对抗效应"。

（3）增塑剂。经过增塑的聚氯乙烯，其软化点、玻璃化温度、脆性、硬度、拉伸强度、弹性模量等均下降，而耐寒性、柔顺性、伸长率则会得到提高。聚氯乙烯常用的增塑剂有邻苯二甲酸酯类、脂肪族二元酸酯类、磷酸酯类等。

（4）填料。填料可降低成本、减小成型收缩、提高塑料的硬度和压缩强度等，最常用的填料是碳酸钙，碳酸钙的类型和用量对制品的力学强度和耐化学性有显著影响，填料的表面处理也很重要，选用适当的偶联剂或表面处理剂对填料进行表面处理，可提高强度、改善塑料熔体流动性。常用的偶联剂及表面处理剂有硅烷、钛酸酯、铝酸酯偶联剂、硬酯酸等。

（5）润滑剂。与稳定剂一样，润滑剂也是必须加入聚氯乙烯中的添加剂。润滑剂可促进物料从设备的金属表面脱离、降低熔体黏度、影响物料的熔融时间，润滑剂有内润滑剂、外润滑剂，常用的有石蜡、聚乙烯蜡和金属皂。

（6）冲击改性剂。硬聚氯乙烯塑料的缺口冲击强度及低温冲击强度低，需添加韧性优越的弹性体或树脂作为冲击改性剂，以达到制品需要的冲击强度，常用冲击改性剂有氯化聚乙烯（CPE）及丙烯酸类共聚物（ACR）。

（7）加工改性剂。硬质 PVC 塑料成型加工时的凝胶速度慢、流动性差，加入加工改性剂后能加快树脂在塑炼过程中的凝胶速度，使其充分凝胶而发挥树脂应有的力学性能。这样，既提高了树脂的流动性，又能改善制品的质量，加工改性剂主要是丙烯酸类共聚物 ACR，α-甲基苯乙烯的低聚物 M-80 也时有应用。

2.1.2　氯乙烯塑料的配方设计

2.1.2.1　配方设计的依据

聚氯乙烯塑料的配方设计主要应该考虑三个方面：制品的性能要求、原辅材料的性能特点和成型加工工艺和设备的要求。

作为一个称职的配方设计者，在制品的性能要求方面必须做到：

（1）熟悉所要生产或研制的制品的各种性能指标。国家标准、部颁标准、ISO、ASTM 等都对许多制品制定了相应的性能指标。如果暂时没有相关标准，可参照类似产品的性能指标，也可根据用户的要求来定。

（2）了解制品的使用环境、使用方法以及使用中可能出现的各种问题。

（3）了解市场信息，消费者的兴趣、爱好和销售趋势。

对于原料材料及辅助材料的性能方面，配方设计者应该做到：

（1）熟悉原辅材料的生产方法、规格、型号和成型加工性能，了解其质量及实验分析结果。

（2）了解所用原辅材料的主要特性、使用范围以及相互之间可能产生的效应，以便发挥它们的"协同效应"，避免"对抗效应"。

（3）熟悉所用原辅材料的用量与制品使用性能和成型加工性能之间的关系。

（4）了解原辅材料的来源和价格，对材料的成本心中有数。

在成型加工工艺及设备要求方面，配方设计者必须做到：

（1）充分了解物料在成型加工设备中的受热过程、受热方式和受热行为。

（2）熟悉物料在成型设备中的受力过程、受力方式和受力行为。

（3）熟悉物料流变性能与机头或模具结构之间的关系。

（4）熟悉物料的成型工艺特点和条件。

在上述配方设计依据的基础上，选择聚氯乙烯树脂和辅助剂，初定其用量，得到初定配方，初定配方要通过实验筛选而使之最佳化。

2.1.2.2　配方设计法

使初定的配方实验过程最佳化，首先必须认真分析，确定这次实验中进行考察的因素，根据影响因素的多少，配方设计有单因素和多因素之分。

1. 单因素配方设计法

单因素法设计简便易行，故首先考虑单因素法设计，在试验中只考察一个因素，采用这种方法必须找出问题的关键，而把其他因素固定在适当状态而暂不考察，如在填料改性配方中仅改变偶联剂的用量。

单因素配方设计多采用消去法来确定，其基本原理是在搜索区间内任取两点，比较其函数值，舍去其中一个，这样使搜索区间缩小后再进行下一步，使区间缩小到允许误差之内。常用的搜索方法有以下几种。

（1）爬山法（逐步提高法）。该法适合于工厂小幅度调整配方用，比较方便，损失也较小。其方法是：先找一个起点 A，这个起点一般为原来生产配方，也可是一个估计配方。在 A 点向该原料增加的方向 B 点做实验，同时向该原材料减少的方向 C 点做实验。如果 B 点好，原材料就增加；如果 C 点好，原材料就减少。这样一步步改变，如果到 W 点，再增加或减少效果反而不好，则 W 点就是要寻求的该原材料的最佳值。选择起点的位置很重要的，起点选得好时，则试验次数可减少。选择步长大小也很重要，一般先是步长大一些，待快接近最佳点时，再改为小的步长。该爬山法比较稳妥，对生产影响较小。

（2）黄金分割法（优选法，0.618 法）。该方法是根据数学上黄金分割定律演变而来的。其具体的做法是，先将配方试验范围（A，B）的 0.618 点做第一次试验，比较两点的结果（制品的物理力学性能），去掉"坏点"以外的部分。在余下的部分再进行黄金分割，在比较、取舍，最终得出最佳值。该法试验次数少，较方便，适于推广。

（3）评分法（对分法）。该法与黄分割法相似，只是在试验范围内，每个试验点都取在范围的中点上，根据试验结果。去掉试验结果的某一半，在再另一半中取中点，做实验，又将范围缩小一半，这样逼近最佳范围的速度很快，而且取点也比较方便。采用平分法的是应对制品的性能指标有所了解，以此标准作为对比条件。同时，还应预先知道该变量对制品的物理性能、加工性能影响的规律，这样才能知道其试验结果所表明该原材料的用量是多是少。

（4）分批试验法。分批试验法可分为均分分批试验法和比例分割分批试验法两种。

均分分批试验法是将每批试验配方均匀地同时安排在试验范围内，将其试验结果比较，留下好的部分（范围），在均匀分成数份，再试验，又留下好的部分，最终找出最佳配方。当原材料添加量变化少，而制品物理性能变化显著时，采用该法最好。

比例分割分批试验法与该法相似，只是试验点不是均匀划分，而是按一定比例划分。该法由于试验效果、试验误差等原因，不易鉴别，所以一般工厂常用均分分批实验法。但当原材料添加量变化较小，而制品物理力学性能却有显著变化时，用该法较好。

2. 多因素配方设计法

多因素法上设计较复杂，但在经过认真分析后仍须同时考虑若干因素，如填料用量增加，将影响塑料熔体的流动性。需同时考虑热润滑剂及加工改性剂的用量，就必须使用多因素法。多因素试验法很多，其中以正交试验法用得最多。

正交试验法是在选优区内一次布置一批试验点，通过这批试验结果的分析，缩小选优的范围。这种方法只做较少的试验，便可判断出较优的配比。正交试验法的步骤：确定因素（变量数目）→水平（试验值数目）→选择正交法→表头设计→列出试验方案→进行试验→结果分析，选出最优水平组合→按最优水平组合进行验证试验。

如果只能在生产设备上进行配方试验，则试验用料量大，试验次数不可能太多。为此，只能在原设计出的配方基础上做出一些小的变化。如果在小型的试验设备上先进行试验，则可以按照设计配方→小试→ 中试→正式投产的顺序循序渐进，按部就班。小试是在试验设备上多次试验，优选出较好的配方。中试是将小试优选出来的配方通过实际的小批量生产进行检验，证实合理之后方可正式投产。

2.1.2.3 配方的表示

配方就是一份表示塑料原材料和各种助剂用量的配比表，正确地将各组分的用量表示出来很重要，一个精确、清晰的塑料配方计量表示，会给实验和生产中的配料、混合带来极大的方便，并可大大减少因计量差错造成的损失。

目前，塑料配方有基本配方、质量百分比配方和实用配方三种表示形式如表 2-1 所示。

表 2-1　塑料配方的表示形式

原料	基本配方（份）	质量百分比配方（%）	实用配方（g）
PVC 树脂（SG-6）	100	85.25	500
三盐基硫酸铅	4	3.41	20
硬酯酸钡	1.2	1.02	6
硬酯酸铅	0.5	0.426	2.5
硬酯酸钙	0.8	0.682	4
硫酸钡	10	8.53	50
石蜡	0.5	0.682	2.5
合计	117	100.00	585

基本配方以树脂用量为 100 质量份数时，其他助剂的用量为树脂质量的百分之几表示，可用"份"作单位，也可表示为"PHR"（parts per hundred resin）；质量百分比配方用某一组分占整个物料的质量百分数表示；实用配方是根据混合设备大小确定的每一次配方进行混操作的实际称料量。

2.2 物料混合的基本原理

2.2.1 混合的含义

混合一般包括两方面的含义，即混合和分散。

混合也称为简单混合，是指将具有两种以上组分的物料相互分散在各自占有的空间中，使其在任何部位的组成比例均相同的操作，简单混合只增加了混合物中各组分空间分布的无规程度，并不减小各组分微小粒子的尺寸。

分散也称分散混合，是指混合物中各组分发生诸如物料块崩溃而致尺寸变小等物理特性变化，以及各组分向其他组分渗透后各组分均匀分布的过程，分散混合不仅使混合物中各组分空间分布的无规程度提高，还使各组分的微粒尺寸减小。

实际进行的混合操作很少只是简单混合，大多是在简单混合和分散混合并存情况下完成的。比如粉碎、研磨和搅拌等作用使各组分粒度不断减小，含增塑剂向聚氯乙烯树脂中的渗透，低熔点的助剂（如石蜡）在混合过程中熔融，都使组分微粒尺寸减小，也使各组分的空间分布趋向均匀化。

塑料配制中，含有较多的液体助剂的物料称为润性物料，反之，为非润性物料。润性物料配混中液态助剂将向固体树脂及助剂中渗透。常见的混合方法有：

（1）混合。混合通常指固态组分间的混合，如粉末状组分与小颗粒状组分间的组合。要求各组分在空间分布均匀，主要用于非润性物料。

（2）捏合。捏合通常指液态与固态物料之间的混合，是在捏合机中借助强烈的剪切作用使混合物各组分充分混合均匀的过程。捏合可用于润性物料，也可以也于非润性物料。

（3）塑炼。塑炼主要用于塑性物料与固体物料或塑性物料间的混合，它是指借助热和机械功作用，使热塑性塑料在处于可塑的熔融状态下与其他组分间进一步混合均匀的过程。

2.2.2 混合的基本原理

塑料成型材料的平均混合一般依靠设备的搅拌、振动、翻滚、研磨等达到扩散、对流和剪切三种作用来完成。

扩散是利用各种组分的浓度差，推动各组分的微粒从浓度较大的区域向浓度小的区域迁移，从而实现组成均一。通常气体之间、液体之间或液体与固体间扩散较易进行。对于固体物料的混合以及聚合物熔体的混合来说，扩散作用并不明显，需借助高物料温度、增加接触面积和减小料层厚度等方法促进扩散作用。

对流是混合物中各组分在外界因素作用下相互向其他组分所占的空间进行流动，以达到各组分在空间的平均分布过程。对流作用可以发生在固-固、液-液和固-液体系的混合过程中。机械搅拌是促使各组分做不规则流动，从而达到对流混合的重要手段。

剪切是依靠机械作用产生的剪切力使物料各组分的物料块产生形变而扩大了物料各组分的接触面积，在剪切力作用下物料颗粒的体积减小，从而达到混合物组成均一的目的。剪切的混合效果与剪切应力的大小、剪切力的方向是否连续改变以及物料温度的高低有关。剪切应力越大，物料块产生的剪切形变也越大，不同组分间的接触面积越大，混合效果也越好；剪切方向能不断改变（最好是90°改变），将显著提高混合速度和混合效果；升高物料温度，有利于形变的发生和发展，同时会改变混合效果。

在塑料物料的混合过程中，扩散、对流和剪切这三种作用经常是同时存在的，只是在不同的操作中，某一作用占优势，粉料配制过程中，物料绝大部分都是粉状料，对流作用占优势；而塑炼过程中，以剪切作用为主。

2.2.3　混合效果的评定

塑料成型材料的混合效果可从两个方面来考虑，即组成的均匀程度和物料的分散程度。

均匀程度是指从混合物中随机取样进行分析测定，所得某一组分的百分含量与理论或总体百分含量的差值。此差值越小，则物料混合的均匀程度越高。但取样点很少时不足以反映全体物料的实际混合和分散情况，应从混合物的多个位置随机抽取多个试样进行分析，其组成的平均结果则是具有统计性质，较能反映物料总的均匀程度。

经混合后不同的物料相互分散，不再像混合前那样同种物料完全聚在一起、出现分散程度的差异。如各占一半的两种组分混合后最理想的形成及其均匀相互间隔形成有序排列，但实际上是达不到这种程度的。如图2-3所示为两组分固体物料的混合情况。

 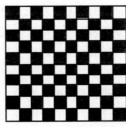 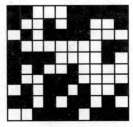

(a) 原始未混合状态　　　　(b) 理想完全混合状态　　　　(c) 随机完全混合状态

图2-3　两组分固体物料的混合情况

2.3　原料的准备

高分子材料的性能和形状可以是千差万别，成型工艺各不相同，但成型前的准备工艺基本相同，关键靠混合来形成均匀的混合物，只有把高分子在材料各组分之间相互混在一起，并形成均匀的体系，生产出合格的混炼胶和各种形态的塑料才有可能得到合格的橡胶制品和塑料制品。

原料的准备主要有原料的预处理、计量及输送。在粉料的混合之前，必须对其进行预处理，主要包括两个步骤，即物料的细化和物料的干燥。

物料的细化是通过粉碎、筛析、研磨来完成的，而物料的干燥是利用加热、热风、真空等动力源，在物料的配制或成型之前，除去原材料（合成树脂和各种添加剂）中的水分及其挥发物。

2.3.1 原料的预处理

2.3.1.1 干燥与预热

塑料原料在储存和运输过程中可能吸收水分，水分含量过大将造成以下结果：称量和配料不准、混合过程中物料难以分散均匀、成型过程中水分挥发会产生气泡、脱层、水纹、闷光等制品缺陷。此外，对增塑剂进行预热，可加快其扩散速率，强化热过程，加快树脂溶胀，以提高混合效率。应根据材料的性质、现状及成型要求等确定某一具体组分材料是否需要干燥、干燥的程度如何。

常见的干燥设备有普通烘箱、真空转鼓干燥器、沸腾床干燥器（如图 2-4 所示）、远红外干燥器，其各自的优缺点及适用范围如表 2-2 所示。

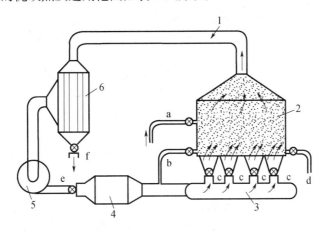

图 2-4 沸腾床干燥装置工作原理

1—风管；2—沸腾床箱体；3—热风整流筒；4—电加热器；5—离心风机；6—袋式过滤器；

a—湿料进口；b—气流调节口；c—热风分配口；d—干料出口；e—进风口；f—湿气中的粉料出口

表 2-2 常见干燥设备

设备	优缺点	适用范围
普通烘箱	有电加热、蒸汽加热、真空加热等形式，结构简单，但干燥效率低	适用于干燥少量物质
真空转鼓干燥器	设备结构简单，物料可翻动，干燥效果好、效率高，但属间歇操作	适用于中小型塑料厂，尤其适用于易氧化的物料
沸腾床干燥器	物料与热风混合充分，干燥时间短，单位溶剂的干燥量大，允许干燥温度高，极限含水量低，可达 0.01%	适于小至 80～250μm、大至 15～25mm 的物料，特别适用于高聚物的干燥
远红外干燥器	投资少，节电，干燥速度快、质量好、效率高；振动式红外干燥器可使物料翻动，干燥效果更好	可用于预热或干燥，大多数工程塑料在整个远红外波段有很宽的吸收带，宜用此法

2.3.1.2 粉碎与研磨

某些颗粒过大或块状固体塑料助剂（如石蜡）需粉碎，可用手工或机械粉碎。

目前采用的某些稳定剂、填料以及色料等，其固体粒子常易发生凝聚现象。为减小颗粒尺寸、有利于这些小剂量物料的均匀分散，可将稳定剂、填料或色料与一定数量的增塑剂（一般用邻苯二甲酸二辛酯）研磨制成浆料或母料。母料是事先制成的含有高百分比助剂的塑料混合物，常用的研磨设备为球磨机和三辊研磨机。

球磨机适用于粉料的研磨，它是一个钢制或瓷质圆柱体形筒体，筒内装有钢球或瓷球，依靠球与球之间或球与筒壁之间的摩擦与撞击而使物料研轧磨碎。

三辊研磨机工作原理如图2-5所示，由辊筒、挡板、压力调整机构、刮刀和传动机构等主要部件构成。三个辊筒平行地安装在机座上，中辊固定，前后两辊可调节辊距，以满足研磨物料的要求。三个辊的速度不同，速比一般为1∶3∶9（后辊∶中辊∶前辊）。挡板装在中、慢速两辊筒之间，刮刀用于刮下磨出来的浆料。颗粒受到辊筒间隙处的压力和剪切力被破碎。研磨后的浆料细度可用细度板测定。

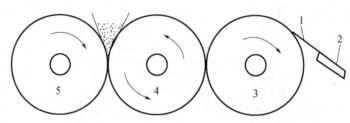

图2-5 三辊研磨机的工作原理
1—刮刀；2—滑槽；3—前辊；4—中辊；5—后辊

2.3.1.3 过筛

过筛也称筛分、筛析，聚氯乙烯树脂在生产和运输过程中有可能混入其他机械杂质，为避免机械杂质对设备和制品质量的影响，在生产之前可根据需要进行过筛。

常见的树脂筛选设备为振动筛。振动筛有机械振动和电磁振动两种。机械振动筛结构比较简单，可把筛网装在弹簧的框架上，通过电机的某种偏心或不均匀的转动，使筛网发生振动；电磁振动筛通过电磁振动器使筛网发生振动。

 ## 2.3.2 原料的计量与输送

计量是保证各种物料中原料组成比率精确的步骤，分为手工称量和自动称量。根据所称物料的多少选用计量器，手工称量的相对误差不应超过2%，自动化生产中相对误差有时要在0.5%以下。小试的配料过程中，常用计量器有分析天平、架盘天平和台秤；正式生产中常用台秤或磅秤，量少的物料也有用架盘天平的；大型自动化生产中采用电子秤、计量泵，也可采用比例配料器或全自动计量混合装置进行称量。袋装或桶装的原料，通常虽有规定的质量，但为保证准确计量，有必要进行复称。图2-6为自动供料系统示意图。

原料的运输，一种是机械化自动化输送，对液体原料常用泵通过管道输送到高位槽贮存，使用时再定量放出，固体粉状原料（如树脂）则常用气流输送；另一种是人工输送。

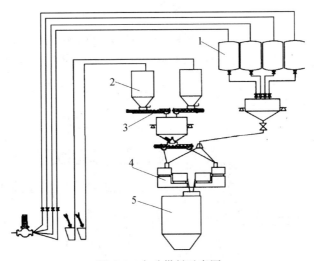

图 2-6　自动供料示意图

1—液罐；2—原料仓；3—配料秤；4—冷热混合机组；5—储料仓

2.4　初混合

物料的混合是指将原料各组分，在较低的温度（低于树脂的熔融温度）下相互分散以获得成分均匀的物料。原料混合后的均匀度直接影响制品质量。

2.4.1　混合设备

用于混合的设备类型较多，现列举常用的几种如下。

1. 转鼓式混合机

这类混合机的形式很多，如图 2-7 所示。其共同点是靠盛载混合物料的混合室的转动来完成混合，混合作用较弱且只能用于非润性物料的混合。为了强化混合作用，混合室的内壁上也可加设曲线型的挡板，以便在混合室转动时引导物料自混合室的一端走向另一端，混合室一般用钢或不锈钢制成。目前只用于两种或以上树脂粒料并用时或粒料的着色等混合过程。

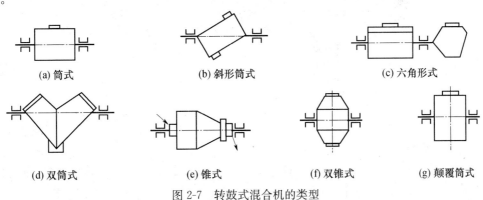

(a) 筒式　　(b) 斜形筒式　　(c) 六角形式

(d) 双筒式　　(e) 锥式　　(f) 双锥式　　(g) 颠覆筒式

图 2-7　转鼓式混合机的类型

2. 螺带式混合机

这种混合机，如图 2-8 所示，其混合室（筒身）是固定的。混合室内有结构坚固、方向相反的两根螺带。当螺带转动时，两根螺带就各以一定方向将物料推动，以使物料各部分的位移不一，达到混合的目的。混合室的外部装有夹套，可通入蒸汽或冷水进行加热或冷却。混合室的上下都有口，用以装卸物料。

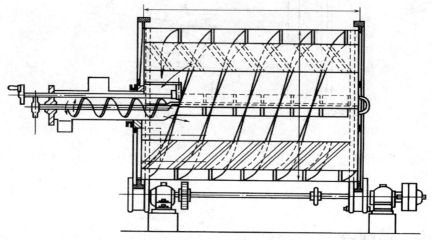

图 2-8　螺带式混合机的内部结构

3. 捏合机

捏合机可兼用于润性、非润性两种物料的混合。其结构如图 2-9 所示。主要结构是一个带有 W 型或鞍型底钢槽的混合室和一对搅拌器，混合室的钢槽用不锈钢衬里，槽壁附有夹套，可加热或冷却。捏合机混合室的底部一般开有卸料孔，也可靠混合室的倾斜来完成卸料。搅拌器的形状很多，最普通的是 S 型和 Z 型。混合时，两转子可以同向旋转，也可以异向旋转，转子间的速比一般为 1.5：1、2：1 或 3：1。混合过程中，转子旋转时对物料搅动与翻转，物料沿混合室的侧壁上翻而在混合室的中间下落，在转子的外缘与混合室内壁之间的缝隙处、两转子的相切处受到强烈的剪切作用，从而达到均匀混合。

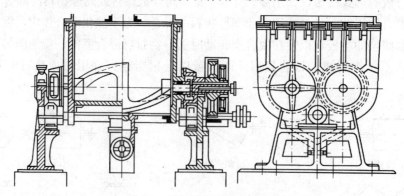

图 2-9　Z 型捏合机的内部结构

4. 高速混合机

高速混合机结构如图 2-10 所示，这种混合机不仅兼用于润性与非润性物料，而且更适宜于配制粉料。该机主要是由一个圆筒形的混合室和一个设在混合室内的搅拌装置组成。

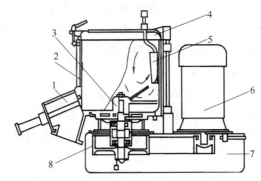

图 2-10　高速混合机的结构

1—排料装置；2—混合室；3—搅拌桨；4—盖；5—折流板；6—电动机；7—机座；8—V 型皮带轮

　　搅拌装置包括位于混合室下部的快转叶轮和可能垂直调整高度的挡板。叶轮根据需要不同可有一组到三组，分别装置在同一转轴的不同高度上。每组叶轮的数目通常为两个。叶轮的转速一般有快慢两挡，两者之速比为 2∶1。快速约为 860r/min，但视具体情况不同也可以有变化。

　　混合时物料受到高速搅拌。在离心力的作用下，由混合室底部沿侧壁上升，至一定高度时落下，然后再上升和落下，从而使物料颗粒之间产生较高的剪切作用。因此，除具有混合均匀的效果外，还可使塑料温度上升而部分塑化。挡板的作用是使物料运动呈流化状，更有利于分散均匀。高速混合机是否外加热，视具体情况而定。用外加热时，加热介质可采用油或蒸汽。油浴升温较慢，但温度较稳定，蒸汽则相反，如通冷却水，还可用作冷却混合料。冷却时，叶轮转速应减至 150r/min 左右。混合机的加料口在混合室顶部，进出料均有由压缩空气操纵的启闭装置。加料应在开动搅拌后进行，以保证安全。

　　高速混合机的混合效率较高，所用时间远比捏合机为短，在一般情况下只需 8～10min。实际生产中常以料温升到某一点（例如 RPVC 管材的混合料可为 120～130℃时，作为混合过程的终点）。

　　因此，近年来有逐步取代捏合机的趋势，使用量增长很快。高速混合机的每次加料量为几十至几百公斤。目前有的高速混合机已可全自动操作，加料时不需将盖打开，树脂和大量的添加剂，由配料室风送入混合机，其余添加剂由顶部加料口加入。混合时，先在低速下进行一短段时间（如 0.5～1.0min），然后自动进入高速混料。

2.4.2　混合工艺与操作

　　用高速混合机制备粉料需确定加料量、加料顺序、排料温度。确定高速混合机中的投料量应在保证混合质量的前提下提高生产效率，通常物料的体积占混合器空容积的 50%～70%。物料的体积为混合器空容积的 50% 以下时，摩擦生热较小，达到预设的混合温度需要时间长，效率低；加料量在 50%～70%，升温较快；加料量在 70% 以上时，物料翻腾的时间小，混合效果变差，升温速度也不再明显提高，混合机还存在过载危险。

　　聚氯乙烯配方中组分很多，加料顺序应有利于助剂作用的发挥，避免助剂相互之间的不良影响，使应该在聚氯乙烯树脂内分散的助剂，得以充分进入树脂内部，如增塑剂应被聚氯乙烯树脂而不是被填料吸收。

含较多液体助剂的软聚氯乙烯（S-PVC）加料工序，由理论上分析应为：树脂→增塑剂→浆料→色料、填料及其他助剂；工业生产中一般分为两步：先将树脂和增塑剂混合一定时间，再将其余物料全部加入，在高混机中混合至 90～105℃排料，冷混至 40℃排料待用。或高混机排料至密炼机，开炼机塑化。

硬聚氯乙烯（R-PVC）理论上加料顺序为：聚合物→稳定剂→加工助剂→色料→石蜡→填料→润滑剂等；工业生产中一般分为两步：先将树脂和稳定剂混合一定时间，再将其他物料全部加入，高混机中混合至 120℃排料，冷混至 40℃排料待用；或高混机排料至密炼机、开炼机塑化。

2.5　物料的塑炼操作

塑炼的目的是改变物料的性质和状态，借助于加热和剪切力的作用使树脂熔化、混合，同时去除其中的挥发物，使混合物各组分分散更趋均匀，并使混合物达到适当的柔软度和可塑性，塑炼后的物料更有利于制得性能一致的制品。

塑炼在聚合物流动温度以上和较大剪切力下进行，有可能造成聚合物分子的热降解、力降解、氧化降解而降低所得制品质量，应控制好塑炼条件。

2.5.1　塑炼设备

塑炼所用设备主要有密炼机、开炼机和挤出机等。

1. 密炼机

密炼机是一种密闭加压的塑炼设备，基本结构如图 2-11 所示，由混炼室、转子、压料装置、卸料装置、传动系统等组成，混炼室壁上下顶栓可进行加热或冷却。在密炼机的混炼室内，物料受到上下顶栓的压力，在两个相对回转的转子间隙中转子与混炼室壁的间隙中以及转子与上下顶栓的间隙中受到不断变化的强烈撕拉剪切和挤压作用，促使物料产生剪切变形摩擦生热而进行混炼，为适应不同物料和不同混炼阶段的要求，密炼机转子的转速通常可调。

密炼机塑化的物料为团状的，为便于粉碎和切粒，需通过开炼机压成片状物。

2. 开炼机

开炼机又称开放式炼塑机，基本结构如图 2-12 所示。主要有前后辊筒、机架、紧急停车装置、辊距离调节装置、加热装置、挡料板、电机、减速箱等部件组成。开炼机工作时，一对平行辊筒以不同转速相向转动，物料不断进入辊筒间隙反复辊压，辊筒间的物料中存在速度梯度，产生了剪切应力，对塑料起到混合塑炼作用，辊距越小时剪切作用越强，塑化效果越好，对开炼机的生产能力有所降低。

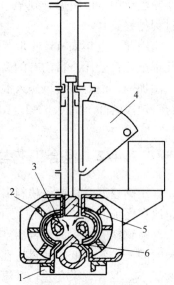

图 2-11　密炼机结构示意图
1—底座；2—混炼室；3—转子；
4—加料斗；5—上顶栓；6—下顶栓

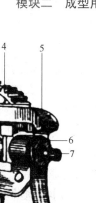
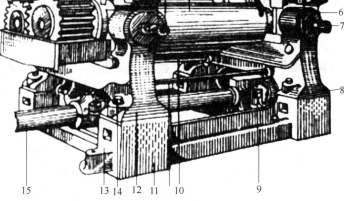

图 2-12　开炼机结构示意图

1—前辊；2—后辊；3—挡板；4—大齿轮传动；5—上顶栓；5、8、12、17—机架；6—刻度盘；7—控制螺旋杆；
9—传动轴齿轮；10—加强杆；11—基础板；13—安装孔；14—传动轴齿轮；15—传动轴；
16—摩擦齿轮；18—加油装置；19—安全开关箱；20—紧急停车装置

3. 挤出机

连续式塑炼设备有单螺杆挤出机、双螺杆挤出机、行星螺杆挤出机、双阶配混料挤出造粒设备及双转子连续混炼机。挤出机塑化是连续操作过程，塑化的物料一般为条状或片状，可直接切粒得到粒状塑料。单螺杆挤出机的结构及其原理将在后续章节中介绍，但需要说明的是，塑炼用单螺杆挤出机的特点：直径较大（大多数在 90mm 以上），螺杆长径比比较短（一般在 10mm 左右），螺槽深度较深，大多可用混炼型螺杆。双螺杆挤出机主要用来挤出造粒，用于塑炼的双螺杆挤出机往往用平行型同向旋转的双螺杆挤出机。现在有些厂家还生产混配料专用的双螺杆挤出机。

 ## 2.5.2　塑炼工艺与操作

2.5.2.1　密炼机的塑炼

密炼机塑炼时要确定投料量、投料顺序、转子转速与速比、上顶栓压力、混炼温度等工艺参数。

1. 投料量

每次塑炼的物料量应适当，通常物料的体积应占密炼机混炼室有效体积的 50%～80%。投料量太低，产生能力低，而且由于混炼室内的物料太松散，不能形成足够的物料流动阻力，减弱了转子对物料的剪切力与挤压作用，不利于其分散与塑化；投料量太高，物料充满密炼机的混炼室，没有流动余地，也不利于混合的进行，甚至可能发生机械故障。

2. 加料顺序

混合时将各组分同时加入密炼机的混炼室，称为一次加料，如将经高速混合机初混合的物料直接排入密炼机中；在混合时按照一定的顺序依次加入，称为分段加料。

含有填料的聚氯乙烯润性物料，直接用密炼机混合时，应避免液态助剂被填料所吸收，先将液态助剂与树脂一次加入密炼室，待混合均匀后，再加入固体填料，若塑料配方中有不易分散的助剂（如炭黑、颜料等），混合时需要高剪切来达到分散混合，因此，应该在物料未软化以前加入；液态助剂则应该在物料软化以后再加入，以免过早加入的液态助剂在物料与转子的表面及密炼室的内壁之间形成润滑层，阻碍物料的分散。

3. 转子转速与速比

转子转速高，对物料的剪切大，有利于分散混合的进行，可以缩短物料混炼时间；转子转速过高，会导致物料的温度上升、黏度下降，使剪切力下降、物料发生焦烧或降解的可能性增大。通常根据物料所允许的最高卸料温度来选择转子的转速。小型密炼机的转子转速通常为 $50\sim150r/min$，大中型密炼机的转子转速通常为 $20\sim60r/min$。

密炼机的两转子之间保持适当的速比，可以促进其密炼室内物料的卷折与推挤作用。转子的速比分为名义速比与实际速比。所谓名义速比，是指两转子之间的转速之比；所谓实际速比，是指两转子工作表面上各相对应点的线速度之比。密炼机的名义速比一般为 $1.07:1\sim1.12:1$。

4. 上顶栓压力

密炼机的上顶栓压在混炼物料上，可以使混炼室内的物料密实，减少物料在转子表面和混炼室内壁面上的滑移，使物料有效地被剪切与挤压。一般上顶栓的压力值为 $0.1\sim0.6MPa$，高的可达 $1.0MPa$。

5. 混炼温度

混炼过程物料温度控制的目的在于防止物料的过热，使卸料温度尽量的低，并使物料具有一定的黏度，以适应混合要求。

密炼机装有热电偶温度计和功能表，这些仪表基本上能反映出物料在密炼过程中的变化。密炼机功率表表示密炼机电动马达负荷的情况，当物料加入密炼机后，电动机带动转子，克服物料的摩擦做功，负荷增加，功率急剧上升。此时物料在上顶栓的压力和转子的强大剪切力的作用下，发生摩擦产生热量，温度逐渐上升。当温度上升到物料塑化临界温度时，物料变软，电动机负荷减少，功率下降。等到物料完全塑化，功率趋于恒定，结合温度的变化，就可以准确地判断出物料的塑化情况。

2.5.2.2 开炼机的塑炼

开炼机的加料量根据开炼机的辊筒大小和物料的特性而定。

开炼机辊温按所塑炼的聚合物熔融温度而定，慢速辊的温度比快速辊高一些，这是因为操作一般在慢速辊筒上进行，温度应较快速辊高一些可使物料能包住慢速辊，便于操作。温度和混炼时间主要影响物料的剩余热稳定性和塑化程度，升高温度和延长塑炼时间有助于提高物料的塑化程度，减少制品中的鱼眼数，但导致剩余热稳定性下降。所以，应在保证一定塑化程度的前提下尽量降低混炼温度和混炼时间。

开炼机的辊距调整通过转动手轮来实现的，辊距的大小由工艺确定，辊距小对物料的剪切力大，通常在塑炼过程中要改变辊距以得到良好混合效果，如调小辊距对物料"薄通"。辊距、辊筒转速及速比主要影响混炼物料所受到的剪切力，辊距越小，辊筒转速及速比越大，辊筒对物料所施加的剪切力越大，有利于物料快速均匀的塑化，这对减少制品中的鱼眼十分有效，但剪切力过大易引起物料摩擦过热及化学降解。因此，辊距、转速及速比的控制应适当。

　　开炼机两辊筒对物料的作用是单方向的剪切，不利于物料大范围内的混合均匀，在塑炼操作中须用切割装置或小刀不断地切开辊面物料使其交叉叠合即"打三角包"或将物料打卷后改变方向进行辊压，其目的是不断改变物料受剪切力的方向以提高混合效果。

2.5.3　粉碎与粒化

　　为了便于贮存、运输和成型加工时的喂料操作，必须将塑化后的物料进行粉碎或造粒，制成粉状或粒状塑料。粉状塑料和粒状塑料无原则区别，只是细分程度不同。对相同组成的物料是制成粉料还是粒状，主要由物料的性质及成型方法对物料的要求来决定。一般挤出、注射成型要求的多是粒状塑料，热固性塑料的模压成型多数是要求是粉状塑料。

2.5.3.1　粉碎

　　粉状物料一般是将片状塑化后的物料用切碎机先进行切碎，然后再用粉碎机粉碎而得到。通用的切碎机主要由一个带有一系列叶刀的水平转子和一个带有固定刀的柱形外壳所组成。而粉碎机是靠转动而带有波纹或沟纹的表面将夹在其中的碎片磨为粉状物。

2.5.3.2　粒化

　　塑料多数是韧性或弹性物料，要获得粒状塑料，常用具有切割作用的造粒设备。造粒的方法根据塑化工艺的不同有以下三种：

1. 开炼机轧片造粒

　　开炼机塑炼或密炼机塑炼的物料经开炼机轧成片状物，经过风冷或水冷后进入平板切粒机，先被上、下圆辊切刀纵切成矩形断面的窄条，再被回转刀模切成方块状的粒料，如图 2-13 所示。

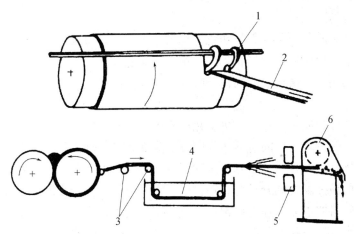

图 2-13　开炼机轧片造粒示意图

1—割刀；2—料片；3—导辊；4—冷却水槽；5—吹气干燥器；6—切粒机

2. 挤出条冷切造粒

挤出机塑化的物料在有许多圆孔的口模中挤出料条，在水槽中冷却后引出经气流加速干燥并切成粒料，可制得 1～5mm 的圆柱形粒料，如图 2-14 所示。

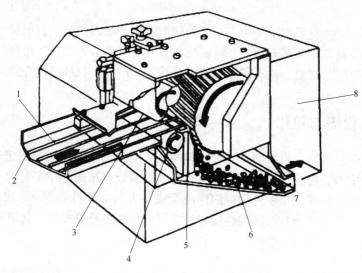

图 2-14 条式造粒机

1—胶条进入；2—喂料口；3—上喂料辊；4—下喂料辊；5—后刀片；

6—粒料；7—粒料筛选/收集系统；8—研磨性转子

3. 挤出热切造粒

用装在挤出机机头前的旋转切刀切断由多孔口模挤出的塑化料条。切粒需在冷却介质中进行，以防粒料互相黏结。冷却较多使用高速气流或喷水，也有将切粒机构浸没在循环流动的水中，即水下热切法。

2.6 粉料与塑炼物料的质量与检验

（1）粉料的外观质量。混合料的颜色应均匀，无粗大结块及颗粒，无分离倾向。用手捏粉料，物料基本上能形成所捏的形状，用手指一弹又能散开，放下物料后手上应没有油性物残留，说明液体助剂基本被聚氯乙烯树脂吸收，表观密度增大，有良好的自由流动性（易下料）和贮存性。

（2）塑化料的外观质量。在开炼机塑化过程中，切开物料断面观察，塑化好的物料断面光滑，不显毛粒，颜色均匀，同时熔体强度没有降低，可顺利出片。

（3）水分与挥发物的含量。水分多是助剂或树脂的游离水分，挥发物是指物料受热发生化学反应释放出的易挥发的低分子物。塑料中含水量与挥发分过多时，会降低制品质量或出现缺陷，对各种塑料的水分和挥发分含量均有一定的技术指标。在生产中常是测定水分和挥发分的总量。测定方法一般是称取试样（约 5g），在 100～105℃的烘箱内烘 30min，烘后的质量损失率即为水分与挥发分的含量。

（4）流动性。熔体流动性影响塑料的成型工艺过程，采用流变仪可对聚氯乙烯塑料的熔融、流动做出评价。其他塑料流动性常用熔体流动速率仪测定。

（5）力学性能。将粉料用密炼机或开炼机塑化后，压制为板材，裁制试样，或用粉料注塑试样，根据制品性能指标要求，按测试标准测定拉伸强度、冲击强度等力学性能。

对不合格的物料，若为混合不好、水分或挥发分过大，可加入高速混合机中进行充分加工至符合要求；若为物料轻度降解或力学性能稍低，可以一定比例掺混在正常物料中，但必须控制掺混比例不能过高，保证制品质量。

 练习与讨论

1. 什么是塑料的初混合？常用哪些设备？
2. 塑料成型物料配置中混合及分散原理是什么？
3. 什么是润性物料和非润性物料？简述其混合工艺。
4. 常用的混合设备有哪些？它们的工作原理是什么？
5. 密炼机主要技术参数有哪些？各自代表什么意义？
6. 开炼机主要由哪些部分组成？各自的特点是什么？
7. 物料在成型前为何要进行干燥？干燥的方法和设备分别有哪些？
8. 我国有哪些主要的聚氯乙烯生产企业？查找其所生产的树脂产品型号、性能指标和用途。
9. 分别查找常见的硬质和软质聚氯乙烯制品配方各一种，分析各组分的作用。并对比两种配方之间的差异。选定一种软质聚氯乙烯制品，从性能要求、原辅材料的性能特点、成型加工工艺和设备的要求等方面收集资料。
10. 分小组讨论，初定一软质聚氯乙烯制品配方，计算配方的质量成本。确定初定配方中需要处理的原料，并制定预处理工艺。
11. 用上述物混合得到的粉料，估计表观密度，据密炼机、开炼机的大小，确定投料量。确定密炼机的排料温度、开炼机辊温。制定出塑料操作规程、安全及防护规定。

模块三　塑料制品成型技术

项目三　塑料挤出成型技术

教学目标

（1）能正确选择相应的挤出成型设备。
（2）能进行挤出成型工艺参数的设定。
（3）能熟练地进行挤出成型设备的操作。
（4）能通过调节挤出成型工艺参数完成产品的操作。
（5）能初步排除挤出成型操作中常见的故障。
（6）能针对挤出成型产品质量缺陷进行剖析。
（7）能进行挤出成型设备的日常维护与保养。

工作任务

（1）PVC 管材的挤出成型。
（2）PE 管材的挤出成型。
（3）背心袋塑料薄膜挤出吹塑成型。

3.1　挤出成型过程与特点

挤出成型是在挤出机中将塑料加热，使之成为黏流状态，在加压的情况下，通过具有一定形状的口模而成为界面与口模形状相仿的连续体，然后冷却定型得到所需制品。挤出成型是应用最广的一种塑料成型加工方法，其制品总量约占国内塑料制品总量的1/3。

螺杆挤出机是塑料挤出成型工艺的核心设备，习惯上称主机，其具有通用性，配上某种辅机，即口模、冷却、牵引、切割、卷取等辅助设备，可以生产不同的制品。螺杆是挤出机的心脏，在塑化挤出过程中起关键作用。

挤出成型具有以下特点：①连续生产，可生产任意长度的管、棒、膜、丝和异型材，因此生产效率高。一台单螺杆挤出机可生产制品 90t/a，而一台同螺杆直径的注塑机可生产制品 30t/a。②设备制造容易，投资少，成本低，见效快。③设备的自动化程度高，生产操作简单，工艺控制容易，劳动强度低。④应用面广，挤出成型可用于混炼、造粒、着色、增强复合、成型制品等。

挤出成型的应用范围很广，主要包括：薄膜、板材、管材、线缆、合成纤维、包装容器、异型材、造粒、混合、塑化、着色等。

挤出成型可分为螺杆式挤出机挤出和柱塞式挤出机挤出，在挤出成型中，绝大多数是用螺杆式挤出机。螺杆式挤出机分为单螺杆、双螺杆及多螺杆等。

3.2 挤出成型设备

3.2.1 单螺杆挤出机

单螺杆挤出机是由一根阿基米德螺杆在加热的料筒中旋转构成的，单螺杆挤出机结构简单、成本低、操作维护容易，能够建立稳定的挤出压力，因而广泛应用于挤出成型领域。目前单螺杆挤出机已从最初基本的螺旋结构，发展出阻尼螺块、排气式螺杆、开槽螺筒、销钉料筒、积木式结构等各种不同的结构类型。对于成品及半成品挤出生产而言，单螺杆挤出机几乎是唯一的选择。

3.2.1.1 基本结构

单螺杆挤出机主要由挤压系统、传动系统和加热冷却系统等 3 个部分组成，其基本结构如图 3-1 所示。

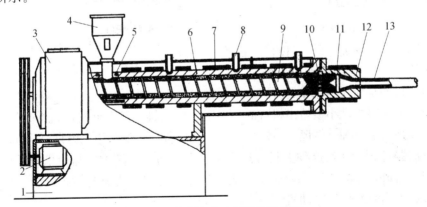

图 3-1 单螺杆挤出机结构示意图

1—机座；2—电动机；3—传动装置；4—料斗；5—料斗冷却区；6—料筒；7—料筒加热器；8—热电偶控温点；
9—螺杆；10—过滤网及多孔板；11—机头加热器；12—机头；13—挤出物

按不同方式划分，单螺杆挤出机可分为卧式和立式挤出机，或排气式和非排气式挤出机，其中，非排气卧式单螺杆挤出机应用最为广泛。挤出机的主要规格可以通过以下参数来表征：螺杆直径 D（mm），螺杆长度 L（mm），长径比（L/D），长（mm）×宽（mm）×

高（mm），驱动电机功率 P（kW），料筒加热功率 E（kW）及加热段数，产量 Q（k/h），螺杆转速（rpm）。我国采用汉语拼音首字母缩写及挤出机直径、长径比等参数对挤出机型号进行编号。例如，SJ-55/30 代表塑料（S）挤出机（J），螺杆外径为 55mm，螺杆长径比为 30mm。

1. 挤压系统

挤压系统的主要作用是将高分子材料熔融塑化形成均匀的熔体，实现由玻璃态向黏流态的转变，并在这一过程中建立一定的压力，被螺杆连续的挤压输送到机头模具。

挤压系统主要包括加料装置、螺杆和料筒等部分，它是挤出机最关键部分，其中螺杆是挤出机的心脏，物料通过螺杆的转动才能在料筒内移动，并得到增压和部分热量。

（1）加料装置。加料装置的作用是给挤出机供料，由料斗部分和上料部分组成，有圆锥形、圆柱形、圆柱-圆锥形等。料斗的侧面开有视窗以观察料位；料斗的底部有开合门，以停止和调节加料量；料斗的上方可以加盖，防止灰尘、湿气及其他杂物进入；料斗最好用轻便、耐腐蚀、易加工的材料做成，一般多用铝板和不锈钢板。料斗的容积一般情况下，约为挤出机 1～1.5h 的挤出量。热风干燥料斗采用鼓风机从下部鼓入热风，从料斗上部排出，在干燥物料的同时提高料温，以加快物料的熔体流动速率，提高塑化质量。普通料斗及热风干燥料斗如图 3-2 所示。

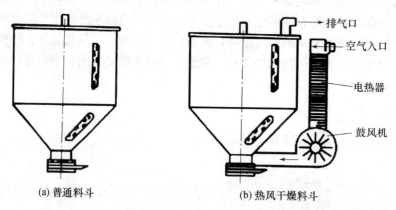

(a) 普通料斗   (b) 热风干燥料斗

图 3-2　挤出机常用料斗结构

上料是指将物料加入到料斗的方式。上料方式分为鼓风上料、弹簧上料、真空上料、运输带传送及人工上料等。小型挤出机有的还采用人工上料，但大型挤出机多采用自动上料，如鼓风上料和弹簧上料等。鼓风上料器如图 3-3（a）所示，是利用风力将料吹入输料管，再经过旋风分离器进入料斗，这种上料方法适于输送粒料。弹簧上料器由电机、弹簧、进料口、橡皮管等组成，如图 3-3（b）所示，缺点是弹簧选用不当时易坏，软管易磨损，弹簧露出部分安放不当时易烧坏电动机。

（2）料筒。挤出成型时的工作温度一般在 180～290℃，料筒内压可达 60MPa，因此，料筒必须能够承受高温、高压，并要求具有足够的强度、刚度和耐腐蚀性。料筒一般由耐热、耐压、耐磨、耐腐蚀的合金钢或内衬合金钢的复合管制成。料筒的长度一般为其直径的15～30 倍，加料段内表面加工出锥度并开纵向沟槽可以提高固体输送效率。

一般在料筒的外面设有加热装置和冷却装置。加热装置一般分为 3～4 段，常用电阻或电感加热器，也有采用远红外线加热的。料筒冷却一般采用风冷装置或水冷装置。

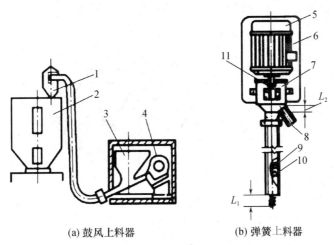

(a) 鼓风上料器　　　　(b) 弹簧上料器

图 3-3　自动上料装置结构简图

1—旋风分离器；2—料斗；3—加料器；4—鼓风机；5—电机；6—支撑板；7—铅皮筒；

8—出料口；9—橡皮管；10—弹簧；11—联轴器

（3）螺杆。螺杆是挤压系统最主要的部件，它直接关系到挤出机的应用范围和生产率，它的性能对挤出机的生产率、塑化质量、助剂的分散性、熔体温度和动力消耗等因素影响最大。螺杆一般是由高强度、耐腐蚀的合金钢制成。由于高分子材料品种多、性质各异，为了在挤出过程中能够对高分子材料产生较大的输送、挤压、混合和塑化作用，以适应加工不同种类材料的需要，螺杆的种类很多，结构上也各不相同。几种螺杆的结构形成，如图 3-4 所示。

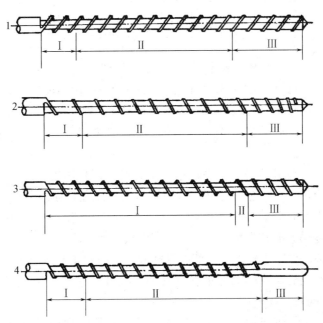

图 3-4　几种螺杆的结构形式

1—渐变型（等距不等深）；2—渐变型（等深不等距）；3—突变型；4—鱼雷头螺杆；

Ⅰ—加料段；Ⅱ—压缩段；Ⅲ—均化段

螺杆的几何结构参数主要有螺杆直径（D）、长径比（L/D）、压缩比（ε）、螺槽深度（h）、螺距（t）、螺旋角（ϕ）等，如图3-5所示。

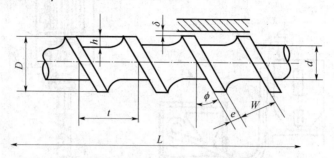

图3-5　螺杆结构的主要参数

D—螺杆外径；d—螺杆根径；t—螺距；W—螺槽宽度；e—螺纹宽度；

h—螺槽深度；ϕ—螺旋角；L—螺杆长度

① 螺杆直径（D）。螺杆直径是指螺纹的最大直径，其大小一般根据所加工制品的断面尺寸、材料种类和挤出量确定。已经标准化，系列标准有20mm、30mm、45mm、65mm、90mm、120mm、150mm、200mm、250mm、300mm的挤出机。

表3-1列出了制品尺寸与挤出机直径的经验统计关系，供选择螺杆直径时参考：

表3-1　螺杆直径与制品尺寸的关系表

制品尺寸（mm） ＼ 螺杆直径（mm）	30	45	65	90	120	150	200
硬管管径	3～30	10～45	20～65	30～120	50～180	80～300	120～400
吹塑薄膜折径	50～300	100～500	400～900	700～1200	～2000	～3000	～4000
板材宽度	—	—	400～800	700～1200	1000～1400	1200～2500	—

② 长径比（L/D）。长径比是螺杆的有效长度与螺杆直径之比，常见的长径比有15、20、25、30等，L/D对螺杆的工作特性有重大影响。长径比加大后，螺杆长度增加，物料相对停留时间增加，塑化更充分均匀，减少逆流和漏流，提高生产能力，但自重增加，螺杆加工和安装难度增大，同时热敏性塑料易分解。近年来挤出机的L/D有不断增大的趋势，甚至达到40以上。

③ 压缩比（ε）。压缩比为螺杆加料段第一个螺槽容积和均化段最后一个螺槽容积之比，表示物料通过螺杆全过程被压缩的程度。作用是将物料压缩，排除气体，建立必要的压力，保证物料到达螺杆末端时有足够的致密度。ε越大，物料受到的挤压作用越大；排除物料中夹杂空气的能力也越强。但ε太大，螺杆本身的机械强度下降。

④ 螺槽深度（h）与螺杆分段。螺槽深度影响塑料的塑化及挤出效率，螺槽深度与物料的热稳定性有关，对热稳定性高的低黏度物料如PE、PA适合选择较浅的螺槽，对热敏性塑料如PVC等应选择较深螺槽。

通常从料斗至机头沿轴向长度方向，根据螺杆的螺槽深度变化情况，依次分别为加料段L_1，压缩段L_2，均化段（或计量段）L_3等3个结构段，如图3-4所示。

在加料段，未熔融的固体物料被向前输送和压实；在压缩段，物料逐渐从固态向黏流态转变，这种转变是通过料筒的外热传导和螺杆旋转时剪切、搅拌摩擦等复杂作用实现的；均化段是将压缩段送来的熔融物料的压力进一步增大并均匀塑化，然后定温、定压、定量地将其输送机头口模。

⑤ 螺距（t）、螺旋角（ϕ）。螺距是两个相邻螺纹间的距离，螺旋角是螺旋线与螺杆中心线垂直面之夹角。随螺旋角增大，挤出机的生产能力提高，但剪切作用和挤压力减小，通常在 $10°\sim30°$，对于等距螺杆，当螺距等于直径时，螺旋角为 $17°41'$。

（4）机头和口模。

其结构如图 3-6 所示，机头和口模通常为一个整体，机头为口模和料筒之间的过渡部分，而口模是制品横截面的成型部件。机头的作用是将处于旋转运动的聚合物熔体转变为平行直线运动，使物料进一步塑化均匀，并将熔体均匀而平稳地导入口模，还赋予必要的成型压力，使物料易于成型和所得制品密实。

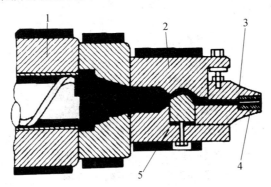

图 3-6　挤出机机头和口模示意图
1—挤出机；2—口模；3—模唇调节器；4—口模成型段；5—扼流调节器

机头包括过滤网、多孔板、分流梭、口模等。多孔板与过滤网是阻力元件，起到将螺旋运动转变成直线运动的作用，还能起到均布挤出压力、阻隔未完全熔融的物料及过滤杂质的作用，使得挤出物料轴向速度沿径向分布更加均匀。

分流板能起到支撑过滤网的作用。过滤网应放置在螺杆头与分流板之间，并紧贴分流板，过滤网在生产电缆、单丝、透明制品、薄膜等制品时起到非常重要的作用。过滤网使用一段时间后需要更换，除去杂质。

2. 传动系统

传动系统通常由电动机，减速器和轴承组成，其作用是驱动螺杆，供给螺杆在挤出过程所需要的扭矩和转矩。在挤出过程中，要求螺杆转速稳定，并且不随螺杆负荷的变化而变化，以保证制品质量均匀一致。在多数挤出机中，螺杆速度的变化是通过调整电机速度实现的，传动系统还设有良好的润滑系统和迅速制动的装置。

3. 加热冷却装置

加热使挤出机达到正常启动所需的温度，并保持正常操作所需的温度。挤出机内热量来源有两个：一个是外加热；另外一个是塑料与机筒、塑料与螺杆及塑料之间的剪切摩擦热。机械能提供的能量占总能量的 $70\%\sim80\%$，加热器提供的能量占总能量的 $20\%\sim30\%$，这两部分热量所占比例的大小与挤出过程的不同阶段、螺杆料筒的结构形式、工艺条件及被加工物料的性质有关。固体输送段剪切摩擦热相对较小，均化段由于螺槽较浅，剪切摩擦热较大，有时非但不需要加热，还要进行冷却来控制温升。

（1）电加热方式。电加热清洁、便于维护、成本低、效率高，应用比较普遍。电加热器沿挤出机筒分段布置。小型挤出机为 3～4 段，大型挤出机可达 5～10 段，每段单独控制，以使温度分布适合物料加工的要求。电加热主要有电阻加热和电感应加热两种方式。

① 电阻加热。电阻加热分为带状加热器、陶瓷加热器和铸造式加热器等。

带状加热器如图 3-7（a）所示，具有体积小、尺寸紧凑、调整简单、装拆方便、韧性好、价格便宜等优点，但易受损害；陶瓷加热器如图 3-7（b）所示，它比用云母片绝缘的带状加热器要牢固，寿命也较长，可用 4～15 年，结构也较简单；铸铝加热器如图 3-7（c）所示，体积小、装拆方便、省去云母片而节省了贵重材料，因电阻丝为氧化镁粉铁管所保护，故可防氧化、防潮、防震、防爆、寿命长，传热效率也很高，缺点是温度波动较大，制作较困难；铸铜加热器如图 3-7（d）所示，加热功率更高、具有加热寿命长、保温性能好、力学性能强、耐腐蚀、抗磁等优点。

　(a) 带状加热器　　　(b) 陶瓷加热器　　　(c) 铸铝加热器　　　(d) 铸铜加热器

图 3-7　电阻加热器结构简图

② 感应加热。感应加热器的特点是加热均匀、温度梯度小、使用寿命长、加热时间短、加热效率高、热损失小。以 ϕ65 挤出机为例，电阻加热需 45min，而感应加热仅需 7min。感应加热器加热能够实现精密的温度控制，故虽然功率因数低于电阻加热，但总的动力消耗少了，大约比电阻加热节省 20% 的电能。其缺点是，加热温度受感应线包绝缘性能限制，径向尺寸大，需要大量贵重的硅钢片和铜，成本较高，装拆不方便。

（2）冷却方式。冷却用来降低温度，属于能量损失，因此，挤出过程应尽量减少冷却。如果挤出机工作过程中需要大量的冷却介质，则说明螺杆结构或操作参数设置不当。当挤出过程中机械能转换的热能正好与塑料塑化所需的热能及环境散热相等时，就可以形成"自热式"挤出，但同样需要加热、冷却装置。除了料斗座始终要采用强制水冷之外，料筒其他部分的冷却方式还有空气冷却、油冷却和水冷却等几种。

① 风冷却。风冷却如图 3-8 所示，风冷比较柔和、均匀、干净，在国内外生产的挤出机上都有应用。但风机占的空间体积大，如果风机质量不好易有噪声。一般认为用于中小型挤出机较为合适。为了增强散热效果，在铸铝加热器上还要连接铜翅片以加大散热面积，但此法要耗费昂贵的铜。目前已有直径为 70mm，采用铜翅片来强化风冷系统的商用挤出机出现。

② 水冷却。水冷却如图 3-9 所示，水冷的冷却速度快、体积小、成本低。但易造成急冷，从而扰乱塑料的稳定流动，如果密封不好，还会有跑、冒、滴、漏现象。用水管绕在料筒上的冷却系统容易生成水垢而堵塞管道，也易腐蚀。水冷系统所用的水不是自来水，而是经过化学处理的去离子水。研究表明，不能用蒸馏水，因为它含有大量氧，易加速腐蚀。一般认为水冷用于大型挤出机为好。

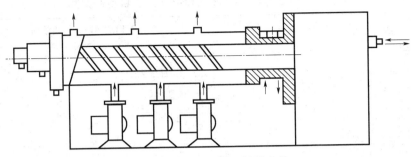

图 3-8　采用风冷装置的挤出机

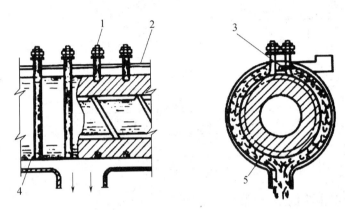

图 3-9　水冷却系统简图

1—电阻加热器；2—冷却夹套；3—喷水口；4—料筒；5—水

③ 螺杆冷却。大型挤出机和追求高塑化质量、生产效率的挤出机螺杆应该单独控温。螺杆冷却在芯部进行，如图 3-10 所示，冷却介质水或油通过螺杆芯部装入铜管，流到螺杆前端部，然后从铜管与螺杆芯孔之间的环形空间流出到螺杆尾部，从出水口排出。这种做法最大冷却位置在铜管前端，可以通过调节其在螺杆的轴向位置来控制最大冷却位置。另外一种技术是采用热管技术，无需进出口管路，但无法实现外部温度调节控制。

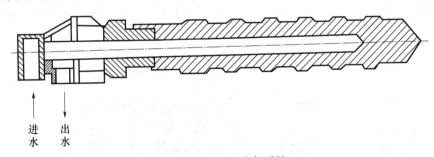

进　出
水　水

图 3-10　螺杆的冷却系统

3.2.1.2　单螺杆挤出机的技术参数

单螺杆挤出机的主要挤出参数有螺杆直径、螺杆长径比、螺杆转速、驱动电机功率、料筒加热功率、生产能力等，具体见表 3-2（摘录自 JB/T 8061—2011《单螺杆挤出机》）。

表 3-2　加工低密度聚乙烯（LDPE）挤出机基本参数

螺杆直径 D（mm）	长径比 L/D	螺杆最高转速（r/m）	最高产量 kg（h）	电机功率（kW）	机筒加热段数（推荐）≥（kW）	机筒加热功率（推荐）≤（kW）	中心高 H（mm）
20	20 25	160	4.4	1.5		3	
	28 30	210	6.5	2.2		4	
30	20 25	160	16	5.5		5	
	28 30	200	22	7.5	3	6	1000 500 350 300
40	20 25	120	22.7	7.5		6.5	
	28 30	150	33	11		7.5	
45	20 25	130	33	11		8	
	28 30	155	45	15		9	
90	20 25	100	156	50	4	25	1000 500
	28	120	190	60	5	30	
	30	150	240	75	6	30	
200	20 25	50	625	200	7	120	1100 1000 600
	28 30	60	780	250	8	140	

注：中心高指螺杆中心线与地面距离。

3.2.1.3　单螺杆挤出机的挤出原理

在挤出成型过程中，塑料经历了固体—弹性体—黏流（熔融）的形变过程，在螺杆和料筒之间，塑料沿着螺槽向前流动。在此过程中，塑料有温度、压力、黏度，甚至化学结构的变化，因此挤出过程中塑料的状态变化和流动行为相当复杂。

1. 3 个职能区

根据高分子材料物理状态和流动行为的变化，将挤出过程中划分为如图 3-11 所示的 3 个职能区：固体输送区、熔融区和熔体输送区。挤出过程中物料状态的变化如图 3-12 所示，可以看出，螺杆的 3 个结构段与 3 个区域实际上并不完全一致。这是由于螺杆的加料段、压缩段和均化段是人为设计的，而螺杆的固体输送区、熔融区和熔体输送区是根据挤出过程中实际情况划分的。

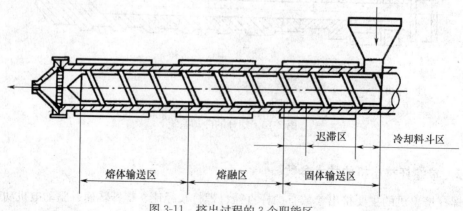

图 3-11　挤出过程的 3 个职能区

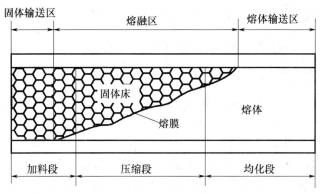

图 3-12　单螺杆挤出机螺杆展开示意图

（1）固体输送区。在固体输送区，在旋转着螺杆的作用下，从料斗加入的固体高分子材料通过料筒内壁和螺杆表面的摩擦作用向前输送和压实。在固体输送区，由于温度较低，物料仍然保持固体状态并逐渐被压实，同时，排除夹杂在松散物料中的气体。

（2）熔融区。熔融区是物料发生相转变的区域。在熔融区，随着物料的继续向前输送，热量通过料筒外加热装置传导给物料，同时，物料在前进过程中产生摩擦热，使物料沿料筒向前的温度逐渐升高，当料温达到熔融温度并逐渐熔融塑化时，物料从固态转变成熔融状态。

（3）熔体输送区。在熔体输送区，熔融的物料沿螺杆不断被输送到螺杆前方并被搅拌和混合，同时定量、定压、定温地通过多孔板，过滤网而进入机头成型。

3 个功能区段的存在与否以及在挤出机中的位置与具体的挤出过程有关。当物料的性能或操作条件变化时，相邻各段即有可能互相交叠，也会出现各段边界的改变。

2. 挤出理论

挤出塑化理论是在单螺杆挤出机的 3 个功能区基础之上建立的，包括固体输送理论、熔融理论和熔体输送理论。

（1）固体输送理论。当塑料进入挤出机的螺槽和料筒内壁，塑料立即就被压实形成固体塞（固体床），并以恒定的速度移动。固体塞的移动是受螺杆、料筒表面之间各摩擦力控制的。如果塑料与螺杆之间的摩擦力（f_s）小于塑料与料筒之间的摩擦力（f_b），则塑料沿螺棱方向前进；如果 $f_s \geqslant f_b$，则塑料就随着螺杆转动，不能沿轴向方向前进，也就是说挤出机不出料。塑料加工的学者们以固体摩擦力的静平衡为基础，得出了固体输送速率 Q_1 的计算式：

$$Q_1 = \pi^2 D H_1 \ (D - H_1) \ N \ \frac{\tan\theta\tan\phi}{\tan\theta + \tan\phi} \tag{3-1}$$

式中　Q_1——固体输送速率（体积）；

　　　N——螺杆转速；

　　　D——螺杆直径；

　　　H_1——螺杆加料段螺槽深度；

　　　θ——螺杆的螺旋升角；

　　　ϕ——固体输送角，它是固体塞移动方向与螺杆轴垂直面的夹角。

由式（3-1）可知，固体输送速率不仅与 DH_1（$D-H_1$）N 成正比，而且也与正切函数

的集合项 $\dfrac{\tan\theta\tan\phi}{\tan\theta+\tan\phi}$ 成正比。为了提高固体输送速率，使 D、H_1、N 增大是不可取的，因为 D 增大必然使机器庞大，H_1 增大有可能使螺杆根部被扭断，N 增大有可能引起熔化段能力下降。只能使 $\dfrac{\tan\theta\tan\phi}{\tan\theta+\tan\phi}$ 增大，实际上可采取的措施有：

① 降低 f_s，在生产中一方面提高螺杆表面的光洁度，另一方面在成型过程中冷却螺杆的加料段；② 增大 f_b，在料筒内壁开设纵向沟槽。

（2）熔化理论。塑料在挤出机中，一方面，由料筒外部加热器传递的热量；另一方面，塑料与料筒之间的摩擦及塑料分子间的内摩擦产生了大量的热量。于是，塑料的温度不断地升高，此时，塑料由玻璃态逐渐转变为高弹态，再由高弹态逐渐转变为黏流态。在这一阶段螺杆中塑料的固体和熔体共存的区域称为熔化区。

当固体物料从加料段进入压缩段时，物料是处在逐渐软化和相互黏结的状态，与此同时越来越大的压缩作用使固体粒子被挤压成紧密堆砌的固体床。固体床在前进过程中受到料筒外加热和内摩擦热的同时作用，逐渐熔化。首先在靠近料筒表面处留下熔膜层，当熔膜层厚度（δ_1）超过料筒与螺棱的间隙（δ）时，就会被旋转的螺棱刮下并汇集于螺纹推力面的前方，形成熔池，而在螺栓的后侧则为固体床，如图 3-13 所示。随着螺杆的转动，来自料筒的外加热和熔膜的剪切热不断传至未熔融的固体床，使与熔膜接触的固体粒子熔融。这样，在沿螺槽向前移动的过程中，固体床的宽度逐渐减小，直至全部消失，即完成熔化过程。

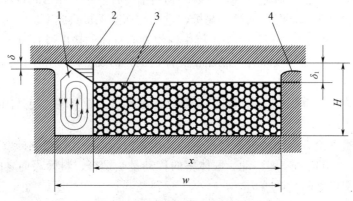

图 3-13　固体床熔化过程示意图

1—熔体池；2—料筒；3—固体床；4—螺杆

（3）熔体输送理论。已经熔化了的塑料在熔体区的螺槽中，由复杂的流动状态分解成四种流动状态——正流、横流、逆流和漏流。

① 正流（又称拖曳流动），是指塑料沿着螺槽向机头方向的流动，是由塑料在螺槽中螺杆与料筒的摩擦作用而产生的塑料的挤出就是靠这种流动。② 横流（又称环流），是塑料在螺槽内不断地改变方向，做环形流动。这种流动对塑料的混合、热交换和塑化都起了积极的作用，但对挤出量不产生影响。③ 逆流（又称倒流或压力流动），是由机头、口模、过滤网等对塑料反压引起的反向流动。这种流动的结果减少了挤出量。④ 漏流，也是由机头、口模、过滤网等对塑料反压引起的反向流动，这种流动不是在螺槽中，而是在料筒与螺杆的间隙中，这种流动的结果也使挤出量减少。塑料熔体的真实流动是以螺旋形的轨迹出现的，其

形状与一根嵌在螺槽中的钢丝弹簧相仿。

由熔体的流动理论，可以推导出熔体输送速率 Q_3 的计算式：

$$Q_3=\frac{\pi^2 D^2 H_3 N\cos\theta\sin\theta}{2}-\frac{\pi DH_3^3 \sin^2\theta\cdot\Delta P}{12\eta_1 L_3}-\frac{\pi^2 D^2\delta^3\tan\cdot\Delta P}{10\eta_2 eL_3} \tag{3-2}$$

式中　Q_3——熔体输送速率（体积）；

$\quad\quad$ H_3——均化段螺槽深度；

$\quad\quad$ ΔP——均匀化段料流的压力降；

$\quad\quad$ η_1——螺槽中塑料熔体的黏度；

$\quad\quad$ L_3——螺杆均化段长度；

$\quad\quad$ δ——螺杆与料筒的间隙；

$\quad\quad$ η_2——螺杆与料筒间隙中塑料熔体的黏度；

$\quad\quad$ e——螺杆螺棱的宽度。

很明显，实际挤出量 Q_3 等于正流量 $\frac{\pi^2 D^2 H_3 N\cos\theta\sin\theta}{2}$ 减去逆流量 $\frac{\pi DH_3^3 \sin^2\theta\cdot\Delta P}{12\eta_1 L_3}$ 再减去漏流量 $\frac{\pi^2 D^2\delta^3\tan\cdot\Delta P}{10\eta_2 eL_3}$。由于漏流量很小，在实际计算时往往略去，故式（3-2）成为：

$$Q_3=\frac{\pi^2 D^2 H_3 N\cos\theta\sin\theta}{2}-\frac{\pi DH_3^3 \sin^2\theta\cdot\Delta P}{12\eta_1 L_3} \tag{3-3}$$

当所用螺杆选定后，式（3-3）右边第一项中 $\frac{\pi^2 D^2 H_3 \cos\theta\sin\theta}{2}$ 是常数，用 A 表示；右边第二项中 $\frac{\pi DH_3^3 \sin^2\theta}{12L_3}$ 也是常数，用 B 表示；将 Q_3 用 Q 表示，将 η_1 用 η 表示，因此，式（3-3）可简单表示为：

$$Q=AN-B\frac{\Delta P}{\eta} \tag{3-4}$$

3.2.1.4　单螺杆挤出机的工作点

式（3-4）是螺杆特性方程。如将上式绘在 Q-ΔP 坐标上，可得到一系列具有负斜率的平行线，这些直线称为螺杆特性曲线，如图 3-14 中的实线。如果换一根 H_3 比较大的螺杆，可得到另一组曲线，如图 3-14 所示中的一组虚线。

螺杆特性曲线说明了螺杆末端产生的压力（ΔP）与螺杆转速（N）之间的关系。

由图 3-14 可知，H_3 比较小的螺杆，其曲线比较平坦（图 3-14 中的一组实线）人们习惯上称这种螺杆特性曲线比较硬，或更简单地说，这种螺杆比较硬，实质上就是说，熔体输送量随压力的变化而变化得相当小；H_3 比较大的螺杆，其特性曲线比较软（图 3-14 中的一组虚线）或更简单地说，这种螺杆比较软。这对塑料加工厂家如何选择螺杆很有参考价值。如果选用 H_3 比较大的螺杆，对于生产 PVC 一类的热敏性塑料来说，不会引起塑料的降解。但挤出量随压力的波动比较大，这一现象是生产厂家最头疼的事。对生产厂家来说，挤出量稍小一点关系不大，最要紧的是不能出现波动。如果选用 H_3 比较小的螺杆，挤出量随压力波动的问题解决了，但必须考虑到有可能引起塑料的降解。

由于螺杆末端所产生的压力应与口模处熔料的压力相等，采用同一坐标而将 $Q=k\dfrac{\Delta P}{\eta}$ 的方程绘出，则得到一系列直线，这种直线称为口模特性曲线，如图 3-15 所示的 D_1、D_2、D_3 线。

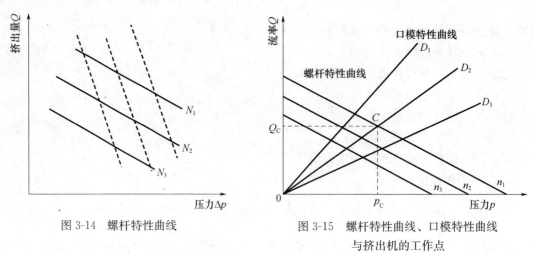

图 3-14　螺杆特性曲线　　　　图 3-15　螺杆特性曲线、口模特性曲线
与挤出机的工作点

由图 3-15 可知，口模特性曲线的斜率取决于口模尺寸。口模特性曲线与螺杆特性曲线的交点就是挤出机的工作点，如图 3-15 所示。当塑料熔体呈假塑性时，口模特性曲线与螺杆特性曲线都是曲线，曲线的交点仍是挤出机的工作点，如图 3-15 所示。

为了获得对质量和其他因素产生最为有利的结果，调节操作条件就可移动图 3-16 中的工作点。

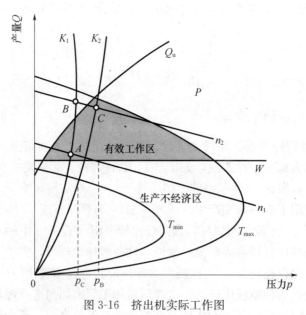

图 3-16　挤出机实际工作图

实际工作图是由 3 条线组成的，质量线 Q_u 将塑化不充分的区域和塑化质量高的区域分开；物料温度在上限 T_{max} 线以上时会因过热而分解或发生交联，或因黏度太低而难以控制；W 线为经济线，低于 W 线，选用的较小规格的挤出设备比较合适，否则不经济。

3.2.2　双螺杆挤出机

双螺杆挤出机创始于20世纪40年代，技术成熟于20世纪60年代末，已在高分子材料成型加工中居重要地位，而且应用有越来越广泛之势。双螺杆挤出机具有比单螺杆挤出机更多的优点，用途更广，虽然购买价格高，但产量大、比功耗低，收回投资更快。

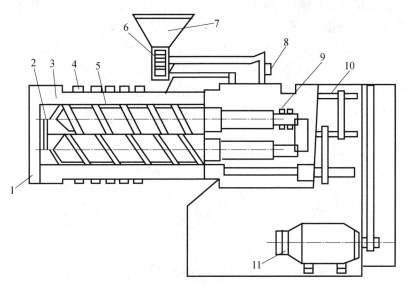

图 3-17　双螺杆挤出机结构简图

1—机头连接器；2—多孔板；3—机筒；4—加热器；5—螺杆；6—加热器；7—料斗；
8—加热器传动机构；9—止推轴承；10—减速箱；11—电动机

3.2.2.1　双螺杆挤出机的特点

与单螺杆挤出机相比，双螺杆挤出机主要有以下特点：

（1）加料容易。这是由于双螺杆挤出机具有正位移输送物料能力，在单螺杆挤出机上难以加入的具有很高或很低黏度以及与金属表面之间有很宽范围摩擦因数的物料，如带状物、糊状物、粉料及玻璃纤维等皆可加入。双螺杆挤出机特别适于加工聚氯乙烯粉料，可由粉状聚氯乙烯直接挤出管材。

（2）物料在双螺杆中停留时间分布较窄。由于双螺杆挤出机具有正位移输送物料能力或自清洁能力，物料的停留时间分布比较窄，适于加工那些对停留时间要求苛刻或敏感的物料，也适于加工一旦停留时间过长就会固化或凝聚的物料的着色和混料。

（3）优异的排气性能。双螺杆挤出机啮合部分的有效混合，排气部分的自清洁功能以及强剪切场效应，使物料在排气段能够获得完全的表面更新。

（4）优异的混合、塑化效果。这是由于两根螺杆相互啮合，物料在挤出过程中进行着比在单螺杆挤出机中更为复杂的运动，使物流经受纵横向的剪切混合所致。

（5）更低的比功率消耗。若用相同产量的单、双螺杆挤出机进行比较，双螺杆挤出机的能耗要少50%。这是因为双螺杆挤出机以外加热为主，混炼塑化能力强，在加工过程中产生了复杂流场，同向双螺杆还存在着部分混沌混合能力，强化了加工过程的传质、传热过程，提高了能量的有效利用率。

（6）双螺杆挤出机的容积效率非常高，其螺杆特性线比较硬。挤出产量对口模压力的变化敏感，用来挤出大截面的制品比较有效，特别是在挤出难以加工的材料时更是如此。

3.2.2.2 双螺杆挤出机的结构

双螺杆挤出机将两根并排安放的螺杆置于一个"∞"型截面的料筒中，各部件的作用与单螺杆挤出机基本相同。双螺杆挤出机分类方法很多，归纳起来，通常有以下几种。

1. 啮合型与非啮合型

根据两根螺杆的轴线距离相对位置，可分为啮合型与非啮合型。啮合型又按其啮合程度分为全啮合型、部分啮合型和非啮合型。全啮合型也称紧密啮合型，其中心距等于一根螺杆的根部半径与另一根螺杆的顶部半径之和。部分啮合双螺杆的中心距大于一根螺杆的根部半径与另一根螺杆的顶部半径之和。非啮合型双螺杆挤出机也被称为外径接触式或相切式双螺杆挤出机。

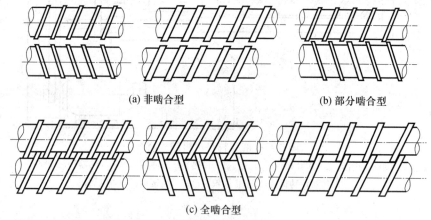

(a) 非啮合型　　　　　　　　(b) 部分啮合型

(c) 全啮合型

图 3-18　双螺杆挤出机的啮合形式

2. 螺槽开放与螺槽封闭

按照螺棱和螺距的不同情况，双螺杆挤出机的啮合区螺槽可以是开放的或封闭的。所谓螺槽开放，即物料可在某一位置通过。而螺槽封闭则指物料不能通过。开放和封闭的情况又可按沿着螺槽或横过螺槽分为纵向开放或封闭以及横向开放或封闭。

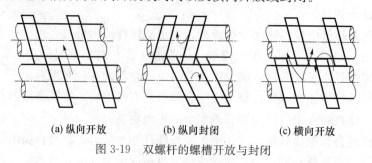

(a) 纵向开放　　　　　(b) 纵向封闭　　　　　(c) 横向开放

图 3-19　双螺杆的螺槽开放与封闭

3. 同向旋转与异向旋转

根据螺杆的旋转方向，双螺杆挤出机可以分为同向旋转和异向旋转。异向旋转有向内旋转和向外旋转两种情况。目前在异向双螺杆中向外旋转的情况较多，主要是由于两根螺杆向外异向旋转时，物料在两根螺杆的带动下，将很快向两边分开而充满螺槽，并与料筒接触吸收热量，有助于物料的加热与熔融。

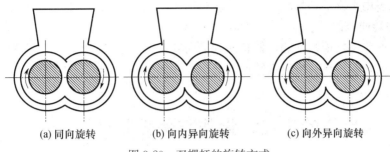

(a) 同向旋转   (b) 向内异向旋转   (c) 向外异向旋转

图 3-20 双螺杆的旋转方式

4. 平行双螺杆挤出机与锥形双螺杆挤出机

按照两根螺杆轴线的关系，双螺杆挤出机可分为平行双螺杆挤出机和锥形双螺杆挤出机，轴线平行的为平行双螺杆挤出机，轴线相交的为锥形双螺杆挤出机，如图 3-21 所示。一般情况下锥形双螺杆挤出机的螺杆转向为异向旋转。

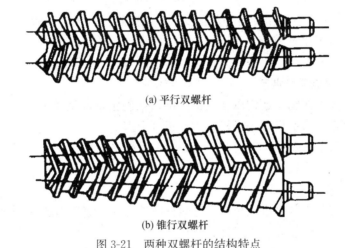

(a) 平行双螺杆

(b) 锥行双螺杆

图 3-21 两种双螺杆的结构特点

此外，按螺杆旋转速度，双螺杆挤出机还可分为高速或低速双螺杆挤出机；按螺杆与料筒的结构，可分为整体式或组合式双螺杆挤出机。

3.2.2.3 双螺杆挤出机的主要参数

1. 螺杆公称直径

螺杆公称直径指螺杆的外径，单位为 mm。对于变径（或锥形）螺杆而言，一般用最小直径和最大直径两个参数来表示，如 65/130。双螺杆的直径越大，螺杆挤出机的加工能力越大。

2. 螺杆长径比

螺杆长径比是指螺杆的有效长度与螺杆外径之比。一般整体式双螺杆挤出机的长径比在 7~18 之间。对于组合式双螺杆挤出机，长径比是可变的。从发展看，长径比有逐步加大的趋势。

3. 螺杆转向

螺杆的转向有同向和异向之分。一般同向旋转的双螺杆挤出机多用于混料，异向旋转的双螺杆挤出机多用于成型制品。

4. 螺杆的转速范围

螺杆的转速范围是指螺杆的最低转速到最高转速间的范围。同向旋转双螺杆挤出机的转速可以较高，而异向旋转的挤出机转速较低，一般低于40r/min。

3.3 挤出机的安装、操作与保养和维护

3.3.1 挤出机的安装

在挤出机安装前，应先全面了解机组的组成、机型选择、安装步骤和调节方法。

1. 机组机型选择

机组包括挤出机、成型机、牵引机、切割机和扩口机等。机型选择即为上述设备的选择。生产PVC-U管材一般选用异向等距渐变锥形双螺杆挤出机，这种机型可以直接加工粉料且塑化能力强。对于生产实壁管而言，选择适中的真空定径冷却喷淋箱即可满足生产需求。牵引机、切割机和扩口机只需能满足生产需求即可。

2. 机组轴线和中心高度调节

首先应确定安装参照物，通常以挤出机为准，在确定挤出机摆放的水平位置和朝向后，依次摆放真空定型箱、牵引机、切割机、扩口机（根据实际需求）等辅机。辅机与主机中心点应同心，调节时可通过调整机器两侧压紧螺丝或撬棍来保证水平方向同高，通过在底座下加垫片或旋转调节螺丝来控制各辅机中心点共线。

3. 螺杆间隙调节

机组位置调节好后组装挤出机螺杆，将螺杆缓慢送入料筒后固定在传动轴上，调节螺杆纵向间隙和侧向间隙，使螺杆啮合正常。螺杆与料筒的间隙应根据螺杆直径和所生产管材的大小，综合考虑生产的实际需求进行调整，具体情况可参考表3-3。

表3-3 螺杆与料筒的间距参考数据

螺杆小端公称直径 d（mm）	25	35	45	50	55	60	65	80	90	92
间隙 a（mm）	0.08~0.20		0.10~0.30		0.12~0.35		0.14~0.40	0.16~0.50	0.18~0.60	

4. 机头模具安装

挤出机调节好后装上合流芯，吊装机头模具时以法兰盘连接机头。机头模具安置在机头支架上，以对称的多颗螺丝固定。初次安装时应调节妥当，使底座轴线与机组一致。通过壁厚调节螺丝调整口模间隙，使内、外口模间隙均匀。壁厚调匀后压紧压板螺丝，并将所有紧固螺丝逐次对角收紧。

5. 定径套安装

安装前确保定径套表面光洁，孔洞无堵塞。将定径套及其密封圈固定于真空定型箱连接口模一端，用紧固螺丝固定，使定径套与口模同心，必要时可调节定型箱水平位置及高度。

6. 切割机和扩口机调整

根据生产管材的规格，调整切割机夹具位置、刀位及进刀深度。切割小口径管材时公转速度可稍快，切割大口径管材时则应放慢。根据管材口径选取扩口模并调整扩口机高度、输送计时、加热炉位置、加热温度和时间。

 ## 3.3.2 挤出机的调试操作

调试前须确认安装过程正确完善，调整精确才能保证调试正常进行。

（1）开机前应备好塑料，之后主机料斗放置磁力架，用以吸附原料中的金属微粒；检查主机段的油泵、真空泵以及加热系统是否正常；检查模具加热和水、电、气供应情况；打开定型箱检查冷却水喷淋情况；切割机和扩口机空运行一次看能否正常工作。

（2）打开主机和机头模具加热系统，温度设置为100℃，保温2.5～3h后，温度重新设置为150℃，保温1.5～2h。经过两次长时间的保温，提升至170℃时，重新将机头模具加热区域的所有紧固螺丝对角收紧一次，保温170℃的时间不宜过长，一般为30min，打开加热系统时螺杆油泵同步开启，油温一般逐步设置到80～100℃。

（3）开机时缓慢启动主机螺杆，加入清洗料，根据电流变化调节主机转速和喂料量。刚开机时主机一般逐渐调至10r/min，电流平稳后可稍加快转速，待口模出料均匀、流畅后，将喂料切换到生产料，机身温度适当调节。

（4）物料从口模挤出后，观察物料外观有光泽、弹性良好时，启动主机真空泵（真空度达到0.03MPa以上），将物料接到定型箱内的牵引管上，保持主机扭矩稳定的前提下，以适当牵引速度和挤出速度运行。挤出料到达牵引机后，启动定型真空泵（真空度达到0.02MPa以上）。管材成型后进入切割机手动切割，进一步调整成型速度和挤出参数，管材壁厚均匀外径达标后进行喷码，将切割机切换到自动定长切割模式。自动扩口机打到自动挡，开启油泵，调节输送时间、加热时间、冷却时间。生产正常后及时取样检验，根据检测数据适当调整工艺参数。

 ## 3.3.3 挤出机的保养和维护

（1）日常保养是经常性的例行工作，不占设备运转工时，通常在开车期间完成。重点是清洁机器，润滑各运动件，紧固易松动的螺纹件，及时检查、调整电动机、控制仪表、各工作零部件及管路等。

（2）定期保养一般在挤出机连续运转2500～5000h后停机进行，机器需要解体检查、测量、鉴定主要零部件的磨损情况，更换已达规定磨损限度的零件，修理损坏的零件。

（3）不允许空车运转，以免螺杆和机筒轧毛。

（4）挤出机运转时若发生不正常的声响时，应立即停车，进行检查或修理。

（5）严防金属或其他杂物落入料斗中，以免损坏螺杆和机筒。为防止铁质杂物进入机筒，可在物料进入机筒加料口处装吸磁部件或磁力架，防止杂物落入，还必须把物料事先过筛。

（6）注意生产环境清洁，勿使垃圾杂质混入物料堵塞过滤板，影响制品产量和质量。

（7）当挤出机需较长时间停止使用时，应在螺杆、机筒、机头等工作表面涂上防锈润滑脂。小型螺杆应悬挂于空中或置于专用木箱内，并用木块垫平，以免螺杆变形或碰伤。

（8）定期校正温度控制仪表，检查其调节的正确性和控制的灵敏性。

（9）挤出机的减速箱保养与一般标准减速器相同。主要是检查齿轮、轴承等磨损和失效情况。减速箱应使用机器说明书指定的润滑油，并按规定的油面高度加入油液，油液过少、润滑不佳，降低零件使用寿命；油液过多、发热大、耗能多，且油液易变质，同样使润滑失效，造成损害零件的后果。减速箱漏油部位应及时更换密封垫，以确保润滑油量。

（10）挤出机附属的冷却水管内壁易结水垢，外部易腐蚀生锈。保养时必须采取除垢和防腐措施。

（11）对驱动螺杆转动的电动机要重点检查电刷磨损及接触情况，对电动机的绝缘电阻值是否在规定值以上亦应经常测量。此外要检查连接线及其他部件是否生锈，并采取保护措施。

（12）指定专人负责设备维护与保养，并将每次的维护修理情况详细记录、列入工厂设备管理档案。

3.4　塑料管材挤出成型

塑料管材是采用挤出成型法加工出的主要产品之一，也就是采用连续生产，将挤出机挤出的熔体通过圆环形机头的间隙挤出、压实、冷却并定型。塑料管材制品品种分为硬管和软管两大类，包括城市建设用自来水管、排污管、农用排灌管、化工管道、石油管、能源、通信用电器绝缘管等。其中，机头结构设计是否合理、工艺参数控制是否精确对管材的成型质量起着至关重要的作用。

3.4.1　管材挤出成型设备组成

要完成塑料管材的挤出成型，不仅需要挤出机（又称主机），而且必须配置相应的附属装置（又称辅机）。挤出成型辅机是管材挤出成型机组中不可缺少的重要组成部分。

在整套挤出成型设备中，尽管挤出机主机性能的优劣对管材制品的产量和质量有很大影响，但是如果没有适当的辅机与之配套，就不能生产出合格的管材制品。挤出成型辅机的作用是将从机头挤出来的已初具形状和尺寸的高温管材型坯通过冷却，并在定型装置中定型，再通过进一步冷却，使其形状和尺寸固定下来，并经一定的工序最后成为制品或半成品。

图 3-22 和图 3-23 分别为硬管和软管挤出生产线示意图。

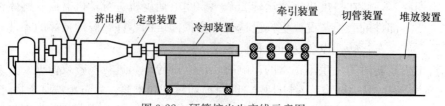

图 3-22　硬管挤出生产线示意图

与硬管挤出过程相比，软管挤出一般不设置定径套，而是依靠压缩空气压力来维持一定的形状，也可以自然冷却或喷淋水冷却，由收卷盘绕成卷，便于包装运输，因此生产软管不

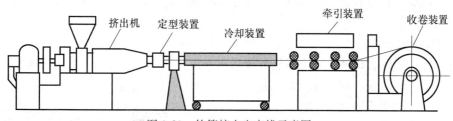

图 3-23 软管挤出生产线示意图

需要冷却定型装置和切割装置。软管卷取的线速度和松紧的均匀程度不太重要，因此可采用比较简单的卷盘式和风轮式结构。

3.4.1.1 定型装置

塑料物料从机头口模中挤出时，温度还比较高，尚处于熔融状态。为了防止熔融状态的塑料管坯在重力作用下变形，保证管径均匀一致、形状不变，必须对管坯立即进行定径和冷却，使其温度快速降低，获得所需尺寸。

管材定型最常见的有外定径法和内定径法。内定径法用于管材内表面要求较高的场合；外定径法用于管材外表面要求较高的场合，它分为内压定径法和真空定径法两种。外定径法装置主要包括定径套、定径板等。因大多数管材对外表面要求较高，因此外定径法应用得更为广泛。管材的定型及初步冷却是由定型装置完成的，定型装置的结构因所采用的定型方法不同而不同。

1. 内压外径定径法

内压外径定径法是指在机头芯棒的筋上打孔，往塑料管内通压缩空气，管材外加冷却定径套，由于气压的作用，使管材外壁与定径套内壁接触，定径套是水冷的，这样塑料管就会迅速冷却从而固定外径尺寸，然后进入水槽进一步冷却，如图 3-24 所示，这种定径套结构简单，但冷却不太均匀，广泛应用于中小型管材生产。

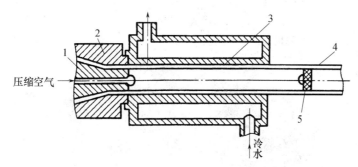

图 3-24 内压外径定径板装置

1—芯棒；2—口模；3—定径套；4—管材，5—塞子

为了保证管材冷却到玻璃化温度以下，稳定管材形状，内压外径定径套（板）的长度一般为管材外径的 10 倍，定径套（板）的孔径取决于管材的收缩率和牵伸比，各套（板）直径依次递减到管材所需直径。

内压外径定径套（板）用螺纹或法兰连接到机头上，为减少由机头、口模传导至定径套（板）的热量，保证定径套（板）对管材的冷却作用，可用隔热垫圈将口模与定径套（板）

端面隔开，内压外径定径法一般用于管径大于 350mm 的 PVC 管材和管径大于 100mm 的聚烯烃管材的生产。

2. 真空定径法

真空定径法借助管外抽真空而将管外壁吸附在定径套内壁上进行冷却，以确定管材外径的尺寸。真空定径装置组成主要由真空定径套（环）和冷却水槽组成。

真空定径套分为冷却、抽真空及继续冷却三段，其长度比其他类型定径套长些，真空段周围有许多均匀交错排列的直径为 0.6～1.8mm 的小孔，小孔与真空泵相连，由真空泵将夹套内的空气抽去。为保证已定型的管壁不再变形，真空段两端夹套均需通冷却循环水。

真空定径法是一种应用非常广泛的管材定径技术，特别适用于厚壁管材。真空定径法如图 3-25 所示。

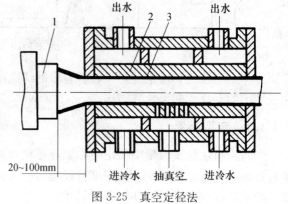

图 3-25　真空定径法
1—机头；2—定径管；3—管材

3.4.1.2　冷却装置

管材通过定型装置后，并没有完全冷却到热变形温度以下，因此必须对管材继续冷却，否则其壁厚径向方向的温度差会导致原来已冷却管材内外表面温度上升，引起变形。冷却装置的作用就是让已定型的管材冷却到室温或接近室温，使管材保持定型的形状，最常见的管材冷却装置有浸没式水槽和喷淋式水箱两种。

1. 浸没式水槽

管材在通过水槽时完全浸没在水中，当管材离开水槽时已经完全定型，这种冷却方式称为浸没式水槽冷却，该装置如图 3-26 所示。

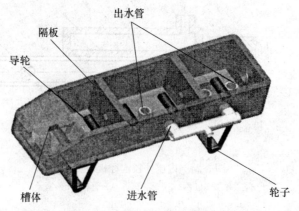

图 3-26　浸没式水槽结构示意图

冷却水槽通常分为 2～4 段，长 2～7m，常规方法是通入自来水作为冷却介质，可循环使用或连续换水。水从最后一段水槽通入，使水流方向与管材牵引方向相反，从第一段流出来的水温最好接近于室温。这样管材冷却较缓和，管材的内应力较小。该法适用于中小型口径塑料管材的冷却。

2. 喷淋式水箱

管材从封闭的箱体中通过，管材四周有均匀排布的喷淋水管，喷孔中的水流直接射向管材。箱体上盖可以打开，便于引管操作和维修。喷淋式水箱结构如图 3-27 所示。

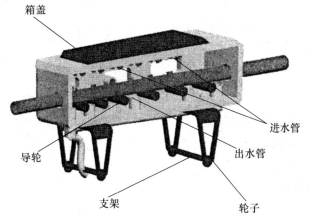

图 3-27 喷淋式水箱结构示意图

由于冷却水是喷到管壁四周，避免了水槽冷却时由于黏附于管壁上的水层而减少热交换的缺陷，冷却会更加均匀，可尽量降低管材的变形程度。该法冷却效果好，适合于厚壁管材或大径塑料管材的冷却。

3.4.1.3 牵引装置

牵引装置的主要作用是给由机头口模挤出已初步定型的管材，提供适当的牵引力和牵引速度，以均匀的速度牵引管材前进，并通过调节牵引速度以适应不同壁厚的管材，最终得到合格产品。常见的牵引装置有三种。

1. 辊轮式牵引装置

辊轮式牵引装置一般由 2～5 对上下牵引辊轮组成，如图 3-28 所示，管子被上下辊轮夹持而被牵引下轮为主动轮，一般为钢轮，上轮为从动轮，用橡胶包覆且可上下调节。牵引辊的外形一般呈腰辊状，以增大与管材的接触面积，该牵引装置结构简单，调节方便，但与管材接触只是点或线接触，接触面积小，导致牵引力小，一般适宜中小直径（100mm 以下）管材的牵引。

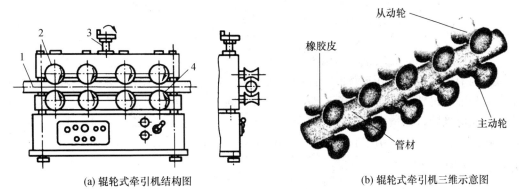

(a) 辊轮式牵引机结构图   (b) 辊轮式牵引机三维示意图

图 3-28 牵引装置

1—管材；2—上辊；3—调距螺杆；4—下辊

2. 履带式牵引装置

履带式牵引装置由上下履带组成，如图 3-29 所示，靠压辊支撑把管材夹紧，从而被牵引向前移动，履带上装有一定数量的橡胶夹紧块，为管材增加径向压力，同时不破坏其外表面，夹紧力由压缩空气或液压系统产生，或由丝杠螺母产生，该装置牵引力大，速度调节范围广，与管材接触面积大，管材不易变形，不易打滑；但该牵引装置结构复杂，维修困难，适于大直径或薄壁管材的牵引。

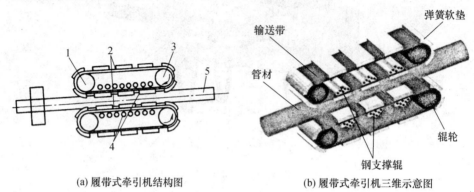

(a) 履带式牵引机结构图　　　　　　(b) 履带式牵引机三维示意图

图 3-29　履带式牵引机

1—胶带牵引被动辊；2—胶带；3—胶带牵引主动辊；4—托辊；5—管材

3. 橡胶带式牵引装置

橡胶带式牵引装置由橡胶传送带和压紧辊组成，同时附设喷水冷却系统，如图 3-30 所示。

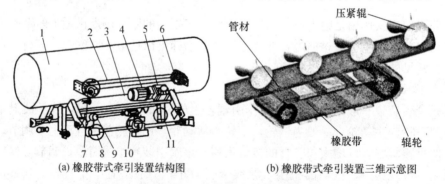

(a) 橡胶带式牵引装置结构图　　　　　(b) 橡胶带式牵引装置三维示意图

图 3-30　橡胶带式牵引装置

1—管道；2—从动橡胶带；3—主动橡胶带；4—电动机；5—涡轮减速器；6—汽缸；
7—锥齿轮传动；8—中转链轮轴；9、10—减速机；11—导轨

橡胶传送带移动时，压紧辊将管材压在橡胶带上，依靠两者间的摩擦力牵引管材，压紧力可通过调节压紧辊的高低来获取。橡胶带式牵引装置将冷却和牵引设置在一起，其特点是将牵引力分散于足够的表面上，而对略大口径管材则牵引力可能不足，为了增大牵引力可将压紧辊也换成橡胶带以增加牵引力。橡胶带式牵引装置结构简单，维护容易，但牵引力比辊轮式和履带式的小，较适用于直径小于 25mm 的硬管或软管。

3.4.1.4　切割装置

切割装置的作用是当牵引装置把已冷却定型的管材牵引到预定长度时将管材切断。切割装置是根据需要的长度自动或半自动地将连续挤出的管材切断的设备，有手动和自动两种方

式。口径小于30mm的管材可用剪刀直接切断，中等口径及大口径管材使用自动切割装置，目前使用较多的是圆盘锯切割和自动行星锯切割。

圆盘锯切割是将锯片从管材一侧切入，沿径向向前推进，直到完全切开；由于受到锯片直径的限制，只能切割直径小于250mm的管材。

自动行星锯切割适用于大直径管材的切割，圆锯片一边自转进行切割，一边绕管材公转，均匀在管材圆周上切割，直至将管材完全切断。

 ### 3.4.2 管材挤出成型配方与关键工艺

3.4.2.1 PE管材成型

聚乙烯（PE）具有良好的柔韧性、无毒、耐腐蚀、电绝缘性、耐寒性、抗冲击性能。PE管材加工较容易，用挤出成型的方法可方便地加工成各种规格的管材。低密度聚乙烯（LDPE）管材可作盘绕式水管、农用排灌管、电器绝缘管等。高密度聚乙烯（HDPE）的耐化学腐蚀性，使其在输送水、油、燃气、化学液体的管路、电缆护套管中得到广泛应用。

1. 原料选择

生产PE管材一般采用PE树脂作为原料直接进行生产，而不需加入其他助剂。同时HDPE树脂的生产技术条件已经比较成熟，树脂生产企业所提供的各种牌号的树脂即为适用于各种不同应用条件和加工条件的专用料，且都为粒料。

PE树脂有高压聚乙烯与低压聚乙烯两种。原料的选择主要依据所加工产品的使用要求，其次是加工设备的特性、原料来源及价格等。

为适应原料生产过程中加工条件的差异，一种原料有多种牌号，适应各种不同成型方法及不同制品，选择原料时首先考虑挤出管材类，而后按使用要求选择，主要看熔体流动速率，一般使用要求高时选择熔体流动速率小一些的原料，因熔体流动速率越小，其相对分子质量越大，力学性能越好，反之则选用熔体流动速率大一些的原料。通用型PE的熔体流动速率为0.2～7g/10min。

如给水管需要承受一定的压力，通常选用分子量较大的PE树脂，选用HDPE树脂作为PE给水管原料时既要考虑物理机械性能，又要考虑加工性能。生产PE给水管选用设计强度为PE80或PE100，熔体流动速率在0.1～0.5g/10min之间的HDPE树脂，其树脂就可直接投入挤出机进行挤出成型加工，无需再配方设计。

2. 工艺流程

PE树脂属聚烯烃类材料，一般情况下这种聚烯烃类材料适合采用单螺杆挤出机进行加工。双螺杆挤出机速度快、效率高、剪切力量很大，PE树脂与PVC树脂不同，PVC在塑化温度下易分解，高效的双螺杆挤出机可以缩短PVC在料筒内的时间，降低其分解的可能性，同时双螺杆强大的剪切力会使PVC更快塑化，而对于PE来说，其本身在塑化温度下不易分解，在料筒内滞留时间稍长不影响其性能，其熔体黏度大，过高的剪切力会造成熔体破裂，因而PE加工更倾向于使用单螺杆挤出机。

HDPE管与LDPE管工艺流程基本相同，只是由于HDPE管为硬管，故是定长锯切，而LDPE为半硬管，可进行盘绕，一般盘绕成200～300m为一卷。现以LDPE为例介绍其工艺流程：

首先确定原料牌号，然后将 LDPE 粒料经过料斗加入至单螺杆挤出机，加热成熔融状态，螺杆的旋转推力使熔融料通过机头的环形通道后形成管状，但由于温度较高必须采取定径措施，才能使塑料管固定形状。一般多采用真空定径法或内压定径法，通过定径套后的塑料管虽已定形，但由于冷却程度不够，塑料管还可能变形，因此必须通过冷却。冷却装置由两个或多个冷却水箱组成，每个冷却水箱长约 2~4m，通过后的管材须由牵引装置夹持前进，在卷取装置上进行盘圈，达到一定长度后对成品管进行检验、称重、包装等后序工作。在上述的挤出管材工艺流程中，每个环节设备及装置都必须严格保持同步，每个环节的工艺条件都必须严格控制才能生产要求的合格管材。

具体的生产工艺流程如下：

配料（按配方称量）→挤出机挤出→机头成型→定径套冷却定径→真空喷淋冷却水箱冷却→喷淋冷却→牵引机牵引→定长切割→自动卸管或盘卷→检验入库

3. 生产工艺条件

（1）温度控制。PE 原料熔体流动速率不同，生产过程温度控制也不同，应根据原料的熔体流动速率确定控制温度。一般 HDPE 结晶度高，结晶熔化潜热大，故成型温度比 LDPE 高一些。HDPE 给水管的挤出加工温度控制可参照表 3-4 的数据。

表 3-4　PE 给水管的工艺温度范围

加热区	机身					机身与机头连接处	机头				熔融温度
	1	2	3	4	5		1	支架处2	3	4	
温度（℃）	100~120	120~140	140~160	160~180	180~190	170	170~180	180	180~190	190~205	200~205

一般 PE 管的温度控制采取口模温度低于机身最高温度的方式，其目的如下：其一，PE 材料熔体黏度低，成型温度范围宽，降低温度有利于提高成型性，使制品更密实；其二，机头温度低有利于定型，可提高生产效率；其三，可节约能源，减少浪费。

（2）冷却控制。整个生产过程需冷却的部位有料斗、定径套、冷却水箱等处。

① 料斗。因 PE 软化温度较低，一般在料斗处设有夹套，内通冷却水防止 PE 颗粒因受热过早粘连，从而影响物料向前输送。

② 定径套。不论是内压法或真空法定径，其定径套内均需通水冷却，以保证管材尽快固定形状，由于管材刚离开口模时温度较高，为使其缓慢冷却，一般用温水控制在 30~50℃较好，或者在空气中冷却后再进行定径。

③ 冷却水箱。PE 管的冷却水箱较长，一般为 18m 左右，可用三个 6m 长的短水箱组合而成。其冷却方式采用喷淋式冷却，第一节水箱宜用作真空喷淋水箱，利用真空负压维持管材的圆整度。其他两节水箱采用普通的喷淋装置。

（3）定径方法。一般大口径管多采用内压法定径，其定径套紧接在机头前端，中间夹有绝热圈，管内压缩空气压力为 0.02~0.04MPa，在满足圆度要求前提下，尽量控制压力偏小一些。大口径管采用内压法定径的原因是口径大的管材用管外抽真空的方法不易保证圆度，而用向管内通压缩空气的方法，使管外壁紧贴于定径套内壁而定径，能达到定径效果。小口径管材采用真空定径法，真空定径套与机头相距 20~50mm，一般口模直径大于定径套内径，两者相距一定间隔，一方面管径上有一个过渡，另一方面可防止空气夹带入管外壁与定径套内壁之间而影响定径效果。定径套内分三段：第一段冷却，第二段抽真空（真空度为 30~60kPa），第三段继续冷却。

（4）牵引及切割装置。牵引装置可采用履带式牵引机。生产小口径管材选用上下排列双履带式牵引机；生产大口径管材则选用四履带或六履带式牵引机。

切割装置可选用行星锯片式切割机。

3.4.2.2　硬质 PVC 管材成型

PVC 树脂是一种刚性好、耐腐蚀性强、力学强度高、但脆性大、加工困难的材料。PVC 塑料管是一种多组分塑料，根据不同应用所要求的性能，可以使用不同的添加组分。在一定的设备条件下，由于配比组分不同，制品可以有不同的性能和质量。PVC 管分为软硬两种，硬质聚氯乙烯（RPVC）管是将 PVC 树脂与稳定剂、润滑剂等助剂混合，经造粒后挤出成型制得，也可以采用物料直接成型。RPVC 管耐化学腐蚀性及绝缘性好，主要输送各种流体，也可用作电线套管等。这类管材易于切割、焊接、粘接、加热弯曲，因此，安装使用非常方便。粒料采用单螺杆挤出机，粉料直接挤出成型最好采用双螺杆挤出机，物料的加工温度比相应粒料的加工温度低 10℃ 左右为宜。

1. 原料选择

PVC 原料应选用聚合度较低的 SG-5 或 XS-4 树脂。虽聚合度越高，其物理力学性能及耐热性越好，但会导致树脂流动性差，给加工带来一定困难，所以一般选用黏数为（107～117）mL/g 的 SG-5 型树脂为宜。

（1）硬管一般采用铅系稳定剂，因其热稳定性优秀，价格低廉，常用三盐基性硫酸铅，由于它本身润滑性较差，通常和润滑性好的铅、钡皂类并用。但其毒性较大，对人类健康有危害，对于给排水管道来说是不可使用的。当前各企业通常加入的是已经过原料厂家调配的复合热稳定剂体系，各企业只需稍加调配，便可以使用。

（2）为减少分子间的摩擦阻力，改善熔体黏度，须加入内润滑剂；为避免物料附着在料筒内壁，以及成型机头内部，在高温和强大的摩擦力作用下的分解现象，必须加入外润滑剂。

内、外润滑剂必须同时使用且作用平衡，这是在 PVC 配方设计中最难掌握的。内润滑剂过量加入会使制品塑化质量较差，而外润滑剂过量会严重影响制品的质量和产量。内润滑剂一般用属皂类；外润滑剂用低熔点蜡。

（3）填充剂主要用碳酸钙和硫酸钡（重晶石粉），因碳酸钙与 PVC 树脂有一定的相容性，改善管材表面性能，但其价格相对较高，轻质碳酸钙要求其目数在 320～400 目之间，重质碳酸钙要求目数在 600～800 目之间；硫酸钡可改善成型性，使管材易定型，两者结合可降低成本，但用量过多会导致制品力学性能急剧下降，压力管和耐腐蚀管最好不加或少加填充剂。

（4）改性剂常用 CPE，它不但可提高材料的韧性，还对施工时的低温脆性有所改善。

典型配方如表 3-5 所示。

表 3-5　RPVC 管材配方（质量份）

管材 原辅材料	普管（粒料）	普管（粉料）	高抗冲击管	农用管	高填管
RPVC	100	100	100	100	100
三盐基性硫酸铅	4	3	4.5	4.5	5
硬脂酸铅	0.5	1	0.7	0.7	0.8

原辅材料 \ 管材	普管（粒料）	普管（粉料）	高抗冲击管	农用管	高填管
硬脂酸钡	1.2	0.3	0.7	0.7	0.2
硬脂酸钙	0.8	—	—	—	—
硫酸钡	10	—	—	—	5～8
石蜡	0.8	0.7	0.7	1.0	0.8
炭黑	0.02	0.02	0.01	0.01	0.07
氯化聚乙烯	—	—	5～7	—	—
轻质碳酸钙	—	5	—	7	3（重质）

2. 工艺流程

PVC 管材的生产工艺流程如下：

配料（按配方称量）→高速混合→低速搅拌→过筛→挤出→真空定径、冷却→喷印条码→定长切割→扩口→检验→入库

从理论上来说，混料工艺采用分步骤投料，如液体添加剂必须先加入。PVC 树脂随温度上升体积会有所增加，表面积也随之变大，对辅料的吸附吸收作用会增强。辅料，特别是稳定剂、内润滑剂和加工助剂，其针对的对象主要是 PVC 树脂，应尽可能让这些成分被 PVC 树脂吸附吸收，应该在树脂温度上升到一定程度（通常为 80～90℃）时投放，而外润滑剂针对整个体系，主要针对填充剂，过早加入外润滑剂会包裹 PVC 树脂，影响其他助剂的吸收，所以，外润滑剂最好在混料温度到达更高数值（通常为 100℃ 左右），PVC 充分吸收了其他成分后，在填充剂之后添加。当体系中使用 CPE、EVA 等改性剂时，混料的最终温度不宜超过 110℃，搅拌时间也不宜过长，以避免 CPE 等增韧剂发黏结块。但在实际生产过程中，特别是对中小型企业，缺乏完备的投料中控系统，投料都是人工操作，过于复杂的投料条件会导致许多投料时的错投和漏投，给挤出环节带来诸多不利，因此，大多数中小企业常采用辅料一次加入的办法。

混料工艺需要经过高速混合和低速搅拌两个过程，温度是控制混料的主要参数，直接影响产品质量。高速混合通常设定温度为 120～125℃，也可根据辅料的不同来做出调整，一般不宜超过 10℃。这个温度是由物料在混合缸内通过高速搅拌产生的摩擦热，不宜通过外加热来达到设定的温度值。由于连续生产，混料锅内的温度会持续升高，导致后续工作中混料锅起始温度过高，混料时间变短，不利于物料的有效混合，因此，合理的混料其实温度应控制在 45℃ 以内。低速混合的目的是将高速混合的物料进一步分散，使物料冷却均匀。低速搅拌的温度控制在 40～45℃。混合好之后的物料应过筛，除去不能融化的物质和可能损害设备和产品质量的铁屑等物质。

3. 生产工艺条件

PVC 是热敏性材料，稳定剂只能提高分解温度，延长稳定时间，但不能完全排除分解。其加工温度与分解温度非常接近，因此，严格控制温度及加工过程的剪切速率是加工 PVC 材料的重点。

（1）温度控制。挤出是制品成型的关键环节，控制合理的温度是重点。加料段是物料进入螺杆的第一个区段，为了加快物料的凝胶化程度，进一步促进塑化，加料温度设定较高，

通常在180～200℃，往后各区段温度逐渐降低，因为PVC的成型温度在170℃左右，所以料筒内温度最低不应该小于170℃，物料经挤出机后流入机头成型部分，为了增加制品的密实程度和提供一定的熔体压力，熔体合流位置——合流芯温度应略低，大约控制在160～170℃。往后的模体和模头温度逐渐升高至190℃，以提高制品的表面光洁度。锥形双螺杆挤出机生产UPVC管的工艺温度范围可参照表3-6。

表3-6 锥形双螺杆挤出机生产UPVC管的工艺温度范围

加热区	加料段		均化段	计量段	合流芯	机头		
	1	2	3	4	5	机头1	机头2	口模
温度（℃）	180～195	175～185	170～180	170～175	160～170	170～180	175～185	180～190

具体温度应根据原料配方、挤出机及机头结构，螺杆转速的操作等综合条件加以确定。

（2）螺杆冷却。螺杆冷却采用在螺杆内部用通铜管的方法进行水冷却，螺杆温度一般控制在80～100℃。若温度过低则反压力增加，产量下降，甚至会发生物料挤不出来而损坏螺杆轴承的事故。因此，螺杆冷却应控制出水温度在70～80℃。

（3）螺杆扭矩和转速控制。物料在料筒中的凝胶化程度，可通过螺杆的扭矩来控制或调解。通常扭矩值控制在50%～70%为宜（100%扭矩为螺杆最大扭矩值）。提高扭矩一般通过增加喂料量或降低螺杆转速来达到。螺杆的扭矩可通过主机的电流反映出来，电流大则扭矩大。不同挤出机反映出的电流是不一样的，电流的具体取值范围应根据实践经验来得出。

原则上，大机器挤小管，转速较低；小机器挤大管，转速较高。SJ-45单螺杆挤出机20～40r/min；SJ-90单螺杆挤出机10～20r/min；双螺杆挤出机15～30r/min。

（4）定径的压力和真空度。管坯离开口模时必须立即定径和冷却。

① 内压外定径法：管内通压缩空气使管材外表面紧贴定径套内壁定型，并保持一定圆度。一般压缩空气压力范围在0.02～0.05MPa。压力要求稳定，可设置一储气缸使压缩空气压力稳定。若压力过小，则管材不圆；若压力过大，一是气塞易损坏，造成漏气，二是易冷却芯模，影响管材质量，压力忽大忽小，管材形成竹节状。

② 真空法定径：其真空度约为0.035～0.070MPa。

定型箱内冷却水的压力、温度以及真空度都对管材外观质量产生影响，通常水压力设置在0.2MPa以上，温度40℃以下，真空度应高于0.02MPa。

（5）牵引速度。牵引速度应与管材的挤出速度密切配合。正常生产时，牵引速度应比挤出线速度稍快1%～10%。牵引速度越慢，管壁越厚；牵引速度越快，管壁越薄，还会使管材纵向收缩率增加，内应力增大，从而影响管材尺寸、合格率及使用效果。

（6）熔体压力。螺杆上的压力传感器可以反映挤出过程中的熔体压力，过高的熔体压力会使物料熔体破裂，熔体压力过低则不利于塑化，正常的熔体压力不应该超过35MPa。

3.4.3 常见故障排除

3.4.3.1 PVC管材生产过程中常见问题成因及解决方法

PVC管材生产是一个较为复杂的过程，环节众多，影响程度不一，根据实际生产中的情况，常见问题的成因及解决办法如表3-7所示。

表 3-7　PVC 管材生产过程中常见问题的成因及解决办法

序号	问题	成因	解决办法
1	脆性	设备原因造成塑化不良	调节设备或更换
		机头压缩比小	调整模具或更换
		工艺温度不当	调整工艺温度
		挥发物未排尽	清掏主机真空管道或加大真空泵功率
		配方不当，润滑体系过量或填充剂过量	根据原因调节各成分加入量
		混料温度不当	调整混料温度
2	内壁毛糙或起泡	芯棒温度偏高或偏低	调整芯棒温度
		螺杆温度偏高或偏低	调整螺杆油温
		塑化温度偏高或偏低	调整塑化温度
		挥发物未排尽	清掏主机真空管道或加大真空泵功率
		机头压缩比小或分流支架偏厚	调整模具或更换
		配方中润滑体系不足	调整润滑体系分量
		配方中稳定体系不足导致物料分解	增加稳定体系分量
3	外壁不光滑	口模温度偏低或偏高	调整口模温度
		定径套光洁度差或长度不足	更换光洁度高、长度长的定径套
		冷却水温度偏高	降低冷却水温度
		塑化温度偏高或偏低	调整塑化温度
		机头压缩比小或分流支架偏厚	调整模具或更换
		配方中润滑体系不足	调整润滑体系分量
		配方中稳定体系不足导致物料分解	增加稳定体系分量
		口模出料不均匀	调整口模与芯棒间隙，检查是否有分解料阻塞
4	外表有小白点	原辅料中含杂质	保持原辅料洁净，慎重使用地灰料
		PVC 树脂中有未塑化的 VC 单体或低分子量聚合物	更换 PVC 树脂
		CPE 或其他改性剂中残留低分子量聚合物或单体	更换 CPE 或改性剂
5	外表有小黑点	原辅料中含杂质	保持原辅料洁净，慎重使用地灰料
		物料在机头内分解	调整温度，严重时拆模重装
6	壁厚不均匀	口模与芯棒不对中	调整固定螺栓，使其对中
		料流不均匀	检查加热圈是否完全包覆口模（口模各加热圈温度是否一致），检查是否有分解料堵塞流道
7	管材弯曲	壁厚不匀	调整壁厚直至均匀
		主机、定型箱、牵引机不同心	调整主辅机位置，使其同心
		定型箱内支撑管材的滚轮高度偏高或偏低	调整滚轮位置，使其刚好与管材底部接触
		冷却水喷淋不均匀或喷淋水压过低	清掏喷头和水泵

3.4.3.2　PE 管材生产过程中常见问题成因及解决方法

PE 管材生产相较 PVC 管的生产相对简单，影响制品性能的因素也相对较少。常见问题的成因及解决办法如表 3-8 所示。

表 3-8　PE 管材生产过程常见问题的成因及解决办法

序号	问题	成因	解决办法
1	内外壁毛糙	芯棒温度偏高或偏低	调整芯棒温度
		螺杆温度偏高或偏低	调整螺杆油温
		塑化温度偏高或偏低	调整塑化温度
		机头压缩比小或分流支架偏厚	调整模具或更换
		物料熔融指数偏高而挤出温度不足	升高料筒及机头各区段温度
2	外表有小白点	原料中含杂质	保持原料洁净
3	外表有小黑点	原料中含杂质	保持原料洁净
		物料在机头内分解	调整温度，严重时拆模重装
4	壁厚不均匀	口模与芯棒不对中	调整固定螺栓，使其对中
		料流不均匀	检查加热圈是否完全包覆口模（口模各加热圈温度是否一致），检查是否有分解料堵塞流道
5	管材弯曲	壁厚不匀	调整壁厚直至均匀
		主机、定型箱、牵引机不同心	调整主辅机位置，使其同心
		定型箱内支撑管材的滚轮高度偏高或偏低	调整滚轮位置，使其刚好与管材底部接触
		冷却水喷淋不均匀或喷淋水压过低	清掏喷头和水泵
6	脆性	原料分子量小，熔融指数高	更换熔融指数低的牌号
		加工温度偏高或偏低	调整加工温度

3.5　塑料薄膜挤出吹塑成型

3.5.1　背心袋产品特点分析

背心袋又称马夹袋，是常见塑料袋的一种，因其形状酷似背心，因而得名。背心袋制作简单，用途广泛，在日常生活中已成为人们不可缺少的必需品，为人们提供了极大的方便。超市背心袋原料的选择需考虑如下几个方面。

（1）性能要求：超市背心袋主要用于物品的包装，强度要求高。

（2）背心袋的使用环境：主要日常使用，一般无特殊功能要求。

（3）原材料的加工适应性：塑料材料的加工性能是指其由原材料转变为制品的难易程度，由于背心袋为日常用品，附加值低，要求原材料具有很好的可加工性。

（4）背心袋的经济适用性：

① 原料价格　由于背心袋的低附加值性，因此必须使用常规、低价塑料原材料。

② 加工费用　应选择现有或低价格的成型设备。

③ 使用寿命　由于背心袋经常是一次性使用，不必考虑可重复性，因此无需考虑添加防老化剂延长使用寿命。

目前，市场上一般选用低压料（HDPE）和线性低密度聚乙烯（LLDPE）混合生产制作超市背心袋，常规规格如：20cm×32cm，25cm×40cm，30cm×48cm，35cm×55cm。厚度根据限塑令标准，单层厚度不低于0.025mm。

3.5.2　原料特点分析

聚烯烃树脂是最常用的塑料薄膜原料，其中又以聚乙烯、聚丙烯最为常用。背心袋通常选用低压聚乙烯为原料。

聚乙烯（PE）树脂大量用于生产挤出吹塑薄膜，其品种有高密度聚乙烯（HDPE）、低密度聚乙烯（LDPE）、线型低密度聚乙烯（LLDPE）。HDPE多采用平挤出上吹风冷式生产，LDPE及LLDPE多采用平挤出上吹法或平吹法风冷式生产，还可用LDPE与LLDPE共混挤出吹塑薄膜，聚乙烯的主要性能参数如表3-9所示。

表3-9　聚乙烯的主要性能参数

性能参数	LDPE	HDPE	性能参数	LDPE	HDPE
密度（g/cm³）	0.910～0.925	0.941～0.965	邵氏硬度（D）	41～50	60～70
结晶度（%）	65～75	80～95	拉伸强度（MPa）	10～25	20～40
熔体流动速率（g/10min）	0.2～3.0	0.1～4.0	介电常数	2.28～2.32	2.3～2.35
热变形温度（℃）	38～49	60～82	燃烧情况	很慢	很慢
结晶温度（℃）	108～126	126～136	弱酸影响	耐	很耐
脆化温度（℃）	−80～55	−95～−75	碱影响	耐	很耐
软化温度（℃）	105～120	124～127	有机溶剂影响	耐（<60℃）	耐（<80℃）

LDPE为典型的树枝支链结构，通常是乳白色半透明状颗粒，与HDPE相比具有较低的结晶度、较低的软化点，熔体流动速率（MFR）较宽（0.2～80g/10min）、刚性和硬度较低，耐热性较差，但低温性能较好。LDPE属于非极性分子，具有良好的化学稳定性，在常温下不溶于任何溶剂，对酸、碱、盐类水溶液有良好的耐腐蚀性。另外，PE的透气性、抗水性、柔软性和延伸性较好。

LDPE的熔融温度较低，而热分解温度高，熔体黏度适中，成型温度较宽，因而成型加工容易，挤出吹塑的LDPE的MFR通常小于2g/10min。LDPE主要用于吹塑薄膜、软包装瓶和可折叠容器等。LDPE在挤出吹塑或注塑吹塑各种包装瓶、桶时，常常添加少量HDPE或LLDPE。

在PE中添加润滑剂、紫外线吸收剂、抗静电剂等助剂，可改善PE加工性能及耐老化性能等；添加各种填料（如炭黑、碳酸钙），可改善其刚性及硬度。

HDPE支链较少，具有较高的结晶度，其耐热性能和机械强度比LDPE高，具有良好的耐磨性、耐寒性、耐化学药品性、耐应力开裂性，HDPE塑料制品成型方法与LDPE塑料制品成型方法相同，HDPE产品主要用途为膜料、压力管、大型中空容器和挤压板材，主要包括各种中空容器、各种薄膜与高强度超薄薄膜、拉伸带与单丝、各种管材、注塑制品等。HDPE 的主要生产厂家有：大连石化公司化工厂、大庆石化总厂塑料厂、山东齐鲁石化公司塑料厂，江苏扬子石化公司塑料厂、广东茂名石化公司等。

 ### 3.5.3　生产工艺流程

HDPE 多采用平挤出上吹风冷式生产，挤出吹塑薄膜工艺流程如图 3-31 所示：

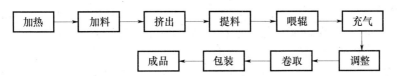

图 3-31　挤出吹塑薄膜工艺流程图

塑料薄膜可以用挤出吹塑、压延、流延及 T 形机头挤出拉伸等方法生产。其中挤出吹塑法生产薄膜最广泛、经济，设备和工艺较简单，操作方便，适应性强，薄膜幅宽、厚度可调整范围大。挤出吹塑过程中薄膜的纵、横向都得到拉伸取向，强度较高；生产过程中无边料、废料少，加工成本低，因此挤出吹塑法已广泛用于生产 PE、PP 和 PVC 等多种塑料薄膜。

根据牵引方向的不同，可将吹塑薄膜的生产形式分为平挤平吹、平挤上吹和平挤下吹三种，这三种方法的加工原理和操作控制基本一致，即将树脂加入挤出机料筒内，借助于料筒外部加热、料筒与树脂间摩擦及螺杆旋转产生的剪切、混合和挤压作用，使树脂熔融，在螺杆的挤压下，塑料熔体逐渐被压实前移，通过环形缝隙口模挤成截面恒定的薄壁管状物，并由芯棒中心引入的压缩空气将其吹胀，被吹胀的泡管在冷却风环、牵引装置的作用下逐步拉伸定型，最后导入卷绕装置收卷。上述三种薄膜生产流程如图 3-32～图 3-34 所示。

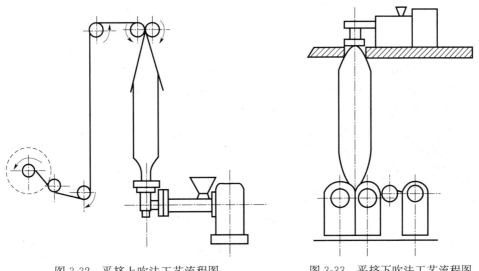

图 3-32　平挤上吹法工艺流程图　　　　图 3-33　平挤下吹法工艺流程图

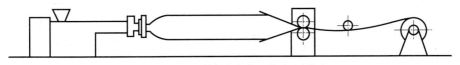

图 3-34　平挤平吹法工艺流程图

在这三种方法中，最常用的是平挤上吹法。平挤上吹法使用直角机头，机头的出料方向与挤出料筒中物料流动方向垂直，挤出的泡管垂直向上牵引，经吹胀压紧后导入牵引辊。其主要优点为：整个泡管都挂在泡管上部已冷却的坚韧段上，薄膜牵引稳定，厚薄相对均匀，薄膜厚度和幅宽可调范围较大，另外挤出机安装在地面上，操作方便，占地面积小。其主要缺点为：泡管周围的热空气向上，而冷空气向下，对管泡的冷却不利，厂房的高度要高。

平挤平吹法由于热空气的上升，膜泡上、下部冷却不均匀，泡管上半部的冷却要比下半部困难，且膜管因自重下垂影响厚度均匀性，不适合黏度低的原料生产成型薄膜，一般适合于生产折径 300mm 以下的薄膜，常用塑料原料有聚乙烯和聚氯乙烯等。

平挤下吹法使用直角机头，挤出管坯向下牵引，吹胀成泡管后冷却定型。牵引方向与机头产生的向上热气流方向相反，冷却效果好，生产线速度较快，故引膜方便。挤出机必须安装在较高的操作台上，操作维修不方便。平挤下吹法特别适宜加工黏度小的原料，适合加工透明性好的薄膜制品。常用原料有聚丙烯、聚酰胺、聚偏二氯乙烯等。

薄膜吹塑过程中，泡管的纵、横向均受到拉伸，因而两向都会发生分子取向。要制得性能良好的薄膜，两方向上的拉伸取向最好取得平衡，也就是纵向上的牵引比与横向上的吹胀比应尽可能接近。不过实际吹胀比因受冷却环直径的限制，可调范围有限，且吹胀比也不宜过大，否则会造成泡管的不稳定，因此，吹胀比和牵引比很难相等，吹塑薄膜纵、横两向的强度总有差异。

3.5.4 挤出吹塑设备及成型工艺参数

3.5.4.1 吹塑薄膜用设备

吹塑薄膜用设备为单螺杆挤出机组，单螺杆挤出机主要由挤压系统（螺杆、机筒）、加料系统、加热冷却系统及传动系统等组成。吹膜辅机通常由换网装置、冷却定型装置、稳泡器、人字板、牵引装置、折叠装置和卷取装置等组成。挤出机主机结构图如图 3-1 所示。

一套完整的挤出吹塑薄膜设备由主机（图 3-1）、相应的辅机及其他控制系统构成。

（1）主机。塑料挤出成型的主要设备是挤出机，即主机。它主要由挤出系统、传动系统和加热冷却系统组成。详见 3.2.1.1 章节。

吹塑薄膜通常采用单螺杆挤出机，为了改善混炼效果，有时在螺杆头部增加混炼件。螺杆长径比通常取 25 以上。

在实际生产时可根据吹塑薄膜的折径和厚度（表 3-10）选择挤出机的螺杆直径。螺杆的结构形式可采用加料段和均化段为等距深螺纹而塑化段为渐变型的螺杆。

表 3-10 吹塑薄膜规格与螺杆直径关系

螺杆直径（mm）	吹膜折径（mm）	吹膜厚度（mm）
30	<300	0.006～0.07
45	150～450	0.015～0.08
65	250～1000	0.015～0.12
90	350～2000	0.02～0.15
120	1000～2500	0.04～0.18
150	1500～4000	0.06～0.20
200	2000～8000	0.08～0.24

（2）辅机。除主机外，还需配有辅机才能实现挤出成型。辅机设备的组成要根据制品的种类来确定。通常情况下，辅机设备包括如下四个部分组成。

① 机头。制品成型的主要部件，熔融塑料通过机头获得与其流道几何截面相似的塑料制品。

目前广泛使用的吹塑薄膜机头有芯棒式机头、十字形机头、螺旋式机头、共挤出机头等多种。

a. 十字形机头。吹塑薄膜的十字形机头如图 3-35 所示，其结构与挤管机头类似。所不同的是其口模与芯模之间的间隙比管材机头小得多，其定型部分也比管材机头小一些。其分流器支撑筋的厚度及长度也都小，以减少接合线。为了有利于消除接合线，可在支架上方开一道环形缓冲槽，并适当加长支撑筋到出口的距离。

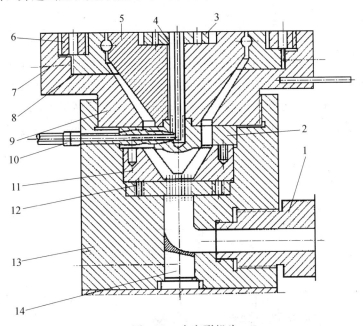

图 3-35　十字形机头

1—机颈；2—十字形分流支架；3—锁压盖；4—连杆；5—芯模；6—锁母；7—调节螺钉；8—口模；
9—机头座；10—气嘴；11—套；12—过滤板；13—机头体；14—堵头

十字形机头的优点是出料均匀，薄膜厚度容易控制。由于中心进料，芯模不受侧向力，因而没有"偏中"现象，适于聚乙烯、聚丙烯、尼龙等物料。其缺点是因为有几条支撑筋，增加了薄膜的接合线；机头内部空腔大，存料多，不适合聚氯乙烯等容易分解的物料加工。

聚乙烯薄膜折径与口模直径对应关系如图表 3-11 所示。

表 3-11　聚乙烯薄膜折径与口模直径的对应关系

HDPE（吹胀比 1.5～3）		LLDPE（吹胀比 1.4～2.2）		LDPE（吹胀比 3～5）	
口模直径（mm）	吹膜折径（mm）	口模直径（mm）	吹膜折径（mm）	口模直径（mm）	吹膜折径（mm）
30	70～140	30	65～100	30	140～240
40	90～180	40	85～140	40	185～315
50	110～230	50	100～170	50	235～395

续表

HDPE（吹胀比 1.5～3）		LLDPE（吹胀比 1.4～2.2）		LDPE（吹胀比 3～5）	
60	140～280	60	130～200	60	285～470
75	70～350	75	165～260	75	355～590
90	210～420	90	200～310	90	425～700
100	230～470	100	200～345	100	475～785
130	300～600	1 30	285～450	1 30	615～1020
150	350～700	1 50	330～520	1 50	710～1180
170	400～800	1 70	370～590	1 70	810～1340
200	470～940	200	430～700	200	945～1570
250	580～1170	250	550～～980	250	1180～1970

b. 共挤出机头。复合吹塑是根据农用薄膜或包装薄膜不同要求而出现的新型吹膜技术，其特征是将同种（异色）或异种树脂分别加入两台以上的挤出机，使物料熔融后，共同挤入同一个机头体后再挤出，这可使各种树脂在机头内复合，构成多层复合薄膜。复合吹塑机头分为模前复合、模内复合和模外复合三种类型。三种复合吹塑机头的结构如图 3-36～图 3-38所示。

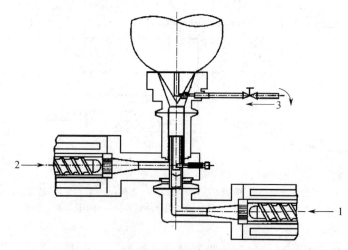

图 3-36　模前复合机头

1—内层树脂入口；2—外层树脂入口；3—压缩空气入口

注：模前复合是指各挤出机所挤出的熔融树脂在进入模具定型区前的入口处进行接合的一种结构形式。

② 定型冷却装置。为了让接近熔融流动态的薄膜泡管固化定型、在牵引辊的压力作用下不相互黏结，并尽量缩短机头与牵引辊间距，必须对刚刚吹胀的泡管进行强制冷却，冷却介质通常为空气或水。

冷却装置应冷却效率高、冷却均匀，并能对薄膜厚度的均匀性进行调节，保证泡管稳定、不抖动。最常用的冷却装置为外冷风环。外冷风环结构简单，操作方便，大多数情况下都可以满足生产要求。

③ 牵引装置。牵引辊作用是均匀地牵引制品，保证挤出过程的稳定。

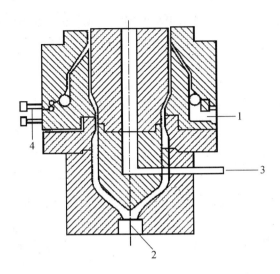

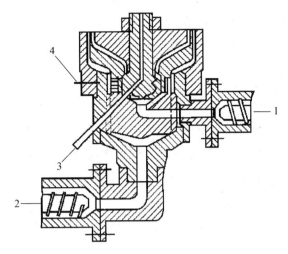

图 3-37　模内复合机头

1—外层树脂入口；2—内层树脂入口；

3—压缩空气进口；4—调节螺钉

注：模内复合是指被挤出的各种熔融树脂分别导入模内各自的流路，这些层流于模口定型区进行汇合而复合成形。

图 3-38　模外复合机头

1—外层树脂入口；2—内层树脂入口；

3—压缩空气进口；4—调节螺钉

注：模外复合也叫多缝式复合，它是指在塑料刚刚离开口模时就进行复合的一种生产工艺。

　　a. 人字架。人字架又称稳定架，它的作用是稳定吹塑膜泡，使其在不晃动的情况下逐渐压瘪而导入牵引辊，如图 3-39 所示，人字架由夹板或两排 50mm 左右的铝合金型金属辊所组成。前者称为平板式稳定板，如图 3-39（a），后者称为辊筒式稳定架，如图 3-39（b）。

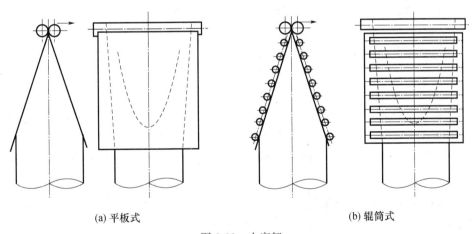

(a) 平板式　　　　　　　　　　(b) 辊筒式

图 3-39　人字架

　　平板式稳定板多由木板或铝合金板制成，这种板式构造对薄膜管泡形状有良好的稳定作用。但易使膜面产生褶皱，且不利于薄膜管泡的进一步冷却。辊筒式人字架摩擦系数小，散热快，辊筒内还可通水，故冷却效果好，但结构复杂，且容易产生细微皱纹。

　　人字架的张开角度可根据膜管直径大小进行调节，另外，由于人字板材料的散热能力及其与泡管间摩擦系数对薄膜平整性及拉伸强度有重要影响，因此要合理选择人字板形式与材质。

　　b. 牵引辊。牵引辊也称为夹辊，它的主要作用是牵引拉伸薄膜泡管，使物料的挤出速度与牵引速度有一定的比值，即产生牵引比；从而达到薄膜所应有的纵向强度（横向强度依靠吹胀获得）及把冷却定型的膜管送至卷取装置；其次，通过牵引辊的夹紧对膜管内部的吹胀空气起着截留作用，防止因漏气使膜管直径发生波动；另外，通过调节牵引比还可在一定范围内控制薄膜的厚度。

④ 卷取装置。将连续挤出的薄膜卷绕成卷。

（3）控制系统。单螺杆挤出机的电气控制系统比较简单，由各种电器、仪表和执行机构组成，主要是实现对温度的控制、螺杆转速的调节和实现对挤出机的过载保护，尽可能实现对整个机组的自动控制及对产品质量的控制。

3.5.4.2 吹塑薄膜生产操作过程

（1）根据原料特性初步确定挤出机机筒各段、机头和口模的温度，同时拟定螺杆转速、牵引速度等工艺条件。

（2）接通电源，设置挤出机机筒各段、机头和口模的加热温度，开始加热，检查机器各部分的运转、加热、冷却、通气等是否良好，保证挤出机处于准备工作状态，待各区段预热到设定温度时，立即将口模环形缝隙调至基本均匀，同时对机头部分的衔接、螺栓等再次检查并趁热拧紧。

（3）按确定配方称量原料并搅拌混合。

（4）恒温 20min 后，启动主机、牵引、收卷，主机开始时需在慢速运转下进行，待挤出的薄膜泡管壁厚基本均匀时，用手将泡管缓慢向上牵引，引向已启动的牵引装置，随即通入压缩空气并观察泡管状态，根据实际情况及时调整工艺、设备（如物料温度、螺杆转速、口模同心度、空气气压、风环位置、牵引卷取速度等），使整个挤出机组处于正常运行状态。

（5）薄膜挤出吹塑过程中，加热温度应保持稳定，否则会造成熔体黏度变化、吹胀比波动，甚至泡管破裂，此外，冷却风环及吹胀的压缩空气也应保持稳定，否则会造成吹塑薄膜质量波动。

（6）当泡管形状、薄膜折径厚度已达要求时，切忌任意变化操作控制，在无破裂泄漏的情况下，不再通入压缩空气，若有气体泄漏，可通过气管通入少量压缩空气予以补充，同时确保泡管内空气压力稳定。

（7）切取一段外观质量良好的薄膜，称量单位时间的重量及检测其折径和厚度偏差，并记下此时的工艺条件。

（8）薄膜生产完毕后应逐渐降低螺杆转速直至停机，必要时可将挤出机内树脂挤完后停机。

3.5.4.3 吹塑薄膜生产工艺参数

1. 加工温度

温度控制是挤出成型吹塑薄膜工艺中的关键，对薄膜质量影响较大。在整个成型加工过程中，温度不宜过高或过低；加工温度过高，会导致薄膜拉伸强度显著下降，还会使泡管沿横向出现周期性振动波；加工温度过低，则不能使树脂得到充分混合及塑化，薄膜的透明度、断裂伸长率、冲击强度等下降，薄膜熔合缝变坏，甚至还可能在薄膜中出现未熔晶核，其周围包有较薄的膜，即所谓"鱼眼"。

采用不同原料，其成型温度也不同；使用相同原料，生产不同厚度的薄膜，其成型温度不同；即使是同一种原料及厚度；所采用的挤出机不同，成型温度也不完全一样。一般 HDPE 的挤吹温度为 170～190℃，超薄薄膜温度可达 180～230℃。

2. 吹胀比

通过调节吹胀比的大小，可调整薄膜的宽度，而且可影响薄膜的多种性能。

薄膜的透明度、光泽随吹胀比增加而增加。增加吹胀比，可以提高薄膜横向拉伸强度和横向撕裂强度，但纵向拉伸强度和撕裂强度却相对下降。当吹胀比大于3时，则纵向、横向的撕裂强度趋于均衡。表3-12为不同树脂、不同用途的薄膜的最佳吹胀比范围。

表3-12　不同树脂、不同用途的薄膜最佳吹胀比范围

名称	PVC薄膜	LDPE薄膜	LLDPE薄膜	PP薄膜	PA薄膜	HDPE超薄膜	收缩膜、拉伸膜、保鲜膜
吹胀比	2.0～3.0	2.0～3.0	1.5～2.0	0.9～1.5	1.0～1.5	3.0～5.0	2.0～5.0

3. 牵引比

牵引比是薄膜牵引速度与管坯挤出速度之比，通常控制在4～6，牵引比太大，薄膜易拉断并难以控制厚度。另外，当牵引速度过快时，薄膜冷却固化不够，其透明度较差；即使增加挤出速度，也不能避免薄膜透明度的下降。

在挤出量确定时，若加快牵引速度，纵、横两向强度则不能均衡，会导致纵向强度上升，横向强度下降，并且纵、横两向的断裂伸长率同时下降。

HDPE挤出薄膜工艺参考数据如表3-13所示。

表3-13　HDPE挤出薄膜工艺参数

温度（℃）	一区	二区	三区	四区	五区
	160～165	168～172	190～195	190～195	170～175
主机转速（r/min）	400～450	牵引（r/min）	500～600	收卷（r/min）	600～700

 ### 3.5.5 异常现象及处理

任何产品的生产运行过程中都会出现各种各样的异常现象，操作工不仅要掌握正常生产的操作步骤，还要善于分析各种故障原因，以便迅速加以排除。吹塑薄膜生产过程中的常见的异常现象、原因及解决方法如表3-14所示。

表3-14　吹塑薄膜生产过程中的常见的异常现象、原因及解决方法

故障描述	原因	解决方法
引膜困难	1. 原料杂质多，焦粒多	1. 更换原料，清理机头、螺杆
	2. 薄膜厚度偏差大	2. 调整口模间隙、风环位置
	3. 机头温度过高或过低	3. 调整机头温度
薄膜厚度不均	1. 机头四周温度不一致	1. 检修机头加热器
	2. 芯棒"偏中"变形	2. 调整芯棒
	3. 风环冷却风不均匀	3. 调节风环使其均匀吹风
	4. 口模的各部位间隙不一致	4. 调整口模间隙
膜坯中出现杂质或晶点	1. 机头温度偏低	1. 调高机头加热温度
	2. 过滤网破损	2. 更换过滤网

续表

故障描述	原因	解决方法
出料量逐渐下降低	生产时间过长，过滤网被堵塞	更换过滤网
泡管不正	1. 机筒、口模温度过高	1. 适当降低机筒、口模温度
	2. 口模间隙出料不均	2. 调整定心环
	3. 机颈温度过高	3. 适当降低机颈温度
薄膜发黏，不易开口	1. 机筒和机头温度过高	1. 降低机筒和机头温度
	2. 冷却不足	2. 加强冷却
	3. 牵引速度过快或牵引辊太紧	3. 降低牵引速度或调整牵引辊间距
泡管出现葫芦形，宽窄不一致	1. 无规律性的葫芦形是由于风环风压过大、牵引速度不稳定	1. 调整风环风压至均匀一致，调整牵引速度使之稳定
	2. 有规律性的葫芦形是因为牵引辊夹紧力太小，牵引辊受规律性阻力影响	2. 适当提高牵引辊的夹紧力，检修机械传动部分
挂料线	1. 在出料口位置有焦料	1. 清理口模
	2. 口模有伤痕	2. 检修口模
冷固线过高	1. 冷却不足	1. 加强冷却
	2. 挤出量过大	2. 降低螺杆转速
	3. 机头温度过高	3. 降低机头温度
薄膜有气泡	原料潮湿	烘干原料

练习与讨论

1. 挤出成型的特点是什么？挤出成型所用的主要塑料原料有哪些？

2. 单螺杆挤出机螺杆的主要工艺参数有哪些？与挤出机型号直接有关的参数对挤出过程有何影响？

3. 普通螺杆中，各段的作用分别是什么？

4. 与单螺杆挤出机相比，从使用角度，双螺杆挤出机的特点有哪些？

5. 说明挤出成型基本过程及辅机的作用。

6. 热固性塑料不能采用常规螺杆挤出成型的原因。

7. 应用挤出理论，分析影响挤出机产量和质量的因素。

8. 写出挤出塑料管材主要辅机，并说明其主要作用。

9. 分析影响挤出成型制品截面尺寸的因素有哪些？

10. 分析挤出管材的工艺控制因素。

11. 挤出吹塑薄膜有哪些主要生产方法？各自的特点是什么？哪些原因会导致挤出吹塑薄膜制品卷取不平？

12. 查找我国关于塑料购物袋生产销售的相关规定？查找有关背心袋配方的资料，并分析其中各组分的作用。

项目四　塑料注射成型技术

4.1　塑料注射成型特点

　　注射成型又称注射模塑或注塑，是塑料制品加工中重要的成型方法之一。与其他塑料成型方法相比，注射成型不仅成型周期短、生产效率高，能一次成型外形复杂、尺寸精确、带金属嵌件的制品，而且成型适应性强，制品种类繁多，容易实现生产自动化。迄今为止，几乎所有的热塑性塑料、部分热固性塑料及橡胶都可采用此法成型。注塑制品的产量已占塑料制品总量的30％以上，在国民经济的各个领域有着广泛的应用。

　　注射成型是一种间歇式的操作过程，是将粒状或粉状原料从注塑机的料斗送进加热的料筒中，在热和机械剪切力的作用下，原料塑化成具有良好流动性的熔体，然后借助注射机柱塞或螺杆的推动作用将熔体通过料筒端部的喷嘴注入闭合夹紧的模具内。充满模腔的熔体在受压的情况下，经冷却（热塑性塑料）或加热固化后（热固性塑料），开模得到与模具型腔相应的制品。此过程即称为一个模塑周期，周期长短视制件大小、注射机类型、原料品种、工艺条件等的不同而不同，可短至几秒，长至几分钟。制品重量视需要可从一克到几十千克不等。

　　作为塑料制品加工的一种重要成型方法，注射成型即可用于树脂的直接注射，也可用于复合材料、增强塑料、泡沫塑料的成型，其成型技术经过一百多年的发展已运用得相当成熟。此外，随着工业化技术的不断发展，塑料制品应用领域的日益拓宽，人们对塑料制品的精度、形状、功能、成本等要求也相继提高。为了适应这些要求，近年来，在传统热塑性塑料注射成型技术的基础上开发了多种新型注射成型技术，如反应注射成型（RIM）、增强反应注射成型（RRJM）、排气式注射成型、结构发泡注射成型、流动注射成型、气体辅助注射成型（GAIM）和精密注射成型等。

4.2 注射成型设备

4.2.1 注射机的结构组成

注射成型的主体设备是注射机，无论是柱塞式注射机，还是移动螺杆式注射机均由注射系统、锁模系统、注射模具和液压与电气控制系统等部分组成（图4-1）。

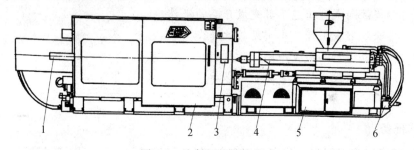

图 4-1 注射机的结构组成

1—合模系统；2—安全门；3—控制电脑；4—注射成型系统；5—电控箱；6—液压系统

1. 注射成型系统

注射成型系统的作用是使塑料均匀地塑化成熔融状态，并以足够的速度和压力将一定量的熔料注射入模腔内。主要由料斗、螺杆、料筒、喷嘴、螺杆传动装置、注射成型座移动油缸、注射油缸和计量装置等组成。

2. 锁模系统

锁模系统亦称合模装置，其主要作用是保证成型模具的可靠闭合，实现模具的开、合动作以及顶出制品。通常由合模机构、拉杆、模板、安全门、制品顶出装置、调模装置等组成。

3. 注射模具

注射模具是使塑料注射成型为具有一定形状和尺寸的制品的部件。一般由浇注系统、成型部件和结构零件等部分组成。

4. 液压与电气控制系统

液压与电气控制系统是保证注射机按工艺过程预定的要求（如压力、温度、速度及时间）和动作程序，准确、有效地工作。液压传动系统主要由各种阀件、管路、动力油泵及其他附属装置组成；电气系统主要由各种电箱组合在一起，对注射机提供动力和实施控制。

4.2.2 注射机的分类

塑料注射机有以下几种常见的分类方法：

1. 按机器加工能力分类

注射量和锁模力是反映注射机加工能力的主要参数，依据两者的大小，可将注射机分为超小型注射机、小型注射机、中型注射机、大型注射机和超大型注射机。

表 4-1　不同加工能力的注射机

类别	锁模力（kN）	注射量（cm³）
超小型注射机	<160	<16
小型注射机	160～2000	16～630
中型注射机	2000～4000	800～3150
大型注射机	4000～12500	3150～10000
超大型注射机	>12500	>10000

2. 按机器的传动方式分类

按机器的传动方式分为全电动式注射机、全液压式注射机、液压—机械式注射机。

3. 按塑化和注射成型方式分类

按塑化和注射成型方式可分为柱塞式注射机和螺杆式注射机。

螺杆式注射机其物料的熔融塑化和注射成型全部都由螺杆来完成，是目前生产量最大，应用最广泛的注射机。

4. 按机器外形特征分类

按机器外形特征分为立式、卧式、角式和多模注射机。

（1）卧式注塑机。卧式注射机的注射成型装置与合模装置的轴线呈水平排列，其结构如图 4-2（a）所示。与立式注射机相比具有机身低、操作、维修方便，制品依自重脱落，可实现自动化操作等优点。但仍有模具安装、嵌件安放较麻烦，机器占地面积大等不足。目前，该形式的注射机使用最广、产量最大，是国内外注射机的基本形式。

（2）立式注射机。立式注射机的注射成型装置与合模装置的轴线呈垂直排列，其结构如图 4-2（b）所示。为小型注塑机，优点是易于安放嵌件、占地面积小；模具拆装方便。缺点是机身较高加料不便，维修困难，制品不能自动脱落，需人工取出，难以实现自动化操作。因此，立式注塑机主要用于生产注塑量在 60cm³ 以下，多嵌件的制品。

（3）角式注射机。角式注射机的注射成型装置与合模装置的轴线相互成垂直排列，其结构如图 4-2（c）、图 4-2（d）所示，注射时，熔料从模具侧面进入型腔。该类注射机适用于成型中心不允许留有浇口痕迹的制品。目前，国内许多小型机械传动的注射机，多属于这一类。

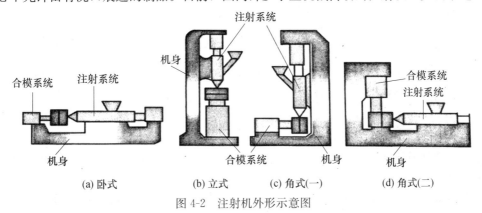

(a)卧式　　　(b)立式　　　(c)角式(一)　　　(d)角式(二)

图 4-2　注射机外形示意图

（4）多模注射机。这是一种多工位操作的特殊注射机，带有多个合模装置和多副模具装置，采用转盘式结构，模具围绕转轴转动。这种形式的注射机工作时，一副模具与注射装置的喷嘴接触，注射保压后随转台转动开，在另一工位上冷却定型，然后再转过一个工位，开模取出制品，同时，另外的第二、第三副模具分别注射保压。

该类注射机充分发挥了塑化装置的塑化能力，可缩短成型周期，适用于冷却定型时间长、安放嵌件需要较多生产辅助时间、具有两种或两种以上颜色的大批量塑料制品的生产。不过，该射机合模系统庞大、复杂，合模装置的合模力往往较小，因此，这种注射机在塑胶鞋底等制品生产中应用较多。

5. 按注射机用途分类

随着塑料注射制品种类、性能、结构、用途等的不断变化，出现了与制品生产相适应的通用型注射机和专用型注射机两大类别。前者主要用于热塑性塑料的成型加工；后者包括热固性塑料注射机、发泡注射机、精密塑料注射机、多色注射机、反应注射机等多种类型。

 ## 4.2.3　注射机的主要技术参数和规格型号

公称注射量、注射压力、注射速度、注射速率、塑化能力、锁模力、合模装置的基本尺寸、开合模速度以及空循环时间等是反映注射机性能的主要参数，依据这些参数可进行注射机的设计、制造、购置与使用。

1. 公称注射量

公称注射量是指在对空注射的条件下，注射机螺杆或柱塞作一次最大注射行程时，注射装置所能达到的最大注射量。公称注射量在一定程度上反映了注射机的加工能力，即注射机所能生产制品的最大重量或体积，因而，公称注射量可以采用重量或体积两种方法表示。

重量表示法是以加工聚苯乙烯原料（简称PS）为标准，以注射出的PS熔料的重量表示，单位为克（g），加工其他品种的塑料原料时，可通过密度换算求得相应的注射量。

体积表示法是以一次注射出的熔料体积（cm^3）表示。容积系列规格有$16cm^3$、$25cm^3$、$30cm^3$、$40cm^3$、$60cm^3$、$100cm^3$、$125cm^3$、$160cm^3$、$250cm^3$、$350cm^3$、$400cm^3$、$500cm^3$、$630cm^3$、$1000cm^3$、$1600cm^3$、$2000cm^3$、$2500cm^3$、$3000cm^3$、$4000cm^3$、$6000cm^3$、$8000cm^3$、$16000cm^3$、$24000cm^3$、$32000cm^3$、$48000cm^3$、$64000cm^3$。

由于体积法与物料密度无关，用起来比较方便，故我国注射机系列标准采用后一种表示方法。如XS-ZY-250，即表示注射机的注射容量为$250cm^3$的预塑式（Y）塑料（S）注射（Z）成型（X）机。

但在实际生产中，由于温度、压力、熔料逆流以及为了保证塑化质量和在注射完毕后保压时补缩的需要；导致实际最大注射量小于理论最大注射量。用注射系数α对理论注射量进行修正，一般α在$0.75\sim0.85$之间取值。

2. 注射压力

注射机螺杆或柱塞为克服塑料熔料流经喷嘴、流道和型腔时的流动阻力而对塑料熔体施加的压力。

在实际生产中，注射压力应能在注射机允许的范围内调节。若注射压力过大，不仅使制

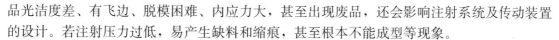

品光洁度差、有飞边、脱模困难、内应力大，甚至出现废品，还会影响注射系统及传动装置的设计。若注射压力过低，易产生缺料和缩痕，甚至根本不能成型等现象。

3. 注射速率（注射速度、注射时间）

注射时，为了使熔料及时充满型腔，除了必须有足够的注射压力外，熔料还必须有一定的流动速度。用以反映熔料流动快慢的参数有注射速率、注射速度和注射时间。

注射速率是将已塑化好的达到一定注射量的熔料在注射时间内注射出去，单位时间内所达到的体积流率；注射速度是指螺杆或柱塞的移动速度；而注射时间，即螺杆（或柱塞）射出一次注射量所需要的时间。

为了将熔料及时充满模腔，在较低的模温下得到密实、精度高的制品，须在短时间内将熔料快速充满模腔，例如成型薄壁、流程长、低发泡制品时均需采用高的注射速率。但注射塑料不宜过高，因为过高的注射速率会使熔料高速流经喷嘴时产生大量的摩擦热，促使熔料发生热解和变色。同时，会使得注射时间过短，模腔中的空气由于被急剧压缩而排气不良产生热量，集聚在排气口处的热量易引起制品烧伤。

但若注射速率过低（即注射时间过长），制品易形成冷接缝，不易充满复杂的模腔。由此可见，注射速率适宜与否事关制品性能的优劣及生产效率的高低。只有合理地提高注射速率，才能在保证制品性能优良的同时，缩短生产周期，提高生产效率。注射速率应根据工艺要求、塑料性能、制品形状、壁厚、浇口及模具等情况来选定。常用的注射速率和注射时间如表4-2所示。

表4-2　常用的注射速率、注射时间

注射量（cm³）	125	250	500	1000	2000	4000	6000	10000
注射速率（cm³/s）	125	200	333	570	890	1330	1600	2000
注射时间（s）	1	1.25	1.5	1.75	2.25	3	3.75	5

4. 塑化能力

塑化能力是指单位时间内所能塑化的物料量，是表征注射机生产能力的参数之一。塑化能力应与注射机的注射量、成型周期相协调。

若塑化能力低，则注射机的空循环时间太长，可以通过提高螺杆转数，增大驱动功率，改进螺杆结构形式（长径比、直径）等方式提高塑化能力。

5. 锁模力

锁模力又称合模力，是指注射机合模装置对模具所能施加的最大夹紧力。在该力的作用下，注射、保压操作过程中的模具不被熔料撑开。锁模力同公称注射量一样，也能够反映注射机所能成型制品的大小，是一个重要的参数。

锁模力的选取非常重要。锁模力不够，会使制品产生飞边，不能成型薄壁制品；锁模力过大，又易损坏模具，制品内应力增大，并造成不必要的浪费。

注射机的规格也可用注射机的锁模力（单位为kN）来表示，但由于锁模力并不能直接反映出注射成型制品体积的大小，所以此法不能表示出注射机在加工制品时的全部能力及规格的大小。所以，注射机的型号也有用注射容量与锁模力结合的表示法，这是注射机的国际规格表示法。该法是以理论注射量作分子，合模力作分母（即注射容量/合模力）。具体表示为SZ-□/□，S表示塑料机械，Z表示注射机。如SZ-200/1000，表示塑料注射机（SZ），理论注射量为200cm³，合模力为1000kN。

我国注塑机的规格是按照国家标准《橡胶塑料机械产品型号编制方法》（GB/T 12783—2000）编制的，注射机规格表示的第一项是类别代号，用 S 代表塑料机械，第二项是组别代号，用 Z 表示注射；第三项是品种代号，用英文字母表示；第四项是规格参数，用阿拉伯数字表示。其形式表示为：

S Z 品种代号—规格参数

注塑机的品种代号和规格参数的表示如表 4-3 所示。

表 4-3　注塑机的品种代号和规格参数（GB/T 12783—2000）

品种名称	代号	规格参数	备注
塑料注射成型机	不标	合模力（kN）	卧式螺杆式预塑为基本型不标品种代号
立式塑料注射成型机	L（立）		
角式塑料注射成型机	J（角）		
柱塞式塑料注射成型机	Z（柱）		
塑料低发泡注射成型机	F（发）		
塑料排气式注射成型机	P（排）		
塑料反应式注射成型机	A（反）		
热固性塑料注射成型机	G（固）		
塑料鞋用注射成型机	E（鞋）	工位数×注射装置数	注射装置数为 1 不标注
聚氨酯鞋用注射成型机	EJ（鞋聚）		
全塑鞋用注射成型机	EQ（鞋全）		
塑料雨鞋、靴注射成型机	EY（鞋雨）		
塑料鞋底注射成型机	ED（鞋底）		
聚氨酯鞋底注射成型机	EDJ（鞋底聚）		
塑料双色注射成型机	S（双）	合模力（kN）	卧式螺杆式预塑为基本型不标品种代号

6. 合模装置的基本尺寸

合模装置的基本尺寸包括模板尺寸、拉杆间距、模板间最大开距、动模板行程、模具最大厚度与最小厚度等参数。这些参数不仅给出了模具的安装尺寸，规定了可使用模具的尺寸范围，而且也决定了所能加工制品的平面尺寸。

7. 开合模速度

为了使模具启、闭时平稳，减小惯性力的不良影响，保护制件，要求模板慢行；为了提高生产率，缩短成型周期，空行程时则要求模板尽可能快速移动。因而模板在每个成型周期中的移动速度是变化的，即合模时模板移动速度从快到慢，开模时则由慢到快再转慢。

目前注射机的动模板移动速度一般为 30～35m/min，高速机约为 45～50m/min，慢速移模速度一般在 0.24～3m/min 之间。

8. 空循环时间

在没有塑化、注射保压、冷却、取出制品等动作的情况下，完成一次循环所需要的时间称为空循环时间，它是由合模、注射座前进与后退、开模以及各动作间的切换时间组成。

空循环时间可以作为表征注射机综合性能的参数，能够较为准确地反映设备机械结构的好坏、设备动作灵敏度的高低、液压及电气系统性能的优劣。近年来，随着注射、移模速度的不断提高、液压电器系统的不断更新，空循环时间已大为缩短。

4.2.4　注射系统

注射系统是注射机的主要构成部分，其作用是在规定的时间内将规定数量的原料均匀地熔融塑化到成型温度，然后以一定的压力和速度将熔料注射到模具型腔中，并在注射完毕后对模具型腔中的熔料进行保压与补料。

4.2.4.1　柱塞式注射系统

柱塞式注射系统主要由塑化部件（包括喷嘴、柱塞、料筒、分流梭）、定量加料装置、注射油缸、注射座移动油缸等组成，如图4-3所示。

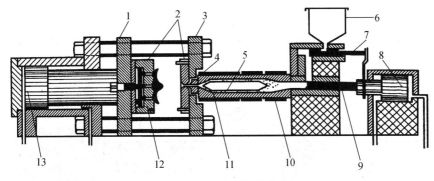

图 4-3　柱塞式注射机

1—动模板；2—注射模具；3—定模板；4—喷嘴；5—分流梭；6—料斗；7—加料调节装置；
8—注射油缸；9—注射活塞；10—加热器；11—加热料筒；12—顶出杆；13—锁模油缸

加入料斗中的颗粒料，经过定量加料装置，使每次注射所需的塑料落入料筒加料室。当注射油缸活塞推动柱塞前进时，将加料室中的塑料推向料筒前端熔融塑化。熔融塑料在柱塞向前移动时，经过喷嘴注入模具型腔。

柱塞和分流梭是柱塞式注射机料筒内的重要部件。

柱塞是一个表面光洁、硬度较高、头部呈内圆弧或大锥度凹面的金属圆柱体。主要是通过自由往复运动，把注射油缸的压力传递到塑料熔体上，并以较快的速度将一定量的熔料注入模腔。

分流梭是为了解决柱塞式注射机塑化效果差而在料筒前端内腔中引入的一种金属部件，因形似鱼雷，又称鱼雷体，其结构如图4-4所示。其作用主要为：一是将柱状物料分散为薄层，缩短传热导程，加快传热；二是分流梭的加热增大了物料受热面积，缩短了塑化时间，提高了塑化能力；三是减小了通道内熔料的截面积，增强剪切、摩擦作用，提高熔化速率，改善塑化质量。

柱塞式注射机制造简单及工艺操作都比较简单，但由于自身结构特点，其存在混炼性能差、塑化不均匀、注射压力损失大、注射速度不均匀、工艺条件不稳定、注射量提高受限、易产生层流、料筒难清洗等不足之处，目前应用较少，主要用于注射量较小，制品质量要求不太严格，附加价值低的产品生产。

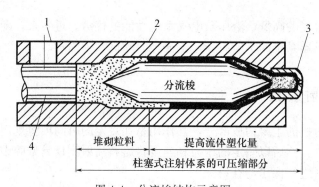

图 4-4 分流梭结构示意图

1—加料口；2—加热料筒体；3—喷嘴；4—柱塞

4.2.4.2 螺杆式注射系统

1. 结构组成

螺杆式注射系统是目前应用最为广泛的一种形式，由塑化部件、料斗、螺杆传动装置、注射油缸、注射座以及注射座移动油缸等组成，如图 4-5 所示。

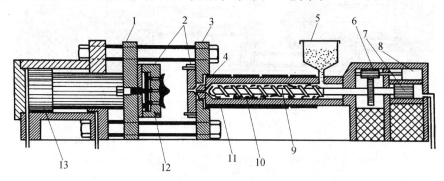

图 4-5 移动螺杆式注射机

1—动模板；2—注射模具；3—定模板；4—喷嘴；5—料斗；6—螺杆传动齿轮；7—注射油缸；8—液压泵；
9—螺杆；10—加料料筒；11—加热器；12—顶出杆；13—锁模油缸

2. 工作过程

在螺杆式注射成型机中，物料的熔融塑化和注射成型全部都由螺杆来完成的。液压马达驱动螺杆旋转，使得塑料向前移动。在此过程中，因为外加热以及摩擦发热，塑料逐步熔融并且最终完全熔融，汇入料筒头部。料筒头部熔融塑料压迫螺杆，使其边塑化边后退，直到完成下次注射所需的塑化量。注射时，注射成型油缸推动螺杆，将熔融塑料经过喷嘴注入模具型腔。

3. 特点

（1）结构紧凑，因螺杆具有塑化、注射的双重功能，可减少预塑装置，简化设备结构，减小机器体积，节约占地面积。

（2）塑化效率高、塑化能力大。除料筒对原料加热塑化外，螺杆旋转时的剪切作用可很好地提高原料的熔融速率，增大塑化能力。

（3）塑化均匀。螺杆旋转的剪切力提高了原料的混炼性，使原料组分混合充分，受热均匀。

（4）注射压力损失小。料筒中的原料在螺杆的剪切作用下由柱状分为薄层，流动性增加，流动阻力降低，压力损失减少。

（5）料筒内滞留料少，易于清洗。原料塑化均匀，流动性好，流动阻力低，注射后料筒内残留滞料少，料筒易于清洗，加工适应范围大，几乎所有的热塑性塑料（包括热敏性塑料、填充塑料等）和部分热固性塑料都可采用这种注射机进行加工，是目前塑料注射成型最为常见的机器类型。

4.2.4.3 注射机的塑化装置

塑化装置是注射系统的重要组成部分。螺杆式注射机的主要塑化装置包括螺杆、料筒、注射喷嘴等。

1. 加料装置

加料装置实为一个与料筒相连，上部呈锥形、底部呈圆形或方形的金属料斗，其容量一般要求能容纳1～2h的用料。小型注射机一般采用人工上料，大中型注射机可采用自动上料，此外，有的料斗还设有加热和干燥装置。

2. 料筒

料筒是一个外部受热，内部受压的高压容器，因原料在料筒中要完成熔融塑化与注射，因而要求料筒具有耐热、耐压、耐腐蚀、耐磨损、传热性良好等特点。目前通常采用含铬、钼、铝的特殊合金钢制造，螺杆式注射机因混合、传热、塑化效率高，料筒容积一般只需最大注射量的2～3倍即可。

料筒外部的加热采用分段加热装置，料筒温度从加料口至喷嘴逐渐升高。一般注射料筒和螺杆不设冷却装置，而是靠自然冷却。为了保持良好的加料和输送作用，防止料筒热量传递到传动部分，在加料口处应设冷却水套。

3. 螺杆

（1）螺杆的类型。为了适应不同塑料的加工要求，注射螺杆分为渐变型、突变型和通用型螺杆。

渐变型螺杆：压缩段较长，螺槽由深逐渐变浅，塑化时能力转换缓和，如图4-6（a）所示。该类螺杆适于加工具有较宽的熔融温度范围、高黏度的非结晶性物料，如PVC等。

突变型螺杆：压缩段较短、螺槽由深急剧变浅，塑化时能力转换剧烈，如图4-6（b）。该类螺杆主要用于加工低黏度、熔点温度范围较窄的结晶性物料，如PE、PP等。

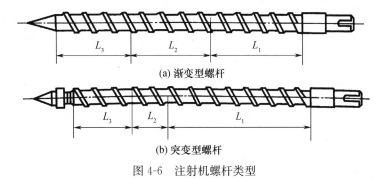

(a) 渐变型螺杆

(b) 突变型螺杆

图 4-6 注射机螺杆类型

通用型螺杆：压缩段长度介于渐变型螺杆和突变型螺杆之间，适于加工结晶性塑料和非结晶性塑料，但其塑化效率低，单耗大，使用性能比不上专用螺杆。

（2）主要特征。注射螺杆与挤出螺杆很相似，但由于它们在生产中的使用要求不同，所以相互之间有差异，与挤出机螺杆相比，注射螺杆在结构、作用上有如下特点。

①注射螺杆旋转时有轴向位移，螺杆的有效长度是变化的。②注射螺杆有轴向位移，其加料段较长，压缩段和计量段相应较短。③注射螺杆旋转时只需对原料进行塑化，而不需提供稳定的压力和准确的计量，其长径比、压缩比较小。一般长径比（如 L/D 为 15～18，压缩比为 2～5）。④注射螺杆的螺槽较深，借以提高塑化能力，减小功率消耗。⑤注射螺杆头部多采用锥形尖头，与喷嘴吻合好，可避免螺杆对熔料施压时出现积料或沿螺槽回流，防止残余料降解。⑥注射螺杆通常需加止逆环，以防止注射机内熔体塑化或注射时从喷嘴流出。

4. 喷嘴

喷嘴是连接料筒与注射模具的部件。其头部一般为半球形，可与模具主流道衬套的凹球面保持良好的接触。喷嘴直径比主流道直径小 0.5～1.0mm，且两者在同一中心线上，以防止漏料，避免出现死角。

喷嘴的类型有很多，目前使用最普遍的有直通式喷嘴、自锁式喷嘴，还有一些特殊用途的喷嘴。

（1）直通式喷嘴是指熔料从料筒内到喷嘴的通道始终都是敞开的，根据使用要求不同有以下几种结构：

① 短式直通式喷嘴，其结构如图 4-7（a）所示，喷嘴体长度短，结构简单，压力损失小，补缩效果好，但易形成冷料和"流涎"。特别适于加工黏度高、热稳定性差的塑料，如PVC、PC、PSU、PMMA 等。

② 延长型直通喷嘴，其结构如图 4-7（b）所示，短式直通喷嘴的改良型喷嘴，可加热。喷嘴体长度增加，增大了射程和补缩作用，不易形成冷料，但仍有"流涎"现象。主要用于加工厚壁制品和高黏度的物料。

③ 远射程直通式喷嘴，其结构如图 4-7（c）所示。它除了设有加热器外，还扩大了喷嘴的储料室以防止熔料冷却。这种喷嘴的口径小、射程远，"流涎"现象有所克服。主要用于加工形状复杂的薄壁制品。

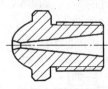 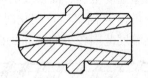 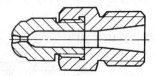

(a) 短式直通式喷嘴   (b) 延长型直通式喷嘴   (c) 远射程直通式喷嘴

图 4-7　各种结构的直通式喷嘴

（2）锁闭式喷嘴是指在注射、保压动作完成以后，为克服熔料的"流涎"现象，对喷嘴通道实行暂时关闭的一种喷嘴，目前有弹簧式、针阀式、转阀式等多种形式。其中以弹簧针阀式用得最为广泛。其自锁功能是通过弹簧的弹力压合喷嘴体内的阀芯实现的，适用于PA、PET 等熔体黏度较低的塑料注射。但这种喷嘴的结构比较复杂，制造困难。

除上述喷嘴外，还有混色喷嘴、双流道喷嘴、热流道喷嘴等特殊用途的喷嘴。混色喷嘴是为了提高柱塞式注射机使用颜料和粉料混合均匀性时使用。该喷嘴内装有筛板，借以增加剪切混合作用而达到混匀的目的，其结构如图 4-8 所示。双流道喷嘴可用在夹芯发泡注射机上，注射两种材料的复合材料，其结构如图 4-9 所示。热流道喷嘴直接与成型模腔接触，流道短，注射压力损失小，可用来加工 PE、PP 等热稳定性好，熔融温度范围宽的塑料。

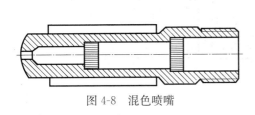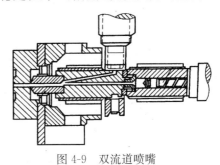

图 4-8　混色喷嘴　　　　　　　　图 4-9　双流道喷嘴

4.2.5　锁模系统

锁模系统又叫合模装置，是保证成型模具可靠闭锁、开启并取出制品的重要部件。具体功能表现在实现模具可靠启闭动作及必要的行程；注射、保压时提供足够的锁模力；提供开模顶出制件的顶出力及相应的行程。为了保证锁模系统作用的发挥，注射机锁模系统应达到以下基本要求：

（1）足够的锁模力。锁模力必须保证模具在注射成型过程中无开缝溢料现象。

（2）足够的模板面积、模板行程和模板间开距，以适应成型不同外形尺寸的制品或不同模具的安装。

（3）合理的模板运动速度。模板运动速度应遵循闭模时先快后慢，开模时先慢、后快、再慢的规律，以保证模具启闭灵活准确，并防止模具碰撞，安全平稳地顶出制品，提高生产效率。

目前，锁模系统的种类有多种，基本组成有固定模板、动模板、合模机构、调模机构、顶出机构、拉杆、安全保护机构等。锁模系统按锁模力的实现方式，有机械式、液压式和液压—机械组合式三大类。

1. 机械式合模系统

机械式合模机构有早期的全机械式和 20 世纪 80 年代初的伺服电动机驱动式两种，其结构如图 4-10 所示。

全机械式的工作原理是以电动机通过齿轮（或蜗轮）、蜗杆减速传动曲臂或以杠杆传动曲臂的机构来实现模具的启闭与锁紧，因该合模系统调整复杂，惯性冲击大，目前已被其他合模装置取代。

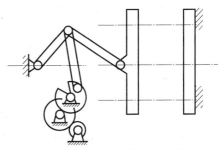

图 4-10　机械式合模结构示意图

伺服电动机驱动式合模机构，它具有 CNC 控制，液晶显示、AC 伺服电动机驱动，自动化程度高的特点，但是驱动功率有限，只适合于小型精密注射机，而且成本高。

2. 液压式合模系统

液压式合模系统是依靠液体的压力实现模具的启闭和锁紧作用的，其结构如图 4-11 所示。这种合模装置具有如下优点：①固定模板和移动模板间的开距大，能够加工制品的高度范围较大；②动模板可任意停留，模板间距离的调节十分简便；③模板移动速度、锁模力、注射压力等可方便调节；④易实现低压合模，避免模具损坏；⑤设备零部件磨损小，可自润滑。

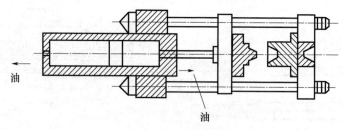

图 4-11　液压式合模结构示意图

液压合模装置的不足之处主要有液压系统管路多、易渗漏、密封要求高、维修工作量大、锁模力稳定性差等。尽管液压合模装置有不足，但由于其优点突出，因此被广泛使用。

3. 液压－机械组合式合模系统

此类合模机构由液压系统和肘杆机构两部分组成。以液压为动力源，操纵连杆或曲肘撑杆机构来实现启闭和锁紧模具。此类合模结构的优点是肘自身有增力和自锁作用，锁模力稳定所需负荷小，节省投资；能满足合模机构的运动特性要求；兼有液压式的速度快、机械式的自锁稳定等特性。典型结构有液压－单曲肘合模机构，液压－双曲肘合模机构。

液压－单曲肘合模机构由模板、单曲肘机构、油缸、顶出机构等组成，结构如图 4-12 所示。这种合模机构模板距离的调整较易，且油缸小，应用于注射机时，机身较短，节约占地。但由只适用于模板面较小的小型注射机。

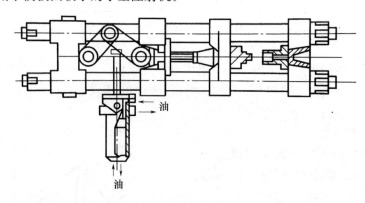

图 4-12　液压－单曲肘模机构示意图

液压－双曲肘合模机构采用了对称排列的双臂双曲肘锁模机构，动作原理与液压-单曲肘合模机构相似，优点是双臂驱动，模板受力均匀，机构的承载力和增力倍数较大，可适应较大的模板面积，在中、小型注射机上有广泛应用。

4.2.6　注射模具

注射模具，简称注射模、塑模或模具，是在注射成型中赋予制品以形状时所用部件的组合体。其结构合理与否，不仅事关模具的寿命及生产成本，而且直接影响制品的成型质量、生产效率及劳动强度。但无论哪种形式的模具，基本构成却是相同的，即都包含浇注系统、成型零件和结构零件三大部分。典型注射模具的结构如图4-13所示。

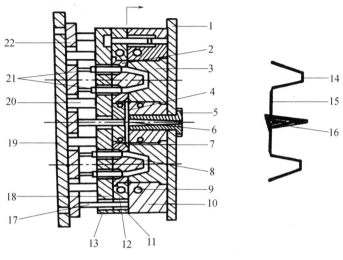

图 4-13　典型注射模具的结构示意图

1—前夹模板；2—阳模；3—阴模；4—分流道；5—主流道衬套；6—冷料穴；7—浇口；8—型腔；9—冷却剂通道；
10—前扣模板；11—塑模分界面；12—后扣模板；13—承压板；14—制品；15—分流道赘物；16—主流道赘物；
17—复位杆；18—后扣模板；19—后夹模板；20—承压柱；21—顶杆；22—顶板

4.2.6.1　浇注系统

　　浇注系统是指熔融塑料在压力作用下从喷嘴进入型腔前的流动通道。其作用是保证熔融塑料稳定、顺利地充满全部型腔，并将注射压力传递到型腔的各个部分，因而浇注系统对熔体在模腔内的流动方向、流动状态、排气溢流、压力传递等有着重要影响。该系统由主流道、冷料穴、分流道和浇口构成。其结构如图4-14所示。

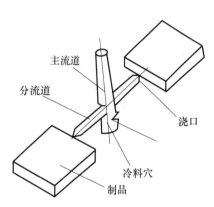

图 4-14　浇注系统结构示意图

1. 主流道

　　连接注射机喷嘴至分流道或型腔的一段通道。为了防止与喷嘴衔接不准而产生溢料或堵截，主流道应与喷嘴处于同一轴线上，且进口直径略大于喷嘴直径，顶部呈凹型。

2. 冷科穴

　　冷科穴又称冷料井，是设置在主流道末端直径6～10mm，深度约6mm的一个空穴。作用是捕集喷嘴端部两次注射之间产生的冷料，防止分流道或浇口堵塞，避免冷料混入模具型腔而使制品产生内应力。

3. 分流道

　　多腔模中连接主流道和各个型腔的通道，是主流道和浇口之间的过渡部分。为使熔料以等速充满各型腔，分流道在模具上的排列应对称分布或等距离分布。

97

4. 浇口

接通主流道（或分流道）与型腔的通道，熔体经此口进入模腔成型。通道的截面积通常比主流道或分流道小，是整个流道系统中截面积最小的部分。浇口的截面积小，长度短，截面形状一般为矩形或圆形。浇口位置一般开设在制品最厚而又不影响外观的部位。

其主要作用：①利用狭小的通道控制料流的速度；②利用浇口处熔料的早凝防止倒流；③利用熔料通过浇口时受到较强的剪切使熔体流动性提高；④便于制品与流道系统分离。

4.2.6.2 成型零件

模具中用作构成型腔的组件统称为成型零件，主要包括凹模、凸模、型芯、型腔及排气口等。

凹模又称阴模，定模，是成型制品外形的部件，多装在注射机的固定模板上。

凸模又称阳模，动模，是成型制品内表面的部件，多装在注射机的移动模板上。

型芯是成型制品内部孔、稍等形状的部件。

型腔是动模与定模闭合时所形成的空腔，用以确定制品形状和尺寸的部分。

排气口是模具中开设的槽形出气口。用以排出模具中原有的气体及熔料卷入模具中的气体，防止制品出现气孔、表面凹痕、局部烧焦、颜色发暗等现象。排气口一般设在型腔内熔料流动的尽头或模具分型面上，也可利用顶出杆与顶出孔的配合间隙、顶块和脱模板与型芯的配合间隙进行排气。

4.2.6.3 结构零件

结构零件是指构成模具结构的各种零件，包括前后夹模板、前后扣模板、承压板、承压柱、导向柱、顶板、顶杆和复位杆等。

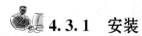 4.3 注塑机的安装、调试、操作、维护保养

4.3.1 安装

1. 对安装场地的要求

（1）安装场地必须平整，地基应有足够承载能力，应能承受注塑机质量，同时要能抗震，对大型注塑机要求更应该注意。

（2）设备旁留有足够空间，保证操作空间，设备的维修、模具拆卸和原料及成品的堆放空间，同时应通风，采光条件好。

（3）车间高度允许有模具吊装空间。

（4）水、电、气等管路应预埋于地基内。

2. 设备安装

（1）中小型注射机的安装，一般不用地脚螺栓固定，而是采用调整垫铁安装。安装时先将各垫铁调整到相同高度，然后用水平尺校正水平。

（2）大型注射机通常要考虑地脚螺栓的安装位置、距离及浇灌深度。安装时，按说明书要求，掘地基坑，浇灌混凝土，流出地脚螺栓孔。对于整体式设备，先粗略找正放好紧固螺栓，浇灌地脚孔，混凝土固化后在地脚螺栓两侧加垫铁，校正设备水平。对于分体式设备，一般先安装合模系统，后安装注塑系统。首先把螺栓插入地脚孔中，灌入混凝土，然后把垫铁和楔子放置好后，再拿走辊杠。当混凝土固化后，再校平找正，拧紧地脚螺母。调整之后，一定要使机身结合面完全接触，防止垫铁与楔子滑出。

（3）机身稳固后，安装合模系统与注塑系统之间的各种管件。液压管路按液压管路图施工，电路及温度控制接线按电气线路图施工。

（4）安装注射机料斗、自动上料装置等。

4.3.2 调试

注塑机在正式开机操作之前，必须经过严格地调试，以确保成型的正常进行及人身设备的安全。

1. 整机性能调试

整机性能调试旨在确认注塑机各个工作部件是否安装正确，能否进行正常动作。首先检查注塑机的水、电、气、油是否处于正常工作状态，完毕后在手动或点动的状态下，分别使各工作部件进行工作，看能否满足生产要求，满足后进行半自动和全自动操作试机，空运转几次，检查运转是否正常。

2. 注射系统调试

为了使注射机注射系统能保持良好工作状态，在正式投入生产前，须进行如下检测调试。

（1）调节注射座移动行程，使喷嘴能顶住模具主流道衬套。

（2）检查使用的喷嘴是否适用于加工物料。

（3）通过限位开关或位移传感器调节螺杆的计量行程和防"流涎"行程，并注意限位开关或传感器是否灵敏可靠。

（4）调整注塑压力、保压压力。

（5）调节背压压力、喷嘴控制液压缸压力及注塑座油缸压力。

（6）检查注塑座移动导轨是否整洁和涂有润滑油。

（7）螺杆空运转数秒，有无异常刮磨声响，料斗口开合门是否正常。

3. 合模系统调试

合模系统调试是为了保证工作时的人身安全和设备安全，并有足够合模力保证注塑时模具的合拢。

（1）检查安全门功能。注塑机只能在两侧安全门都关闭后才能工作。开一侧安全门时合模停止，两侧开启则油泵停止。

（2）调整所有行程开关的位置，使动模板运行顺畅。

（3）模具安装。

（4）调节行程滑块，限制动模板的开模行程。

（5）调整顶出机构，使之能够将制品从型腔中顶出到预定位置。

（6）调整模具闭合保险装置。

（7）调整合模力。根据注塑制品的状态设定合适的合模力。

（8）调节开合模速度及压力。通常慢速合模开模用低压，快速合模用高压。

4. 注射机参数调节

可用于注塑加工的物料种类繁多，制品各异，精度要求不同，在成型过程中必须结合实际情况进行调节。

（1）注塑压力应根据物料的黏度、制品结构复杂程度、壁厚、流道设计及熔体流程等来确定。高黏度、高精度、薄壁、长流程需要高压，反之则为低压。

（2）合模力根据不同的成型面积和型腔压力进行调节。知道制品的投影面积和选定型腔压力，可计算所需合模力（$F \geqslant KpA \times 10^{-3}$，其中 F 为合模力，单位为 kN；K 为安全系数，一般为 $1 \sim 1.2$；p 为型腔平均压力，单位为 MPa；A 为制品在分型面的投影面积，单位为 mm^2）。

（3）注射速度取决于熔体流动性、成型温度范围、制品壁厚和熔体流程等。成型薄壁、长流程、高熔体黏度、有急剧过度断面的制品以及发泡制品、成型温度范围窄的制品时，使用较高注塑速度，对于厚壁或有嵌件的制品使用较低注塑速度。

（4）合模速度根据不同制品成型要求进行慢-快-慢变换节点的调节。

4.3.3　注射机的操作

（1）现代注射机通常有四种操作方式，其操作方式有调整、手动、半自动和全自动。

① 调整操作　注塑机所有动作都必须在按住相应按钮开关的情况下慢速进行。放开按钮，动作即行停止，故又称之为点动。这种操作方式适合于拆装模具、螺杆或检修、调整注射机时用。

② 手动操作　按动相应的按钮，将完成一个相应的动作。这种操作方式多用在试模或试生产阶段或自动生产有困难的一些制品。

③ 半自动操作　将安全门关闭后，成型过程中的各个动作按照一定的顺序自动进行，直到打开安全门取出制品为止。这实际上是完成一个注塑过程的自动化。

④ 全自动操作　注塑机的全部动作过程都由电器控制，自动地往复循环进行。由于模具顶出并非完全可靠以及其他附属装置的限制关系，实际生产过程中目前使用不多。

（2）注塑机操作前准备：

① 操作前熟悉注射机工作过程，明白各个动作步骤的作用。

② 检查紧固部位是否紧固。

③ 检查安全门滑动是否灵活，在设定位置是否能初级行程限位开关。

④ 检查油箱是否充满液压油，液压油位应介于油标上下线之间。

⑤ 将润滑油注入所有油杯和润滑道上，使设备得以润滑。

⑥ 检查冷却水管通水是否正常。

⑦ 检查电源电压是否与额定值相符。

⑧ 检查喷嘴是否堵塞，调整喷嘴和模具位置使其对正。

⑨ 检查热电偶加热是否正常。

（3）开机及注意事项：

① 接通电源，加热机筒，达到设定温度后保温半小时。

② 确定注射机操作方式是调整、手动、半自动还是全自动。

③ 打开冷却水，调节水量至适中状态。

④ 空的料筒在加料时螺杆应慢速旋转，当确认物料已被从喷嘴挤出时，再把转速调至正常，切不可对冷料进行预塑。

⑤ 先采用手动对空注射、观察物料塑化质量。塑化质量欠佳时根据实际情况适当调节各项参数。

⑥ 采用半自动或全自动进行正常的生产操作。

（4）操作中注意事项：

① 注塑机运转过程中应采用油温控制器来控制液压油温，保证液压油在适宜温度范围。

② 定期检查润滑油情况，低于下标线立即添加。

③ 已调整好的各个压力控制阀，在设备运行中一般不要轻易调整。

④ 注塑机运行中出现异响或其他非正常现象时，立即按下急停按钮，以免损伤设备。

（5）停机及注意事项：

① 将操作方式调节到手动状态。

② 关闭料斗开合门，停止向料筒供料。

③ 注塑座退回，使喷嘴脱离模具。

④ 清除机筒中的余料，采用反复注塑-预塑方式，直到物料不再从注嘴流涎为止。对易分解物料，应采用清洗料清洗干净。

⑤ 断开所有操作开关和按钮，断电断水。

⑥ 打扫注塑机各部位，保持清洁。

4.3.4 注塑机的维护保养

（1）润滑系统维护。在操作前，应按照注射机润滑部位的分布图对规定的润滑点补加润滑油，如果注射机有集中润滑系统，应每天检查油位，并在油位降到规定下限前及时给予补充。注射机在首次运转前，应从黄油嘴加入黄油，以后每三个月补加一次。

每天应检查油箱油位是否在油位标尺中线，如果油位较低，应及时补充油量使其达到中线。要注意保持工作油的清洁，严禁水、铁屑、棉纱等杂物混入工作油液，以免造成润滑系统油路堵塞或油质劣化。

（2）加热装置的维护。应经常检查加热装置工作是否正常，热电偶接触是否良好。热电偶的连接与安装形式因注射机型号的不同而异。

（3）安全装置的维护。应经常检查各电器开关，尤其是安全门及其限位开关工作是否正常。在安全门打开状态下，用手动操作方式执行合模动作，模具应不进行闭合动作。此外还应检查限位开关是否固定好，位置是否正确，安全门能否平稳开关。若无异常方可将操作方式换位半自动或全自动操作，以确保人身安全。

（4）定时检查喷嘴螺纹部分完好情况和料筒一侧的密封情况，若发现磨损或腐蚀严重，应及时更换。

（5）定期拆下注塑螺杆，用铜丝刷清除螺杆表面残留料，并观察螺杆表面磨损情况，轻度伤痕可用砂纸打磨光滑，发现严重伤痕应更换螺杆。

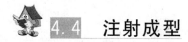

4.4 注射成型

4.4.1 注射成型工艺流程

完整的注射成型工艺过程包括成型前的准备、注射过程和塑件后处理三大部分，具体如图 4-15 所示。

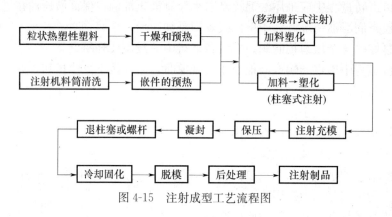

图 4-15 注射成型工艺流程图

4.4.1.1 成型前的准备

成型前的准备工作主要有原料的预处理、料筒的清洗、嵌件的预热、脱模剂的选择四项重要的准备工作。

1. 原料的预处理

首先检验原料的色泽、粒径、有无杂质等外观特征。如粒子大小不一，均匀性较差，甚至有结块现象时，需进行粉碎；如原料为粉料，则需考虑是否要预先造粒。其次测定原料的熔体流动速率、热性能、收缩率等加工特性，以及原料中水分及挥发物含量，考虑是否需要干燥。

干燥时，干燥设备、干燥温度、干燥时间等干燥条件需根据不同原料的性能和具体情况而选择确定，常用热塑性塑料的吸水性如表 4-4 所示。

表 4-4 常用热塑性塑料的吸水性

塑料名称	吸水率（%）	允许含水量（%）	塑料名称	吸水率（%）	允许含水量（%）
ABS	0.2～0.45	0.1	PC	0.24	0.02
PE	<0.01	0.5	PSF	0.22	0.1
PP	<0.03	0.5	PPO	0.07～0.2	0.05
PS	0.03～0.10	0.1	PPS	0.02～0.08	0.1
POM	0.02～0.35	0.1	CP	0.01	0.01
PA6	1.3～1.9	0.2	PMMA	0.3～0.4	0.05

2. 料筒的清洗

在初用某种塑料或某一注射机之前，或生产中需要更换原料、调换颜色，或生产中发现原料有分解现象时都必须对料筒进行清洗或拆换。

柱塞式注射机因料筒内存料量较大，物料不易移动，流动性差，料筒的清洗相对较难，须将料筒拆卸下来清洗或更换专用料筒。

螺杆式注射机则可不必拆换料筒，通常采取直接换料清洗或过渡换料清洗即可。

直接换料清洗时，要根据预换料与料筒内存留料的热稳定性、成型加工温度等来确定操作步骤，当预换料的成型温度远高于料筒内存留料的成型温度时，应先将料筒和喷嘴的温度升高到预换料的最低加工温度，此时料筒内的存留料已熔融塑化，加入预换料（为了节省原料，降低成本，也可用预换料的回收料）连续对空注射，待料筒内存留料全部清洗完毕时，便可调整温度进行预换料的正常生产。当预换料的成型温度低于料筒内存留料的成型温度时，首先将料筒和喷嘴温度升高到料筒内存留料的最佳流动温度（此时料筒内存留料已熔融流动），然后切断电源，加入预换料，通过连续对空注射，使预换料在降温的情况下（这样可防止预换料分解），将料筒内存留料全部清除。

如果预换料的成型温度高，熔融黏度大，而料筒内存留料又是热敏性塑料时（如聚氯乙烯、聚甲醛、聚三氟氯乙烯），为防止存留料分解，应采用过渡换料进行清洗。即先选用流动性好、热稳定性高的聚苯乙烯或低密度聚乙烯作为过渡料，将料筒内存留的热敏性塑料清除，然后再采用直接换料法，用预换料清洗料筒内的过渡料。

3. 嵌件的预热

由于金属与塑料的热性能和收缩率差别较大，往往导致这类产品在嵌件周围出现裂纹而使制品强度下降。为此，除在设计制品时加大金属嵌件周围的壁厚外，可对金属嵌件进行预热。

对金属嵌件进行预热时，预热温度的设定以不损伤金属嵌件表面镀层为准则。钢铁嵌件的预热温度一般为 $110\sim130℃$，铝、铜嵌件的预热温度可达 $150℃$。

并非所有带金属嵌件的塑料制品都需在成型前对嵌件进行预热。预热与否，要看所加工塑料的性质和嵌件的大小。

4. 脱模剂的选择

脱模剂是使塑料制件容易从模具中脱出而涂在模具表面上的一种助剂。目前较为常用的脱模剂主要有硬醋酸锌、液体石蜡（俗称白油）和硅油。

实际生产中，除了选择适宜的脱模剂外，还须注意脱模剂的用量。脱模剂用量过少，将起不到应有的脱模效果；脱模剂用量过多、或涂抹不均，将会影响制品外观及强度。如若生产的是透明制品，则产生的影响更大，用量过多时制品将会出现毛斑或浑浊现象。

4.4.1.2 注射过程

注射过程包括加热塑化、注射充模、保压冷却固化和脱模取出制品等几个工序。

1. 加热塑化

加热塑化是注射成型的准备过程，是指塑料在料筒内受热达到充分熔融状态，而且有良好的可塑性和流动性的过程，是注射成型最重要、最关键的过程。

一定的温度是塑料得以变形、熔融和塑化的必要条件，通过料筒对塑料的加热，使聚合物由固体向熔体方向转变。塑化质量主要是由塑料的受热情况和所受的剪切作用所决定的。

剪切作用则是以机械力的方式强化混合和塑化过程，使熔体温度分布均匀，物料组成和高分子形态发生改变，趋于均匀，同时，剪切作用能在塑料中产生更多的摩擦热，也加速了塑料的塑化。

移动螺杆式注射机，物料经料筒的外加热及螺杆转动时对塑料产生的摩擦热以及塑料的内摩擦热而逐渐塑化，即加料和塑化同时进行。而对于柱塞式注射机，塑料粒子加入到料筒中，经料筒的外加热逐渐变为熔体，加料和塑化两个过程是相对独立的。

目前广泛采用移动螺杆式注射机，它可以提供较好的塑料塑化效果。

（1）热均匀性。

塑料塑化所需的热量来自料筒壁或螺杆的传热和塑料之间的内摩擦热。柱塞式注射机内物料主要靠料筒的外加热，物料在注射机中的移动是靠柱塞的推动，物料在移动过程中产生的剪切摩擦热相当小。由于热塑性塑料热导率小，传热速度慢，结果使料筒中的物料存在不均匀的温度分布，靠近料筒壁的温度偏高，料筒中心的温度偏低。此外，熔体在圆管内流动时，料筒中心处的料流速度快于筒壁处，造成径向上速度分布不同。因此料流无论在横截面上还是在长度方面都有很大的速度梯度和温度梯度。

塑料的实际温升和最大温升之比称之为加热效率（E）。可以用加热效率（E）来分析柱塞式注射机内熔体的热均匀性。

$$E=\frac{(T-T_0)}{(T_w-T_0)} \tag{4-1}$$

式中　T——喷嘴射出的熔料平均温度；

　　　T_0——进入料筒的塑料初始温度；

　　　T_w——料筒设定温度。

则（T_w-T_0）是物料自进料口至喷嘴的最大温升，但塑料实际温升是（$T-T_0$）。

由式（4-1）可知，当T_w确定时，射出料温度T越高，E就越大，表明熔料温度分布的范围就越小，熔料的热均匀性程度就越高。为此，可采取延长物料在料筒中的受热时间、增大传热速率、减小料层厚度（在柱塞式注射机料筒的前端安装分流梭）等措施提高T。倘若物料在料筒内停留足够长的时间，且获得了摩擦热，T就有可能大于或等于T_w，此时E大于或等于1。但对于柱塞式注射机来说，这种可能几乎不存在，其E值通常小于1。实践经验证明，E值在0.8以上时，塑化质量达到可以接受的水平。

加热效率的物理意义不仅在于能够反映射出料温的高低、熔料热均匀性的好坏，而且在于通过它能够设定料筒温度的范围。

根据塑料加工的特性，射出料的温度T应介于塑料的软化温度与分解温度之间，即T最低不能低于软化温度，最高不能高于分解温度。由于塑料的软化温度与分解温度已知，当生产制品的塑料种类确定时，T的温度范围也就随之确定了。此时在式（4-1）中T、T_w已知，E必须大于0.8，由此便可计算出料筒温度的范围。这对于实际生产中确定加工工艺条件有非常重要的理论指导意义。

（2）塑化量。

塑化量是指单位时间内所能塑化的物料量。在一个成型周期内塑化量必须与注射量相平衡。塑化量和料筒与塑料的接触传热面积A、塑料的受热体积V的关系式为：

$$Q=\frac{KA^2}{V} \tag{4-2}$$

要提高塑化量，必须增大注射机的传热面积或减小物料的受热体积，然而，解决 A 与 V 矛盾的有效办法就是采用分流梭，分流梭特有的结构使物料从单面受热变成双面受热，受热面积大大增加，同时分流梭的设置在物料通过其与料筒之间形成的狭小空隙时，物料的受热体积减小。由此可见，分流梭具有同时增大受热面积、减小受热体积的双重作用，从而使得柱塞式注射机的塑化量大大提高。

螺杆式注射机因螺杆强烈的混合、剪切作用，塑化量和塑化质量均好于柱塞式注射机，而且在实际操作中，可通过调整背压和螺杆转速，方便地调控实际所需塑化量的大小。

2. 流动与冷却

流动与冷却是注射成型最重要、最复杂的过程。该过程是指在柱塞或螺杆的推动下，将具有良好流动性和温度均匀性的塑料熔体通过喷嘴、浇注系统注入模具型腔。而后经过型腔注满、保压，熔体冷却成型。最后将制品从模腔中脱出。整个过程历时虽短，但熔体却要在此期间克服一系列的流动阻力：熔料与料筒、喷嘴、浇注系统、型腔之间的外摩擦以及熔体内部之间的摩擦。

塑料熔体进入模腔内的流动情况可分为充模、保压、倒流和浇口冻结后的冷却四个阶段，注射周期中柱塞或螺杆的位置、物料温度以及作用在柱塞或螺杆上的压力、喷嘴内的压力和模腔内的压力随时间的变化情况如图 4-16 所示。

（1）充模阶段：从柱塞或螺杆开始向前移动起，直至模腔被塑料熔体充满为止，时间从 $t_0 \sim t_2$ 为止。这一阶段包括两个时期：一为柱塞或螺杆的空载期，在时间 $t_0 \sim t_1$ 内，物料在料筒内加热塑化，高速流经喷嘴和浇口，因剪切摩擦而引起温度上升，同时因流动阻力而引起柱塞和喷嘴处压力增加，随后是充模期，时间 t_1 时塑料熔体开始快速注入模腔，模具内压力上升至时间 t_2 时，模腔被充满，模腔内压力达到最大值，同时物料温度、柱塞和喷嘴处压力均上升到最高值。

（2）保压阶段：保压阶段是熔体充满模腔时起至柱塞或螺杆撤回时为止的一段时间，时间是 $t_2 \sim t_3$。在这段时间内，塑料熔体会因受到冷却而发生收缩，柱塞或螺杆需保持对塑料的压力，使模腔中的塑料进一步得到压实，同时料筒内的熔体继续流入模腔，补充因塑料冷却收缩而留出的空隙。

（3）倒流阶段：从柱塞或螺杆后退时开始，到浇口处熔体冻结为止，时间为 $t_3 \sim t_4$。保压结束后，柱塞或螺杆后退，作用在上面的压力随之消失，喷嘴和浇口处压力也迅速下降，而模腔内的压力要高于浇道内的压力，尚未冻结的塑料熔体就会从模腔倒流入浇道，导致模腔内压力迅速下降，随后模腔内压力下降，倒流速度减慢，热熔体对浇口的加热作用减小，温度也就迅速下降。

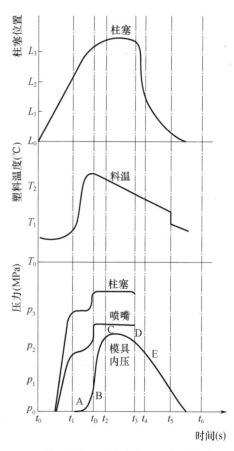

图 4-16　注射过程柱塞位置、塑料温度、柱塞与喷嘴压力以及模腔内压力的关系

（4）浇口冻结后的冷却阶段：浇口冻结后的冷却阶段是从浇口的塑料完全冻结时起，到模具开启，制品从模腔中顶出时为止，时间从 $t_4 \sim t_5$。这段时间虽然外部作用的压力已经消失，模腔内仍可能保持一定的压力，但随模内塑料进一步冷却，其温度和压力逐渐下降。

3. 脱模

取出制品塑料件冷却固化到玻璃态或晶态时，则可开模，用人工或机械方法取出注射制品。

4.4.1.3 制件的后处理

当注射成型制品冷却定型后，有些被冻结的取向结构就会导致制品产生内应力。此外，由于形状复杂或壁厚不均，尤其是带有金属嵌件的注塑制品在冷却过程中各也会产生内应力。

存在内应力的注塑制品不仅在储运、使用中容易产生翘曲变形与开裂，而且制品的光学性能变差、力学性能和表观质量下降，严重影响制品的使用寿命和使用性能。

为了消除或降低注塑制品的内应力、改善制品的性能、提高制品尺寸的稳定性，注塑制品经脱模或机械加工之后，常需要进行适当的后处理。目前的后处理方法有退火处理和调湿处理两种。

1. 退火处理

退火处理的具体方法是将制品在定温的加热液体介质（如热水、矿物油、甘油、乙二醇和液体石蜡等）或热空气循环烘箱中静置一段时间。

退火温度的设定以保证制品在退火处理中不发生翘曲或变形，并能促使强迫冻结的分子链得到尽可能的松弛为原则。故退火温度一般控制在制品使用温度以上 10～20℃或低于塑料的热变形温度 10～20℃。退火处理的时间则取决于塑料品种、加热介质温度、塑件的形状和成型条件。退火处理结束后，制品应缓慢冷却至室温，否则会因冷却速度太快，产生新的内应力。

各种热塑性塑料热处理条件如表 4-5 所示。

表 4-5　各种热塑性塑料热处理条件

热塑性塑料	处理介质	处理温度（℃）	制品厚度（mm）	处理时间（min）
PS	空气或水	60～70	≤6	30～60
		70～77	>6	120～360
ABS	空气或水	80～100	—	16～20
PMMA	空气	75	—	240～360
PC	空气或油	125～130	1	30～40
PA6	油	130	12	15
PA66	油	150	3	15
PP	空气	150	≤3	30～60
			≥6	60
PE	水	100	≤6	15～30
			>6	60

2. 调湿处理

调湿处理是将刚脱模的塑料制品放在热水中、以隔绝空气，防止氧化，并加快吸湿平衡的一种后处理方法。其目的是使塑料制品颜色、性能以及尺寸得到稳定。

这种处理方法通常针对的是聚酰胺类塑料制品，因为其在高温下与空气接触时，常会氧化变色；在空气中使用和贮存时，又易吸收水分而膨胀，需要经过很长时间后才能得到稳定的尺寸。调湿处理的时间与温度，由聚酰胺塑料的品种、制品的形状、厚度及结晶度的大小而定。调湿介质除水外，还可选用醋酸钾溶液（沸点约为120℃）或油。

4.4.2　注射成型工艺条件参数

在生产注射制品时，在制品及模具确定之后，工艺条件的选择和控制便成为决定整个生产成败的核心问题。注塑工艺参数主要包括温度（物料温度和模具温度）、压力（注射压力、保压压力）及时间（注射时间、保压时间）等。此外，预塑背压、螺杆转速、注射量和剩余料量等对制品质量也有不可忽视的影响。

由图4-17可知，成型面积图可反映注塑适宜的工艺参数。图中的成型区域由 a、b、c、d 4条曲线围成，在表面不良线 a 左侧，物料呈固态，或者不能流动，导致成型困难；在分解线 c 右侧时，塑料发生热分解；低于底部缺料线 d 时，物料不能充满模腔；高于溢料线 b 时，熔体溢至模具零件之间的缝隙，形成毛刺。

工艺参数只有在模塑面积内，物料才能较好地成型。

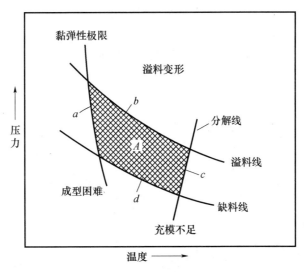

图4-17　塑料原料注射成型面积图
a—表面不良线；b—溢料线；c—分解线；d—缺料线；A—成型面积

4.4.2.1　温度

1. 料筒温度

料筒温度应能保证塑料原料塑化良好，注射顺利而又不致引起塑料的局部降解。应控制在塑料的加工温度范围之内，即塑料的熔融流动温度以上，分解温度以下。同时，为了使料筒中塑料的温度平稳地上升，达到均匀塑化的目的，要求料筒温度从料斗一侧（后端）起至喷嘴（前端），由低到高，逐步升高。

在这总的温度设定原则下，需要根据塑料特性、制品形状及注射机类型等不同情况进行具体分析，具体设定。

(1) 塑料品种不同的情况：

塑料有无定型塑料和结晶型塑料之分。对于无定型塑料，料筒末端的最高温度应高于其流动温度 (T_f)，低于分解温度 (T_d)，即料筒的温度控制在 $T_f \sim T_d$ 之间。对于结晶型塑料，料筒末端的最高温度应高于其熔点 (T_m)，料筒的温度控制在 $T_m \sim T_d$ 之间。

不同的塑料品种，其 $T_f \sim T_d$ 或 $T_m \sim T_d$ 区间的宽窄不同。料筒温度在此区间如何取值，直接影响注射成型工艺过程及制品的物理机械性能。当 T_f 或 $T_m \sim T_d$ 区间窄时，料筒温度的下限比 T_f 或 T_m 稍高即可，避免料筒温度过高所带来的溢料、溢边等缺陷、塑料分解，甚至导致制品物理机械性能严重降低等各种不良后果。

当 $T_f \sim T_d$ 或 $T_m \sim T_d$ 区间较宽时，平均温度可比 T_f 或 T_m 高得多些，以减少料筒温度太低所带来的熔体黏度大，流动性差，充填不足、熔接痕、波纹等，内应力导致制品变形、开裂以及生产周期延长、劳动生产率降低等不利影响。

此外、对于聚氯乙烯、聚甲醛、聚三氟氯乙烯等热敏性塑料，除需严格控制料筒最高温度外，还需尽可能缩短物料在料筒内的停留时间，以免过热分解。

(2) 同种塑料的情况：

同种塑料，由于生产厂家不同、牌号的不一样，其熔融流动温度、分解温度也有所差别。一般平均相对分子质量低、相对分子质量分布较宽的塑料，因其熔融黏度低，流动性好，料筒温度可选较低值，比 T_f 或 T_m 稍高就可以，反之则适当提高，以克服熔融黏度偏高的不足。

(3) 注射机类型不同的情况：

由于螺杆式注射机具有剪切与混合作用强烈、传热速度快、产生的摩擦热较多、塑化效率高等特点，料筒温度低于柱塞式注射机。因此，生产同种塑料时，柱塞式注射机的料筒温度应比螺杆式注射机高 10～20℃。

(4) 不同制品的情况：

制品形状、结构不同时，熔体进入模具型腔时的流动阻力大不相同。薄壁制品的模腔比较狭窄，熔体流动阻力大，易受模具冷却而流动性下降，充模困难。为此，在生产薄壁制品时，应适当提高料筒温度，改善充模条件。同样，对于外形复杂或带有嵌件的制品，因模腔行程长而曲折，流动阻力大，冷却快，料筒温度也需相应提高。而生产厚壁制品的情况正好与上述情况不同，因模腔料流阻力小，设定较低的料筒温度即可。

2. 喷嘴温度

喷嘴具有加速熔体流动、调整熔体温度和使物料均化的作用。在注射过程中，喷嘴与模具直接接触，由于喷嘴本身热惯性很小，与冷的模具接触后，会使喷嘴温度很快下降，导致熔料在喷嘴处冷凝而堵塞喷嘴孔或模具的浇注系统，而且冷凝料注入模具后也会影响制品的表面质量及性能，所以，喷嘴需要控制温度。

喷嘴温度通常要略低于料筒末端的最高温度，一般低 10～20℃。一方面，这是为了防止熔体产生"流涎"现象；另一方面，由于塑料熔体在通过喷嘴时，产生的摩擦热使熔体的实际温度高于喷嘴温度，若喷嘴温度控制过高，还会使塑料发生分解，反而影响制品的质量。

料筒温度和喷嘴温度的设定还与注射成型中的其他工艺参数有关。如当注射压力较低时，为保证物料的流动，应适当提高料筒和喷嘴的温度；反之，则应降低料筒和喷嘴温度。

3. 模具温度

模具温度是指与制品接触的模腔表面温度，它对制品的外观质量和内在性能影响很大。模具温度通常是靠通入定温的冷却介质来控制的，有时也靠熔体注入模腔后，自然升温和散热达到平衡而保持一定的模温，特殊情况下，还可采用电热丝或电热棒对模具加热来控制模温。不管采用何种方法使模温恒定，对热塑性塑料熔体来说都是冷却过程，因为模具温度的恒定值低于塑料的 T_g 或低于热变形温度（工业上常用），只有这样，才能使塑料定型并有利于脱模。

模具温度的高低主要取决于塑料特性（是否结晶）、制品的结构与尺寸、制品的性能要求及其他工艺参数（如熔体的温度、注射压力、注射速率、成型周期等）。

模具温度的选择与设定与制品的性能有很大的影响：适当提高模具温度，可增加熔体流动长度，增大制品表面结晶度和密度，减小内应方和充填压力；但由于冷却时间延长，生产效率降低，制品的收缩率大。

4.4.2.2 压力

注射成型过程中需要调控的另一工艺条件是压力，包括塑化压力、注射压力和保压压力。这 3 种压力的大小直接影响塑料的塑化和制品质量。

1. 背压（塑化压力）

螺杆头部熔料在螺杆转动后退时所受到的压力称为背压（或称塑化压力），其大小可通过液压系统中的溢流阀来调节。预塑时，只有螺杆头部的熔体压力，克服了螺杆后退时的系统阻力后，螺杆才能后退。

背压的大小与塑化质量、驱动功率、逆流和漏流以及塑化能力等有关。

背压对熔体温度影响是非常明显的：对不同物料，在一定工艺参数下，温升随背压的增加而提高。原因是背压增加使熔体内压力增加，加强了剪切效果，形成剪切热，使大分子热能增加，从而提高了熔体的温度。

背压提高有助于螺槽中物料的密实，驱赶走物料中的气体。背压的增加使系统阻力加大，螺杆退回速度减慢，延长了物料在螺杆中的热历程，塑化质量得到改善。但过大的背压会增加计量段螺杆熔体的逆流和漏流，降低了熔体输送能力，而且还增加功率消耗，过高背压会使剪切热过高或剪切应力过大，使物料发生降解而严重影响到制品质量。

注射热敏性塑料，如 PVC、POM 等，背压提高，熔体温度升高，制品表面质量较好，但很有可能引起制品变色、性能变劣、造成降解，注射熔体黏度较高的塑料，如 PC、PSF、PPO 等，背压太高，易引起动力过载；注射熔体黏度特别低的塑料，如 PA 等，背压太高，一方面易流涎，另一方面塑化能力大大下降。以上情况，背压选择都不宜太高。

一些热稳定性比较好，熔体黏度适中的塑料，如 PE、PP、PS 等，背压可选择高些。通常情况下，背压不超过 2MPa。

背压高低还与喷嘴种类、加料方式有关：选用直通式（即敞开式）喷嘴或后加料方式，背压应低，防止因背压提高而造成流涎；自锁式喷嘴或前加料、固定加料方式，背压可稍稍提高。

2. 注射压力

注射压力的作用是克服塑料熔体从料筒流向模具型腔的流动阻力，给予熔体一定的充模速度及对熔体进行压实、补缩。这些作用不仅与制品的质量、产量有密切联系，而且还受塑料品种、注塑机类型、制品和模具的结构及其他工艺参数等的影响。

（1）塑料品种。对于黏度大，玻璃化温度高的塑料，宜采用较高的注射压力。反之，则可选择较低的注射压力。由于熔料的黏度与温度关系较大，因而注射压力随塑料温度的变化需做出相应的变化。料温高时，减小注射压力；料温低时，加大注射压力。

（2）注射机类型。由于塑料在柱塞式注塑机料筒内的压力损失大，因此柱塞式注塑机所用的注射压力比螺杆式的大。

（3）制品和模具的结构。制品结构决定了模具型腔的结构。薄壁、复杂的制品，因型腔流程长而曲折，增大了料流阻力，因而需要较高的注射压力。

在充模阶段，当注射压力较低时，塑料熔体呈铺展流动，流速平稳、缓慢，但延长了注射时间，制品易产生熔接痕、密度不匀等缺陷；当注射压力较高，而浇口又偏小时，熔体为喷射式流动，这样易将空气带入制品中，形成气泡、银纹等缺陷，严重时还会灼伤制品。所以，为了缩短生产周期，提高生产效率和制品的大多数物理机械性能，主要采用中等或较高的注射压力。至于制品在注射压力较高时产生的内应力，则通常采取退火处理予以消除或改善。

3. 保压压力

保压压力是型腔充满后，螺杆继续对模内熔料所施加的压力。其作用是压紧、密实熔料，并在熔料冷却收缩时及时补缩，最终获得形状、性能良好的制品。

保压压力太高，易产生溢料、毛边，增加制品的应力；保压压力太低，又会造成成型不足。当保压压力等于注射压力时，则往往可使制品的收缩率减小，尺寸稳定性增加，不足之处是制品脱模时的残余压力较大，成型周期较长。不过，结晶性塑料在保压压力与注射压力相等的情况下，成型周期不一定延长，原因在于保压压力较大时，结晶性塑料的熔点可以提高，从而使脱模可以提前进行。

4.4.2.3 时间（成型周期）

完成一次注射成型过程所需的全部时间，也称模塑周期或成型周期。它包括以下几个部分：

$$成型周期\begin{cases}注射时间——充模与保压时间\\冷却时间——注射座后退、加料、预塑的时间\\其他时间——开模、合模、制件顶出、安放嵌件、涂脱模剂等的时间\end{cases}$$

在整个成型周期中，注射时间和冷却时间对制品性能有着决定性的影响。

1. 注射时间

（1）充模时间。在保证制品性能的前提下，应尽可能快地完成充模。为此，注射时间中的充模时间一般很短，约为 2～5s。大型和厚壁制品的充模时间可适当延长至 10s 以上。

（2）保压时间。保压时间在整个注射时间内所占的比例较大，一般约为 20～100s。大型和厚制品的保压时间可达 2～5min，甚至更多。若保压时间不足，浇口处熔料未来得及冻结，熔料就会从模腔倒流，使模内压力下降，导致制品出现凹陷、缩孔等现象。

实际生产中，当主流道和浇口尺寸及料温、模温等工艺条件都正常的情况下，保压时间可以制品收缩率波动范围最小的压力值为准。

2. 冷却时间

冷却时间取决于制品的厚度、塑料的热性能、结晶性能以及模具温度等。冷却时间不足，制品脱模时易产生变形；冷却时间过长，生产效率降低，生产周期延长，而且造成复杂制品脱模困难。对于结晶型塑料，还存在结晶度高的缺陷。通常，冷却时间的终止是以保证制品脱模时不引起变形为原则，一般在 30～120s 之间，大型和厚制品可适当延长。

总之，在保证注射制品优良性能的前提下，应尽量缩短成型周期中的各个相关时间，以提高劳动生产率和设备利用率。

几种典型通用塑料的注射工艺参数列于表 4-6。

表 4-6 几种典型热塑性塑料的注射工艺参数

工艺参数		LDPE	HDPE	PP	PC	SPVC	RPVC	GP-PS	HIPS	ABS	PA1010
加工特点		加工性能好，用柱塞式或螺杆式注射机均可	加工性能好，用柱塞式或螺杆式注射机均可	加工性能好，用柱塞式或螺杆式注射机均可	熔体黏度大，玻璃化温度高，流道短，工艺严格，多用螺杆式	加工性能较好，分解设备有腐蚀，多用螺杆式注射机	熔体黏度大，易分解变色，用螺杆式注射机，温度应严格控制	加工性能好，用柱塞式或螺杆式注射机均可	熔体黏度大，易分解	加工性能好，用柱塞式或螺杆式注射机均可，热稳定性不太好	熔体黏度小，应采用闭式喷嘴注射机，螺杆头带止逆环
干燥条件	温度(℃)	—	—	—	110~120	—	—	—	—	70~80	90~100(真空)
	时间(h)	—	—	—	>24	—	—	2~4	—	4~8	6~8
机筒温度(℃)	后	140~160	140~160	160~180	220~240	140~150	160~170	140~180	140~160	150~170	190~210
	中	160~170	180~190	180~200	230~280	150~170	165~180	180~190	170~190	165~180	200~220
	前	170~200	190~220	200~230	240~285	170~175	170~190	190~200	170~190	180~200	210~230
喷嘴		170~180	170~190	180~190	240~250	160~170	170~180	180~190	160~170	170~180	200~210
模具		—	30~60	20~60	70~120	40~60	—	40~60	20~50	40~70	20~80
注射压力(MPa)		50~100	70~100	70~100	70~150	50~80	80~130	30~120	60~100	80~100	80~100
成型周期 注射时间(s)	注射保压	15~60	15~60	20~60	20~90	5~30	15~60	15~45	15~40	20~90	20~90
	高压	0~3	0~5	0~3	0~5	0~5	0~5	0~3	0~3	0~5	0~5
	冷却时间	15~60	15~50	20~90	20~90	5~15	15~60	15~60	15~40	20~120	20~120
螺杆转速(r/min)		<80	30~60	<80	28~43	16~48	28	<70	30~60	<70	28~45
热处理	温度(℃)	—	—	—	120~125	—	—	70(水或空气)	—		90(油，水)
	时间(h)	—	—	—	1~4	—	—	2~4	—	2~4	2~16
备注						增塑剂50份	无增塑剂	必要时热处理		必要时热处理	

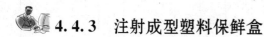

4.4.3　注射成型塑料保鲜盒

4.4.3.1　塑料保鲜盒产品特点分析

保鲜盒不仅方便实用，而且可以将食物分门别类地存放。塑料保鲜盒不可以放进微波炉和烤箱，因为高温下塑料会产生对人体有害的物质。塑料保鲜盒可以放进冰箱。PVC 食品保鲜膜对人体危害很大，因为其成分中的乙基己基胺（DEHA）容易析出，随食物进入人体后，对人体有致癌作用。所以在保存食物时不妨用多种多样的保鲜盒来代替。冰箱保鲜盒对食品保鲜大有好处，它可以将食品尽量隔离放置，防止交叉污染。

保鲜盒可以采用树脂材料制成，一般耐温范围是最高温 120℃，最低温−20℃，具有如下一些要求：

（1）原料：随着消费者对健康的重视程度日益提高，人们更关注保鲜盒本身所用的材料是否健康。卫生、安全的材料，对人体无害，如 PC 材料、PE 材料和 PP 材料等，现在比较常见的保鲜盒材料为 PP 材料。

（2）透明：保鲜盒一般都采用透明或者半透明的材质。这样在使用的时候不必打开盒子，就可以很轻易地确认盒内物品。

（3）外观：品质优秀的保鲜盒外观富有光泽，设计美观，没有毛刺。

（4）耐热：保鲜盒对耐热性的要求比较高，在高温的水中不会变形，甚至可以放在沸水中消毒。

（5）耐用：要具有优越的耐冲击性，重压或撞击时不易碎裂，不会留下刮痕。

（6）密封：这是选择保鲜盒首要考虑的一点。虽然不同品牌的产品密封方式不同，但卓越的密封性是内存食物持久保鲜的必要条件。

（7）保鲜：国际上密封测定标准是以透湿度测试来评定的，高质的保鲜盒要比同类产品的透湿度低 200 倍，可以更长时间保持食物的新鲜。

（8）多功能性、多样性：针对生活需要设计不同大小、不同性能的保鲜盒，使生活更便捷。设计合理、各种大小的保鲜盒能够有条不紊地摆放、组合，保持整齐，节省空间。可以直接在微波炉里加热食物，更方便。

4.4.3.2　原料特点分析

聚丙烯树脂是一种结晶度高、耐磨性好的材料，其密度很低，可浮于水中。而且耐高温，具有突出的延伸性和抗疲劳性能。聚丙烯注塑工艺特点如下：

（1）吸湿性小，仅 0.01%～0.03%，注射成型前不需要对粒料进行干燥。

（2）染色性较差，色粉在料中扩散不够均匀（一般需加入扩散油或白矿油），大制件尤其明显。

（3）成型收缩率大（1.2%～1.9%），尺寸不稳定，制件易变形缩水，提高注射压力及注射速度、减少层间剪切力可使成型收缩率降低。

（4）流动性很好，注射压力大时易出现披锋且有方向性强的缺陷，注射压力一般为50～80MPa（压力太小会缩水明显），保压压力取注射压力的 80% 左右，宜取较长的保压时间补缩及较长的冷却时间保证制件尺寸和变形程度。

（5）PP 冷却速度快，宜快速注射，适当加深排气槽来改善排气不良。

（6）成型温度料温较宽。因PP高结晶，所以料温需要较高。前料筒200～240℃，中料筒170～220℃，后料筒160～190℃，实际上为减少披锋、缩水等缺陷，往往取下限料温。

（7）模温一般为40～60℃，模温太低，制件表面光泽差，甚至无光泽；模温太高，则易发生翘曲变形、缩水等。

（8）由于其高结晶性，PP的体积在熔点附近会发生很大变化，冷却时收缩及结晶导致塑件内部产生气泡甚至局部空心，从而影响制件机械强度，所以调节注塑参数要有利于补缩。

（9）低温下表现脆性，对缺口敏感，产品设计时避免尖角，厚壁制件所需模温较薄壁制件低。

4.4.3.3　注射设备选择、安装、调试、操作

参见4.2、4.3章节。

4.4.3.4　注射成型工艺参数设定

聚丙烯的典型注射工艺参数如表4-6所示。

4.4.3.5　制品后处理

聚丙烯制品的后处理参见表4-5。

 ## 4.4.4　注射成型产品缺陷原因和解决办法

常见注射产品缺陷的产生原因和解决办法如表4-7所示。

表4-7　常见注射产品缺陷的产生原因和解决办法

序号	缺陷	原因	解决办法
1	制品不能注满	模具温度低，热损失大	连续注射多次后即可恢复
		物料温度低，流动性差	提高加热温度
		成型周期短或供料不足	增加成型周期或供料量
		注射压力低或保压转换时间太早	提高注射压力，调整保压转换时间
		注射速率低	提高注射速率
		模具排气不良	修改浇口位置或开排气槽
		浇注系统尺寸偏小	增加主、分流道的容积或改大浇口
		薄壁处充模困难	调整制品结构或改善浇注系统
2	缩痕严重	物料温度低，流动性差	提高加热温度
		供料不足	增加供料量
		注射压力低	提高注射压力
		保压时间不足	增加保压时间
		模具冷却不均匀	调整冷却回路，使模具冷却均匀
		浇注系统尺寸偏小	增加主、分流道的容积或改大浇口
3	熔接痕线	物料温度低	提高料筒温度，特别是喷嘴温度
		注射压力和速率低	提高注射压力和速率
		模具温度偏低	提高模具温度
		浇口或流道截面偏小	增大浇口或流道截面
		模具排气不良	修改浇口位置或开排气槽

续表

序号	缺陷	原因	解决办法
4	制品光泽差	熔融物料温度低	提高加热温度
		物料 MFR 太小	更换 MFR 更大的牌号
		模具冷却不足	改善冷却系统
		浇口或流道截面积偏小，熔体阻力大	增大浇口或流道截面
		原料中含杂质或挥发物	选用清洁干燥原料
		模具排气不良	修改浇口位置或开排气槽
5	制品内有气泡	加热温度高，料分解	降低加热温度
		浇口或流道截面偏小	增大浇口或流道截面
		原料中水分或其他挥发物含量高	干燥原料
6	银丝、纹	料中有水分	干燥原料
		注射压力和速率不当产生内应力	适当调节压力和速率
7	溢料或飞边太多	模具刚性差，配合不好	选用合理模具，并正确安装
		合模力不足	更换设备或检查合模系统各环节
		温度偏高、压力过大、保压转换时间过晚	合理调整工艺
8	脱模困难	脱模系统设计不合理	调整设备和模具
		冷却时间过长	减少冷却时间
		供料量太多	减少供料
		模温偏高	加强模温冷却

 ## 练习与讨论

1. 塑料注射成型设备的主要技术参数有哪些？塑料注射的基本工艺流程是什么？

2. 注塑时为什么要保压？保压阶段的时间长短对制品质量有何影响？

3. 注塑成型周期由哪些时间组成？其中与制品质量密切相关的时间有哪些？

4. 什么是塑料原料的注塑成型面积图？有何作用？

5. 注射成型机上哪些部位安装有冷却系统？为什么？

6. 注塑模塑的工艺条件有哪些？如何控制料筒温度？

7. 利用学校图书馆、网络图书馆等资源，查阅注射机、注射成型发展的历史、现状及趋势。

8. 总结注射机的开机过程。

9. 查阅各大注塑机生产企业网站，收集其注塑机型号及相关技术参数。

10. 查阅各大注塑机生产企业网站，收集其注塑机维护保养知识和要求。

项目五　模压成型技术

教学目标

(1) 能正确选择相应的模压成型设备。
(2) 能进行模压成型工艺参数的设定。
(3) 能熟练地进行模压成型设备的操作。
(4) 能进行热固性塑料模压成型的工艺流程操作。
(5) 能初步对模压成型操作中常见的故障进行判断、分析。
(6) 能针对常见热固性塑料模压制品的质量缺陷进行剖析。

工作任务

氨基模塑料餐具制品的模压成型。

5.1　模压成型概述

模压是高分子材料压缩成型工艺的俗称，又称压制成型或压塑成型。模压成型是将准备好的物料直接加入高温的模具型腔和加料室，然后以一定的速度将模具闭合，物料在热和压力的作用下熔融、流动，充满整个型腔，获得模具型腔所赋予的形状，经交联固化（热固性塑料和橡胶）或冷却定型（热塑性塑料）成为制品，开启模具取出制品。

模压成型原料适应性强。就原料种类而言，可用于各种塑料、橡胶的模塑成型；就原料状态而言，可用于粉状、粒状、片状、块状、糊团及任意形状的预压锭料、坯料等各种形态的固态、半固态模塑料的成型。对于富含难溶粉粒、短切纤维、絮片等填料的高填充、难流动物料的成型更具独特优势。

模压成型是高分子材料成型加工技术中历史最悠久，也是高分子材料成型工业早期最重要的成型方法。模压成型技术成熟可靠，具有原料适应性强、工艺设备简单、投资小、制品性能均匀、收缩率小、变形小、易成型大型制品等诸多优点。但由于模压成型自动化程度相对较低，存在成型周期长、生产效率低、劳动强度大、劳动条件较差、制品尺度精度不高、难以成型精细复杂制品等一系列缺点，使其难以适应现代工业自动、安全、高效、精细、低耗的生产理念。但在超大面积制件成型、高填充难流动物料成型等某些方面尚具有不可替代的优势。

常用于模压工艺的塑料有：PF 塑料、氨基塑料、UP 塑料、PI 和 PTFE 等，其中以 PF 塑料、氨基塑料的使用最为广泛。模压的塑料制品主要用于机械零部件、电器绝缘件、交通运输和日常生活等方面。

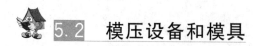

5.2 模压设备和模具

5.2.1 压机

模压成型的主要设备是压机，压机是通过模具对塑料施加压力，在某些场合下压机还可开启模具或顶出制品。压机分为机械式和液压式。目前常用的是液压机，且多数是油压机。液压机的结构形式很多，主要有上压式液压机和下压式液压机。

上压式液压机，如图 5-1 所示，压机的工作油缸设置在压机的上方，柱塞由上往下压，下压板固定。模具的阳模和阴模可以分别固定在上下压板上，依靠上压板的升降来完成模具的启闭和对塑料施加压力。

下压式液压机，如图 5-2 所示，压机的工作油缸设置在压机的下方，柱塞由下往上压。

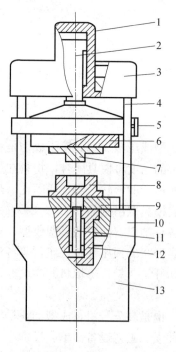

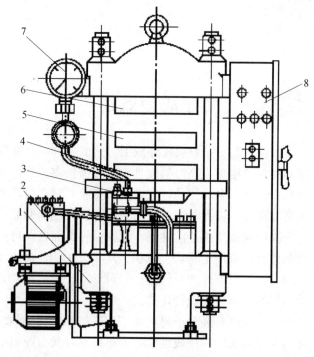

图 5-1　上压式液压机

1—主油缸；2—主油缸柱塞；3—上梁；4—支柱；
5—活动板；6—上模板；7—阳模；8—阴模；
9—下模板；10—机台；11—顶出缸柱塞；
12—顶出油缸；13—机座

图 5-2　下压式液压机

1—机身；2—柱塞泵；3—控制阀；4—下热板；
5—中热板；6—上热板；7—压力表；8—电气部分

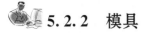 ### 5.2.2　模具

模压成型用的模具按其结构特点可划分为溢式、不溢式和半溢式三种类型。

1. 溢式模具

溢式模具其结构如图 5-3 所示，是由阴模和阳模两部分组成，阴阳两部分的正确闭合由导柱来保证，制品的脱模依靠顶杆完成。在模压时，多余物料可溢出。由于溢料关系，压制时闭模不能太慢，否则溢料多而形成较厚的毛边。闭模也不能太快，否则溅出较多的料，模压压力部分损失在模具的支撑面上，造成制品密度下降和性能降低。

这种模具结构比较简单，操作容易，制造成本低，对压制扁平盘状或蝶状制品较为合适，多数用于小型制品的压制。

2. 不溢式模具

不溢式模具其结构如图 5-4 所示，这种模具的特点是不让物料从模具型腔中溢出，使模压压力全部施加在物料上，可制得高密度制品。

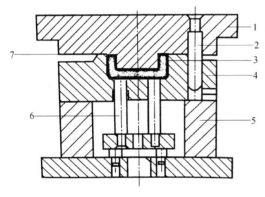

图 5-3　溢式模具示意图

1—阳模；2—导柱；3—制品；4—阴模；

5—模座；6—顶杆；7—溢料缝

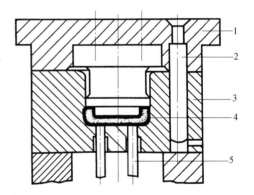

图 5-4　不溢式模具示意图

1—阳模；2—导柱；3—阴模；

4—制品；5—顶杆

不溢式模具不但可以适用于流动性较差和压缩率较大的塑料，而且可用来压制牵引度较长的制品。由于模具结构较为复杂，要求阴模和阳模两部分闭合十分准确，故制造成本高。由于是不溢式，要求加料量更准确，必须采用重量法加料。

3. 半溢式模具

半溢式模具结构介于溢式和不溢式之间，分有支承面和无支承面两种形式。有支承面模具除装料室外，与溢式模具相似，如图 5-5（a）所示。由于有装料室，可以适用于压缩率较大的塑料。物料的外溢在这种模具中受到限制，当阳模伸入阴模时，溢料只能从阳模上开设的溢料槽中溢出。这种模具模压时物料容易积留在支承面上，从而使型腔内的物料得不到足够的压力。

无支承面模具与不溢式模具很相似，如图 5-5（b）所示，所不同的是阴模在进口处开设向外倾斜的斜面，因而在阴模与阳模之间形成一个溢料槽，多余物料可通过溢料槽溢出，但受到一定的限制。这种模具有装料室，加料可略过量，而不必十分准确，所得制品尺寸则很准确，质量均匀密实。

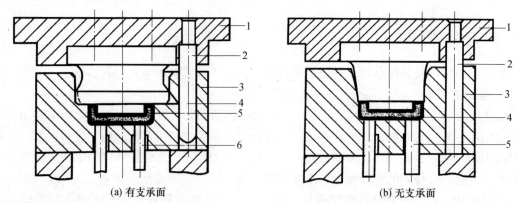

(a) 有支承面　　　　　　　　　　(b) 无支承面

图 5-5　半溢式模具示意图

(a) 1—阳模；2—导柱；3—阴模；4—支承面；5—制品；6—顶杆；

(b) 1—阳模；2—导柱；3—阴模；4—制品；5—顶杆

此外，为了改进操作条件以及压制复杂制品，在上述模具基本结构特征的基础上，还有多槽模和瓣合模等。

5.3　热固性塑料的模压成型

模压成型是热固性塑料的主要成型工艺，也称压缩模塑。常用于模压成型的热固性塑料主要有酚醛塑料、氨基塑料、环氧树脂、有机硅树脂、聚酯树脂、聚酰亚胺等。其工艺过程是将热固性模塑料在已加热到指定温度的模具中加压，使物料熔融流动并均匀地充满模腔，在加热和加压的条件下经过一定的时间，使其发生化学交联反应而变成具有三维体型结构的热固性塑料制品。而热塑性塑料模压成型时，必须将模具冷却到塑料固化温度才能定型为制品，为此需交替加热与冷却模具，生产周期长，故生产中一般不用。但对熔体黏度较大的热塑性塑料或成型较大平面的制品时，也可采用模压成型。

模压成型是间歇操作，工艺成熟，生产控制方便，成型设备和模具较简单，所得制品的内应力小，取向程度低，不易变形，稳定性较好。但其缺点是生产周期长，生产效率低，较难实现生产自动化，因而劳动强度较大，且由于压力传递和传热与固化的关系等因素，不能成型形状复杂和较厚制品。模压成型制品类型很多，主要有电器制品、机器零部件以及日用制品等。

5.3.1　热固性模塑料的成型工艺性能

热固性塑料的模压成型过程是一个物理-化学变化过程，模塑料的成型工艺性能对成型工艺的控制和制品质量的提高有很重要的意义。热固性模塑料的主要成型工艺性能有以下几点。

1. 流动性

热固性模塑料的流动性是指其在受热和受压作用下充满模具型腔的能力。流动性首先与其主要成分——热固性树脂的性质和模塑料的组成有关。树脂相对分子质量低，反应程度低，填料颗粒细小而又呈球状，低分子物含量或含水量高则流动性好。其次与模具和成型工艺条件有关，模具型腔表面光滑且呈流线型，则流动性好，在成型前对模塑料进行预热及模压温度高都能提高流动性。

不同的模压制品要求有不同的流动性，形状复杂或薄壁制品要求模塑料有较大的流动性。流动性太小，模塑料难以充满型腔，造成缺料。但流动性太大又会使模塑料熔融后溢出型腔，而在型腔内填塞不紧，造成分型面发生不必要的黏合，而且还会使树脂与填料分头聚集，导致制品质量下降。

2. 固化速率

固化速率是热固性塑料成型时特有的，也是最重要的工艺性能，用于衡量热固性塑料成型时化学反应的速度。它是以热固性塑料在一定的温度和压力下，压制标准试样时，使制品的物理机械性能达到最佳值所需要的时间与标准试样厚度的比值（s/mm）来表示，此值越小，固化速率越大。

固化速率主要由热固性塑料的交联反应性质决定，并受成型前的预压、预热条件以及成型温度和压力等工艺条件和因素的影响。固化速率应适中，过小则生产周期长，生产效率低，而过大则使流动性下降，会发生塑料尚未充满模具型腔就已固化的现象，不适于薄壁和形状复杂制品的成型。

3. 成型收缩率

热固性塑料在高温下模压成型后脱模冷却至室温，其各向尺寸将会发生收缩，此成型收缩率 S_L 定义为：在常温常压下，模具型腔的单向尺寸 L_0 和制品相应的单向尺寸 L 之差与模具型腔的单向尺寸 L_0 之比：

$$S_L = \frac{L_0 - L}{L_0} \times 100\% \qquad (5-1)$$

成型收缩率大的制品易发生翘曲变形，甚至开裂。产生热固性塑料制品收缩的因素很多，首先热固性塑料在成型过程中发生了化学交联，其分子结构由原来的线型或支链型结构转化为体型结构，密度增大而产生收缩；其次塑料和金属的热膨胀系数相差很大，故冷却后塑料的收缩比金属模具大得多；最后是制品脱模后产生压力下降，由于弹性回复和塑性变形而使制品的体积发生变化。

影响成型收缩率的因素主要有成型工艺条件、制品的形状大小以及塑料本身固有的性质。部分热固性塑料的成型收缩率如表 5-1 所示。

表 5-1　热固性塑料的成型收缩率和压缩率

模塑料	密度（g/cm³）	压缩率（％）	成型收缩率（％）
PF＋木粉	1.32～1.45	2.1～4.4	0.4～0.9
PF＋石棉	1.52～2.0	2.0～14	
PF＋布	1.36～1.43	3.5～18	
UF＋α-纤维素	1.47～1.52	2.2～3.0	0.6～1.4
MF＋α-纤维素	1.47～1.52	2.1～3.1	0.5～1.5
MF＋石棉	1.7～2.0	2.1～2.5	
EP＋玻璃纤维	1.8～2.0	2.7～7.0	0.1～0.5
PDAP＋玻璃纤维	1.55～1.88	1.9～4.8	0.1～0.5
UP＋玻璃纤维			0.1～1.2

4. 压缩率

热固性模塑料一般是粉状或粒状料，其表观相对密度 d_1 与制品的相对密度 d_2 相差很大，模塑料在模压前后的体积变化很大，可用压缩率 R_p 来表示：

$$R_p = \frac{d_2}{d_1} \tag{5-2}$$

R_p 总是大于1，模塑料的细度和均匀度影响其表观相对密度 d_1，进而影响压缩率 R_p。模塑料压缩率大，所需模具的装料室要大，耗费模具材料，不利于传热，生产效率低，而且装料时容易混入空气。通常降低压缩率的方法是模压成型前对物料进行预压。

部分热固性塑料的压缩率见表 5-1。

5.3.2 模压成型工艺

热固性塑料模压成型工艺过程通常由成型物料的准备、成型和制品后处理三个阶段组成，工艺过程如图 5-6 所示。

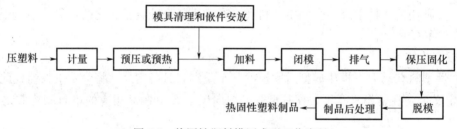

图 5-6 热固性塑料模压成型工艺流程

5.3.2.1 成型物料的准备

1. 计量

计量主要有重量法和容量法。重量法是按质量计量，比较准确，但相对麻烦，多用于模压尺寸较准确的制品；容量法是按体积计量，此法不如重量法准确，但操作方便，适用于粉料。

2. 预压

预压是指在室温下将松散的粉状或纤维状的热固性模塑料压成质量一定、形状规整的密实体，该密实体称为坯料。预压有以下作用和优点：

（1）加料快，从而提高了效率，准确简单、无粉尘。

（2）降低压缩率，可减小模具装料室和模具高度。

（3）预压料紧密，空气含量少，传热快，又可提高预热温度，从而缩短了预热和固化的时间，制品也不易出现气泡。

（4）便于成型较大或带有精细嵌件的制品。

预压一般在室温下进行，如果在室温下不易预压也可将预压温度提高到 $50\sim90℃$；预压物的密度一般要求达到制品密度的 80%，故预压时施加的压力通常在 $40\sim200MPa$，其合适的值随模塑料的性质和预压物的形状和大小而定。预压的主要设备是预压机和压模。

3. 预热

模压前对热固性塑料进行加热具有预热和干燥两个作用，前者是为了提高料温，便于成型，后者是为了去除水分和其他挥发物。热固性塑料在模压前进行预热有以下优点：

（1）能加快塑料成型时的固化速度，缩短成型时间。

（2）提高塑料流动性，增进固化的均匀性，提高制品质量，降低废品率。

（3）可降低模压压力，可成型流动性差的塑料或较大的制品。

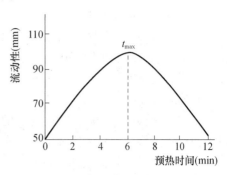

预热温度和时间根据塑料品种而定。表 5-2 为各种热固性塑料的预热温度。热固性树脂具有反应活性，预热温度过高或时间过长，会降低其流动性，如图 5-7 所示，在既定的预热温度下，预热时间必须控制在获得最大流动性的时间 t_{max} 的范围以内。预热的方法有多种，常用的有电热板加热、烘箱加热、红外线加热和高频电热等。

图 5-7　预热时间对流动性的影响

注：热塑性酚醛压塑粉，（180±10）℃

表 5-2　热固性塑料的预热温度（高频预热）

	PF	UF	MF	PDAP	EP
预热温度（℃）	90～120	60～100	60～100	70～110	60～90
预热时间（s）	60	40	60	30	30

4. 嵌件安放

模压带嵌件的制品时，嵌件必须在加料前放入模具。嵌件一般是制品中导电部分或与其他物件结合用的，如轴套、轴帽、螺钉、接线柱等。嵌件安放要求平稳准确，以免造成废品或损伤模具。

5. 加料

把已计量的热固性模塑料加入模具内，加料的关键是准确均匀。若加入的是预压物则较容易，按计数法加。若加入粉料或粒料，则应按塑料在模具型腔内的流动情况和各部位所需用量的大致情况合理堆放，以避免局部缺料，这对流动性差的塑料尤其重要。型腔较多的（一般多于 6 个）可用加料器。

5.3.2.2　热固性塑料成型

1. 闭模

加料完毕后闭合模具，操作时应先快后慢，即当阳模尚未触及塑料前应采用高速闭模，以缩短成型周期，而在快要接触塑料时，应慢速闭模，防止模具擦伤，避免模槽中粉料因合模过快而被空气吹出造成缺料，甚至使模具中嵌件移位，成型杆或型腔遭到损坏。另一方面有利于模腔中空气的顺利排除，待模具闭合即可对原料加热加压。

2. 排气

在模具闭合后，塑料因受热而软化、熔融，并开始交联缩聚反应，副产物常伴有水和低分子物，为了排除这些低分子物、挥发物及模内空气等，在模腔内塑料反应进行至适当时间后，可卸压松模很短时间以排气。排气不但能够缩短固化时间，而且可以避免制品内部出现分层和气泡现象。排气过早或过迟都不行，过早达不到排气目的，过迟则因塑料表面已固化，气体排不出。排气的次数和时间应根据具体情况而定。

3. 保压固化

排气后应慢速升高压力，在一定的模压压力和温度下保持一段时间，使热固性树脂的缩聚反应达到要求的交联程度。保压固化时间取决于塑料的种类、制品的厚度、预热情况、模压温度和压力等，保压固化时间过长或过短对制品性能都不利。对固化速率不高的塑料也可在制品能够完整地脱模时将固化暂告结束，然后再在后处理时（热烘）来完成全部固化过程，以提高设备的利用率。一般在模内的保压固化时间为 30s 至数分钟不等。

4. 脱模冷却

热固性塑料是经交联而固化定型的，故一般固化完毕即可称热脱模，以缩短成型周期。脱模通常是依靠顶出杆来完成的，带有嵌件和成型杆的制品应先用专门工具将成型杆等拧脱再进行脱模。形状较复杂的或薄壁制件应放在与模具相仿的型面上加压冷却，以防翘曲变形，有的还应在烘箱中缓慢冷却，以防止因冷热不均而产生内应力。

5.3.2.3　热固性塑料制品后处理

为了改善热固性塑料模压制品的外观和内在质量，或为弥补成型不足，常在脱模后对制品进行修整和热处理。修整主要是去除由于模压时溢料所产生的毛边；热处理是将制品置于一定温度下加热一段时间，然后缓慢冷却至室温，这样可使其固化更趋完全，水分及其他挥发物的含量减少，同时减少或消除成型过程中产生的内应力，有利于稳定制品的尺寸，提高制品的性能。

热处理可按一次升温和分段升温两种方式进行，前者指一次就将加热装置连续升温到预定的热处理温度；后者指将加热装置分段升温到预定的热处理温度，而且每升高一段温度，都要在该段温度下恒温一定时间，故也称阶梯式升温处理。形状简单和尺寸较小的制品多采用一次升温式热处理；形状复杂、壁厚和较大尺寸的制品，采用阶梯式升温可取得更好的热处理效果。热处理的温度一般比成型温度高 $10\sim50℃$，而热处理时间则根据塑料的品种、制品的结构和壁厚而定。

5.3.3　模压成型工艺条件及控制

热固性树脂在成型加工过程中，不仅有物理变化，而且还进行复杂的化学交联反应。要生产出高质量塑件，除了合理的模具结构，还要正确选择工艺条件，包括模压压力，模压温度和模压时间。

1. 模压压力

模压压力是指成型时压机对塑料所施加的压力，其作用是促使物料在模具中加速流动，充满模具型腔；增大制品的密度，提高制品的内在质量；克服树脂在成型时的缩聚反应中放出的低分子物及其他挥发分所产生的压力，从而避免制品出现肿胀、脱层等缺陷；使模具紧密闭合，从而使制品具有固定的形状、尺寸和最小毛边，防止制品在冷却时发生变形等。

模压压力取决于塑料的工艺性能和成型工艺条件。通常塑料的流动性越小，固化速度越快，压缩率越大，模温越高，以及压制深度大、形状复杂或薄壁和大面积的制品时所需的模压压力就高；反之，所需模压压力低。

实际上模压压力主要受到物料在模腔内的流动情况制约。从图 5-8 可以看出压力对流动性的影响，增加模压压力，对塑料的成型性能和制品性能是有利的，但过大的模压压力降低模具的使用寿命，也会增大制品的内应力。在一定范围内提高模温能够增加塑料的流动性，可降低模压压力，但提高模温也会加快塑料的交联反应速度，从而导致熔融物料的黏度迅速增高，反而需更高的模压压力，因此模温不能过高。同样塑料进行预热可以提高流动性，降低模压压力，但如果预热温度过高或预热时间过长，会使塑料在预热过程中产生部分固化，会抵消预热增大流动性的效果，模压时需更高的压力来保证物料充满型腔，如图5-9所示。

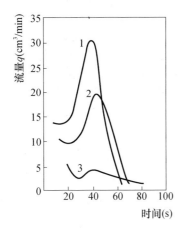

图5-8 热固性塑料模压压力
对流动固化曲线的影响
$1-P_m=50\text{MPa}$；$2-P_m=20\text{MPa}$；$3-P_m=10\text{MPa}$

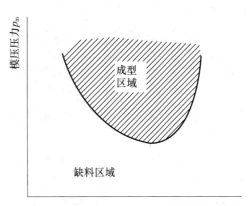

图5-9 热固性塑料预热温度对模压压力的影响

2. 模压温度

模压温度是指成型时所规定的模具温度，对塑料的熔融、流动和树脂的交联反应速度有决定性的影响。

在一定的温度范围内，模温升高，物料流动性提高，充模顺利，交联固化速度增加，模压周期缩短，生产效率高。但过高的模压温度会使塑料的交联反应过早开始和固化速度太快，而使塑料的熔融黏度增加，流动性下降，造成充模不全，如图5-10所示。另外，由于塑料是热的不良导体，模温高，固化速度快，会造成模腔内物料内外层固化不一，表层先行硬化，内层固化时交联反应产生的低分子物难以向外挥发，会使制品发生肿胀、开裂和翘曲变形，而且内层固化完成时，制品表面可能已过热，引起树脂和有机填料等分解，会降低制品的机械性能。因此，模压形状复杂、壁薄、深度大的制品时，不宜选用高模温；但经过预热的塑料进行模压时，由于内外层温度较均匀，流动性好，可选用较高模温。

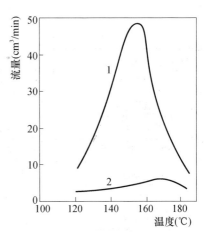

图5-10 热固性塑料流量与温度的关系
$1-P_m=30\text{MPa}$；$2-P_m=10\text{MPa}$

模压温度过低时，不仅物料流动性差，而且固化速度慢，交联反应难以充分进行，会造成制品强度低、无光泽，甚至由于低温下固化不完全的表层因承受不住内部低分子物挥发所产生的压力而出现制品表面肿胀现象。

3. 模压时间

模压时间是指塑料从充模加压到完全固化为止的这段时间。模压时间主要与塑料的固化速度有关，而固化速度决定于塑料的种类，此外，模压时间与树脂的类型组成、制品的形状、壁厚、模具的结构、模压温度和模压压力、预热和预压条件以及成型时是否安排有卸压排气等多种因素有关。在所有这些因素中，以模压温度、制品厚度和预热条件对模压时间的影响最为显著。

模压温度升高，塑料的固化速度加快，模压时间缩短。在一定温度下，增大制品壁厚时，需相应延长模压时间，如图 5-11 所示。模压压力增加，模压时间略有减少，但不明显。合适的预热条件可以加快物料在模腔内的充模和升温过程，因而有利于缩短模压时间。

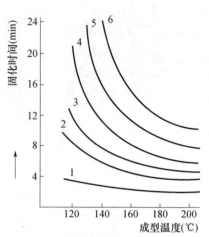

图 5-11　酚醛塑料制品厚度与模压温度和固化时间的关系

1—4mm；2—6mm；3—8mm；

4—12mm；5—16mm；6—20mm

在一定的模压压力和温度下，模压时间是决定制品质量的关键因素。模压时间如果过短，则塑料固化不完全，制品的物理机械性能较差，外观缺乏光泽，并且容易出现翘曲变形等现象。适当增加模压时间，不仅可使制品避免出现上述缺陷，还有利于减小制品的收缩率，并提高其耐热性、物理机械性能和电性能。但如果模压时间过长，不仅生产效率降低，能耗增大，而且还会因树脂过度交联而导致成型收缩率增大，引起制品表面发暗、起泡，甚至出现裂纹，而且在高温下的模压时间过长，树脂也可能降解，使制品性能降低。如表 5-3 所示为主要热固性塑料的模压成型工艺条件。

表 5-3　各种热固性塑料的模压成型工艺参数

模塑料	模塑温度（℃）	模压压力（MPa）	模塑周期（s/mm）
PF＋木粉	140～195	9.8～39.2	60
PF＋玻璃纤维	150～195	13.8～41.1	
PF＋石棉	140～205	13.8～27.6	
PF＋纤维素	140～195	9.8～39.2	
PF＋矿物质	130～180	13.8～20.7	
UF＋α-纤维素	135～185	14.7～49	30～90
MF＋α-纤维素	140～190	14.7～49	40～100
MF＋木粉	138～177	13.8～55.1	
MF＋玻璃纤维	138～177	13.8～55.1	
EP	135～190	1.96～19.6	60
PDAP	140～160	4.9～19.6	30～120
SI	150～190	6.9～54.9	
呋喃树脂＋石棉	135～150	0.69～3.45	

5.4 复合材料压制成型

高分子复合材料是指由聚合物和各种填充材料或增强材料所组成的多相复合体，由于"复合"赋予了材料各种优良的性能，如高强度、优良的电性能、耐热性、耐化学腐蚀性、耐磨性、耐烧蚀性及尺寸稳定性等，产品广泛用于机械、化工、电机、建筑、航天等各种领域。高分子复合材料制品较多的是指在热固性树脂中加有纤维性增强材料所制得的增强塑料制品，也有将纤维材料加入热塑性树脂中制成热塑性增强塑料，并可通过挤出或注射成型加工成制品。常用的热固性树脂主要有酚醛、氨基、环氧、不饱和聚酯、有机硅等树脂，常用的增强材料有玻璃、石棉、金属、棉花、剑麻或合成纤维所制成的纤维或织物，其中用得最多的是玻璃纤维及其织物，所以狭义的增强塑料就是指玻璃纤维增强塑料，其比强度（强度/密度）可与钢材相匹敌，故亦称"玻璃钢"。玻璃纤维增强复合材料的成型可以用压制、缠绕和挤拉等方法，其中压制成型是最主要的加工方法。

 ### 5.4.1 层压成型工艺过程

层压成型是指在压力和温度的作用下将多层相同或不同材料的片状物通过树脂的黏结和熔合，压制成层压塑料的成型方法。对于热塑性塑料可将压延成型所得的片材通过层压成型工艺制成板材，但层压成型较多的是制造增强热固性塑料制品。

增强热固性层压塑料是以片状连续材料为骨架材料浸渍热固性树脂溶液，经干燥后成为附胶材料，通过裁剪、层叠或卷制，在加热、加压作用下，使热固性树脂交联固化而成为板、管、棒状层压制品。

层压制品所用的热固性树脂主要有酚醛、环氧、有机硅、不饱和聚酯，呋喃及环氧-酚醛树脂等；所用的骨架材料包括棉布、绝缘纸、玻璃纤维布、合成纤维布、石棉布等，在层压制品中起增强作用。不同类型树脂和骨架材料制成的层压制品，其强度、耐水性和电性能等都有所不同。

层压成型工艺由浸渍、压制和后加工处理三个阶段组成，其工艺过程如图 5-12 所示。

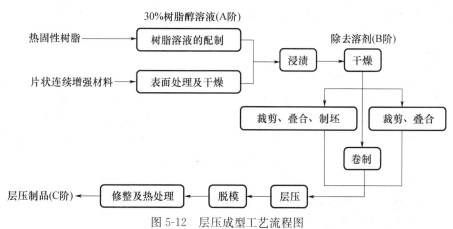

图 5-12 层压成型工艺流程图

1. 浸渍上胶

浸渍上胶工艺是制造层压制品的关键工艺，主要包括树脂溶液的配制、浸渍和干燥等工序。

（1）树脂溶液配制。浸渍前首先将树脂按需要配制成一定浓度的胶液。层压制品常用作电器、电机等方面的绝缘材料，例如：印刷线路板要求有较好的电性能和耐水性，常用碱催化的A阶热固性酚醛树脂作为浸渍液树脂，乙醇作为溶剂，为了增加树脂与增强材料的黏结力，浸渍液中可以加入一些聚乙烯醇缩丁醛树脂。胶液的浓度或黏度是影响浸渍质量的主要因素，浓度或黏度过大不易渗入增强材料内部，过小则浸渍量不够，一般配制浓度在30%左右。

（2）浸渍。使树脂溶液均匀涂布在增强材料上，并尽可能使树脂渗透到增强材料的内部，以便树脂充满纤维的间隙。浸渍前对增强材料要进行适当的表面处理和干燥，以改善胶液对其表面的浸润性。浸渍可以在立式或卧式浸渍上胶机上进行，如图5-13所示。浸渍过程中，要求浸渍片材达到规定的树脂含量，即含胶量，一般要求含胶量为30%～55%。影响上胶量的因素是胶液的浓度和黏度、增强材料与胶液的接触时间以及挤压辊的间隙。挤压辊具有把胶液渗透到纤维布缝隙中，使上胶均匀平整和排除气泡的作用。

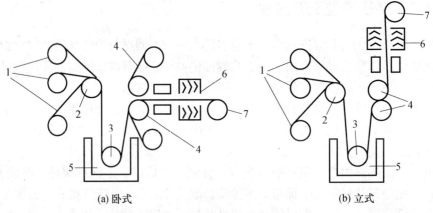

图 5-13　浸渍上胶机示意图

1—原材料卷辊；2—导向辊；3—浸渍辊；4—挤压辊；5—浸渍槽；6—干燥室；7—收卷辊

（3）干燥。浸渍上胶后即进入干燥室，以除去溶剂、水分及其他挥发物，同时使树脂进一步化学反应，从A阶段推进到B阶段。干燥过程中主要控制干燥室各段的温度和附胶材料通过干燥室的速度。干燥后的附胶材料是制造层压制品的半成品，其主要质量指标是挥发物含量、不溶性树脂含量和干燥度等。

2. 压制

层压制品主要有板材、管材或棒材及模型制品，不同制品其压制工艺是不同的。

（1）层压板材的压制。其成型过程包括裁剪、叠合、进模、热压和脱模等。根据层压制品的形状、大小和厚度，首先裁剪干燥后的附胶材料，然后叠合成板坯。层压成型是在多层压机上完成的，如图5-14所示。叠合好的板坯置于两块打磨抛光的不锈钢板之间，并逐层放入多层压机的各层热压板上。然后闭合压机开始升温加压。压制板材的多层压机为充分利用两加热板之间的空间，可将叠合好的板坯组合成叠合本放入两热板间。

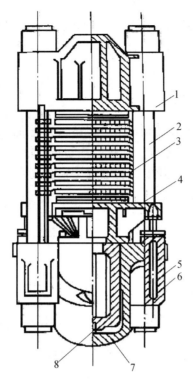

图 5-14 多层压机示意图

1—固定模架；2—导柱；3—压板；4—活动横梁；5—辅助工作缸；

6—辅助油缸柱塞；7—主工作缸；8—主油缸活塞

（2）管材、棒材的压制。层压管材和棒材也是以干燥的附胶材料为原料，用专门的卷管机卷绕成管坯或棒坯，如图 5-15 所示。将管坯先送入 80～100℃ 烘房内预固化，然后在 170℃ 下进一步固化。对于层压棒材，也可将棒坯放入专门的压制模具内，然后加压加热固化成型。

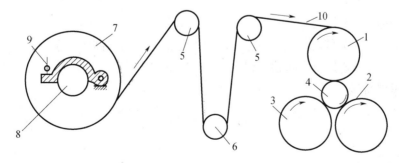

图 5-15 卷管工艺示意图

1—上辊筒；2、3—支承辊；4—管芯；5—导向辊；6—张力辊；

7—胶布卷辊；8—刹车轮；9—翼形螺母；10—胶布

（3）模型制品的压制。层压材料的模型制品也是以干燥的附胶材料为原料，经裁剪、叠合、制成型坯，放入模腔中进行热压，模压工艺同前述的热固性塑料的模压成型。

3. 后加工和热处理

后加工是修整去除压制制品的毛边及进行机械加工制得各种形状的层压制品。热处理是将制品在 120～130℃温度下处理 48～72h，使树脂固化完全，以提高热性能和电性能。

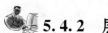 5.4.2 层压工艺条件

在层压过程中，热压使树脂熔融流动进一步渗入到增强材料中，并使树脂交联硬化。层压结束，树脂从 B 阶段推进到 C 阶段。同热固性塑料模压成型一样，温度、压力和时间是层压成型的三个重要工艺条件。但在压制过程中，温度和压力的控制分为五个阶段，如图 5-16所示。

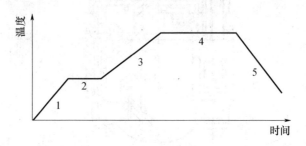

图 5-16　层压工艺温度曲线示意图

1—预热阶段；2—中间保温阶段；3—升温阶段；4—热压保温阶段；5—冷却阶段

1. 预热阶段

板坯的温度从室温升至树脂开始交联反应的温度，这时树脂开始熔化并进一步渗入增强塑料中，同时使部分挥发物排出。此时施加最高压力的 1/3～1/2，一般在 4～5MPa 之间，若压力过高，胶液将大量流失。

2. 中间保温阶段

树脂在较低的反应速度下进行交联固化反应，直至溢料不能拉成丝为止，然后开始升温升压。

3. 升温阶段

将温度和压力升至最高，此时树脂的流动性已下降，高温高压不会造成胶液流失，却能加快交联反应。升温速度不宜过快，以免制品出现裂纹和分层现象，但应加足压力。

4. 热压保温阶段

在规定的压力和温度下（9～10MPa，160～170℃），保持一段时间，使树脂充分交联固化。

5. 冷却阶段

树脂充分交联固化后即可逐渐降温冷却。冷却时应保持一定的压力，否则制品易发生表面起泡和翘曲变形。

压力在层压过程中起到压紧附胶材料，促进树脂流动和排除挥发物的作用。压力的大小取决于树脂的固化特性，压制各个阶段的压力各不相同。

压制时间决定于树脂的类型、固化特性和制品厚度，总的压制时间＝预热时间＋叠合厚度×固化速度＋冷压时间。当板材冷却至 50℃以下即可卸压脱模。

5.5 氨基模塑料餐具压制成型技术

5.5.1 餐具原料

塑料餐具可选用氨基模塑料。但国产多种品牌树脂因配方体系、生产工艺不同，最终所生产的质量也不一样。例如有的模塑粉所生产的制品，易出现气泡、气孔、纤维露出及小裂纹等缺陷；有的模塑粉生产的制品不耐煮沸；有的模塑粉制品边缘易出现气孔、气泡，内壁出现波纹、黑点、黑线等缺陷。因此应根据制品特点及模塑粉的材质特点，选择较为适用的树脂品种。

氨基模塑料俗称电玉粉，是由氨基树脂为基质添加其他填充剂、脱模剂、固化剂、颜料等，经过一定塑化工艺制成。由于原料价格低廉，生产工艺简单，环保易解决，制品色泽鲜艳，外观光滑，无臭无味，具有自熄及耐电弧性，耐热、阻燃、低烟，制品尺寸稳定，电绝缘性好和容易着色等优点，因而广泛用于电子、电器、汽车、机械、日用器皿等行业。氨基模塑料的品种繁多，按树脂类型分脲醛模塑料（UF）、脲三聚氰胺甲醛模塑料（UMF）、三聚氰胺甲醛模塑料（MF）三大类。

其中脲醛树脂比酚醛树脂便宜，但它的耐水性和耐热性不如酚醛树树脂。它是用脲（尿素）（NH_2CONH_2）和甲醛（CH_2O）合成的。

脲醛树脂一般为水溶性树脂，较易固化，固化后的树脂无毒、无色、耐光性好，长期使用不变色，热成型时也不变色，可加各种着色剂以制备各种色泽鲜艳的制品。脲醛树脂坚硬，耐刮伤、耐弱酸、弱碱及油脂等介质，价格便宜，具有一定的韧性，但它易于吸水。因而耐水性和电性能较差，耐热性也不高。氨基模塑料的详细配方如表5-4所示。

表5-4 氨基模塑料的主要组成与配方

组成	脲醛树脂	纸浆	碳酸钙（填料）	硬脂酸锌	固化剂
用量（质量份）	约70	20	约6	4	1.2

5.5.2 氨基模塑料餐具模压成型工艺流程及条件

氨基模塑料餐具制品的模压工艺流程如图5-17所示。

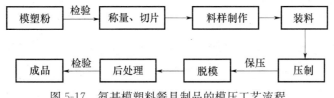

图5-17 氨基模塑料餐具制品的模压工艺流程

1. 成型（模具）温度

模塑粉属高温固化材料，根据加工要求，设定的成型（模具）温度为130～170℃，且上模（动模）、下模（定模）要有一定的温差，使上模温度比下模高5～10℃。

2. 成型压力

成型压力的大小应根据制品形状及所用模塑粉的特性决定。若压力过大，则会产生应力，造成制品产生裂纹等缺陷；如果压力过小，则制品收缩率大，外观不好，也会产生纤维取向应力等问题。因此应选择合适的成型压力，经试验，压制本产品的成型压力为10～20MPa。

3. 保压（保温）时间

保压（保温）时间应与成型压力、成型温度同时考虑，根据各种影响因素，一般采用保压（保温）时间为0.8～1.2min/mm。就氨基模塑料餐具而言，确定保压（保温）时间为30～60s。保压（保温）时间过长或过短，都会产生不良影响。

5.5.3　氨基模塑料餐具模压成型常见质量缺陷、解决办法

（1）原材料检验模塑粉进厂后，由检验人员根据检验规程及制品性能要求进行各种检验。

①用肉眼观察其外观，检查基料及玻璃纤维的均匀程度；模塑粉表面不得太黏，不得粘在外包装膜上，不能太硬，否则外包装密封严密。②用专用仪器测量其针入度，检查流动性及增稠效果等是否达到要求。

进行煮沸实验，即在常温常压下将制件煮沸400h，以内表面不出现鼓泡和裂纹为合格品，对模塑粉的运输和存放也有严格要求，不能重压，不能损坏外包装，不能受阳光直射，长期（两个月以上）存放时，温度必须保持在25℃以下；短期（1d）运输时，温度应控制在30℃以下，而且在运输及存放中均要避免使模塑粉受潮。

（2）加料方式：模压成型实践表明，裁切的片料应略小于阴模（定模）底部的尺寸，将片料由大到小叠好（上小下大），一次性地加入模具，投入料量应略大于制品加飞边的质量。

（3）模压模塑粉制品常见的缺陷及解决办法：表5-5和表5-6列出模压模塑粉制品时经常出现的制品缺陷、原因分析及其解决办法。

表5-5　模塑粉材料成型过程故障处理方法

问题	产生原因	解决方法
黏模	1. 模具表面光洁度不好 2. 材料收缩率过大或过小 3. 压力过高 4. 模具顶出杆不平行	1. 增加模具光洁度 2. 改进材料的收缩性能 3. 适当降低成型压力 4. 检查顶出杆是否平衡
缺料、气孔	1. 压力不足 2. 排气不足 3. 模具温度过高或过低 4. 材料量不足 5. 压制速度过快或过慢	1. 适当增加压力 2. 增加排气次数 3. 调整模具温度 4. 增加材料 5. 调整合模的速度
扭曲、变形	1. 保压时间太短，固化不充分 2. 材料收缩率太大 3. 模具温度太高 4. 出模后无定型	1. 增加保压时间 2. 改变材料收缩率 3. 适当调整模具温度 4. 出模后将产品加以定型至温度下降
炭化	1. 模具内存在死角 2. 排气不充分 3. 模具温度太高	1. 改进模具的排气 2. 增加排气次数 3. 降低模具温度

问题	产生原因	解决方法
开裂	1. 固化不足，模具温度不适 2. 材料收缩率过大 3. 顶出杆顶出不平衡 4. 嵌件温度不适当 5. 模具表面不光洁	1. 增加固化时间，调整模具温度 2. 调整材料的收缩率 3. 检查模具的顶出杆是否平行 4. 嵌件适当地预热 5. 增加模具表面光洁度
起泡	1. 模具温度太低，固化不充分 2. 材料里有水分 3. 模具温度过高	1. 提高模具温度，增加固化时间 2. 进行原材料的水分检测 3. 降低模具的温度
白点	1. 合模进度太慢 2. 模具温度太高，放入材料已预先固化 3. 放气时间及次数太多	1. 投料后快速合模 2. 降低模具温度 3. 合模后快速排气、减少排气次数
接缝	1. 模具温度太高或太低 2. 合模速度太快或太慢	1. 调整模具温度 2. 加快或减慢合模速度

表 5-6 模压模塑粉制品经常出现的缺陷，原因及解决办法

缺陷	原因分析	解决办法
边角缺料	1. 供料量不足 2. 模具温度太高，熔体在流动之前混胶 3. 合模速度缓慢，在合模前混胶 4. 成型压力不足 5. 剪切边间隙全部或局部偏大，或因模行程短，熔料流出多而保证不了内压 6. 熔料流动性不好	1. 增加供料量 2. 降低模具温度，加快合模速度 3. 加快合模速度，或者缩短从加料到合模的时间，降低模具温度 4. 提高成型压力，进行预热 5. 合理调整剪切边间隙，加长行程 6. 事先预热，换料
熔料流动到边角仍充填不良	1. 缺料 2. 空气未排除而产生气泡，或者有盲孔部分而形成贮气盒	1. 增加料量 2. 改变片料形状，重新设计模具，减缓合模速度，提高成型压力
起泡	1. 空气未排尽 2. 模具温度高，树脂产生挥发成分 3. 固化时间短，内部尚未固化，由挥发成分造成起泡，或脱模后层间剥离	1. 改变片料形状，以排除空气，减少加料面积 2. 降低模具温度，设法在凝胶化前排除挥发成分 3. 延长固化时间
皱褶	不均匀流动，熔料中的玻璃纤维毡起皱	改进剪切部分，有效地对模塑粉施加压力，改变片料形状，降低加压速度
光泽不好	1. 模具温度低 2. 模具表面质量差 3. 加料量不足 4. 固化收缩不均匀	1. 提高模具温度，延长固化时间，使模具温度均匀化 2. 对模具型腔镀铬，提高型腔粗糙度等级和平面度 3. 增加料量和加料面积，提高成型压力，减少剪边间隙切 4. 检测上、下模的温差，使之符合要求
污染	1. 模具上的金属微粉未附着于制品 2. 模塑粉被污染 3. 模塑粉不合格	1. 对模具型腔进行硬质镀铬 2. 加料过程中切忌混入异物或污染模塑粉 3. 换料
煮沸时出现鼓泡，裂纹等	1. 模塑粉不合格 2. 固化不足	1. 换料 2. 提高固化温度，延长固化时间

续表

缺陷	原因分析	解决办法
流痕	1. 剪切边间隙大，造成熔料流动 2. 成型温度低 3. 片料面积小，玻璃纤维流动时出现方向性	1. 修正剪切边，减小间隙，加大行程 2. 提高成型温度 3. 加大片料面积，减少流动
波纹	1. 熔体流动太快 2. 片料面积小 3. 片料厚度急变 4. 熔体在流动中混胶化 5. 成型压力不均	1. 设法降低熔料流动性 2. 加大片料面积 3. 改变片料形状 4. 检查模具温度和合模速度 5. 修正剪切边，先对不易形成面压的部位增加料量
裂纹，裂缝	1. 固化发热产生内应力 2. 接合缝 3. 外力产生应力 4. 脱模不良或由顶出杆引起 5. 模具不正 6. 设备加压速度太快	1. 设法消除内应力 2. 改善加料方式 3. 减小成型压力 4. 修整模具 5. 调整模具 6. 调整设备工作温度
翘曲	1. 模具温差大 2. 流动性熔料不好	1. 减小模具温差 2. 设法提高流动性
脱模困难	1. 模具温度低，固化时间短 2. 模具表面质量不好或不适应 3. 由憋在型腔表面上的空气或苯乙烯挥发而引起固化不良，使局部粘膜	1. 提高模具温度，延长固化时间 2. 对模具抛光，采用硅或蜡类脱模剂 3. 换料，改善加料方式

练习与讨论

1. 简述模压成型工艺流程。

2. 阅读压机的操作说明书，常用压机有哪几种结构？各有何特点？

3. 如何依据高分子材料制品使用要求选择合适的成型加工设备？

4. 热塑性和热固性塑料模压工艺有何异同？

5. 预压和预热的过程中要注意哪些方面？

6. 压制温度对制品的使用性能有哪些影响？

7. 如何依据制品的使用性能调节工艺参数？

8. 高分子材料制品缺陷如何检测出来？

项目六 压延成型技术

教学目标

(1) 能正确选择相应的压延成型设备。
(2) 能进行压延成型工艺参数的设定。
(3) 熟悉压延成型设备和辅机的调试方法。
(4) 熟悉通过调节压延成型工艺参数完成产品的操作。
(5) 了解压延成型设备的日常维护与保养。

工作任务

聚氯乙烯薄膜压延成型。

压延成型简称压延，是将熔融塑化的热塑性塑料通过一系列加热的压辊，使熔料连续地被挤压剪切，延展拉伸而成型为规定尺寸的薄膜或片材的一种方法。用作压延成型的塑料大多数是热塑性塑料，其中以非晶型的聚氯乙烯（PVC）及其共聚物最多，其压延制品主要有薄膜、片材和人造革。其次是 ABS、EVA 以及改性聚苯乙烯等。近年来也有压延聚乙烯等结晶性塑料。

薄膜与片材之间一般以 0.25mm 为厚度分界线，薄者为薄膜，厚者为片材。压延成型适用于生产厚度在 0.05～0.5mm 的软质聚氯乙烯薄膜和片材以及 0.3～0.7mm 的硬质聚氯乙烯片材。制品厚度大于或低于这个范围内的制品一般均不采用压延成型法，而是用挤出成型法来生产。

压延成型的优点是加工能力大、生产线速度大、产品质量好、能连续化生产、自动化程度高。主要缺点是设备庞大、投资高、维修复杂、制品宽度受到压延辊筒长度的限制等。另外生产流水线长、工序多，所以在生产连续片材方面不如挤出机成型技术发展快。

6.1 压延成型设备

压延制品的生产是多工序作业，其生产过程可分为前后两个阶段。前阶段是压延前的准备阶段，主要包括所用塑料的配制、塑化和向压延机供料等；后阶段包括压延、牵引、轧花、冷却、卷取、切割等，也是压延成型的主要阶段。其中压延机是压延成型生产中的关键设备。如图 6-1 所示为压延生产中的工艺过程。

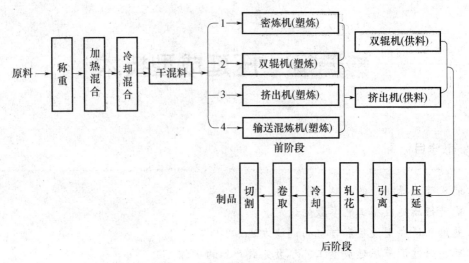

图 6-1　压延成型工艺流程图

注：长方形表示过程，正方形表示原料、中间产物或成品，箭头表示流程前进的方向。

 ### 6.1.1　压延机的分类

压延机通常以辊筒的数目及排列的方式分类。根据辊筒数目的不同，压延机可以分为双辊、三辊、四辊、五辊至六辊压延机。

辊筒的排列方式很多，通常三辊压延机的排列方式有Ⅰ型、三角型等几种。四辊压延机有Ⅰ型、倒L型、正L型、T型、斜Z型（S型）等。如图6-2所示为几种常见压延辊筒的排列形式。

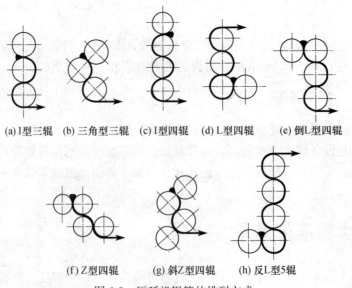

(a) Ⅰ型三辊　(b) 三角型三辊　(c) Ⅰ型四辊　(d) L型四辊　(e) 倒L型四辊

(f) Z型四辊　　(g) 斜Z型四辊　　(h) 反L型5辊

图 6-2　压延机辊筒的排列方式

辊筒排列形式的不同将直接影响压延机制品质量和生产操作及设备维修是否方便。排列辊筒的主要原则是尽量避免各个辊筒在受力时彼此发生干扰，并应充分考虑操作的要求和方便，以及自动供料需要等。然而实际上没有一种排列是完美的，往往是顾此失彼。例如目前应用比较普通的斜 Z 型，它与倒 L 型相比时有如下优点：

（1）各辊筒互相独立，受力时互相不干扰，这种传动平稳、操作稳定，制品厚度容易调整和控制。

（2）物料与辊筒的接触时间短、受热少，不易分解。

（3）各辊筒拆卸方便，便于检修。

（4）上料方便，便于观察存料。

（5）厂房高度要求低。

（6）便于双面贴胶。

6.1.2 压延机的结构

各种形式的压延机虽然辊筒数目与排列方式不同，但其基本结构大致相同。主要由压延辊筒及其加热冷却装置、制品厚度调整机构、传动设备及其他辅助装置等组成。压延机的结构如图 6-3 所示。

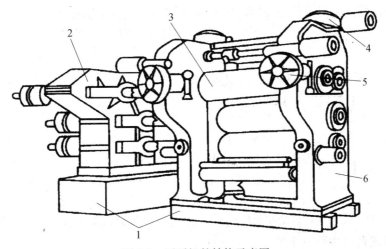

图 6-3 压延机的结构示意图

1—机座；2—传动装置；3—辊筒；4—辊距调节装置；5—轴交叉调节装置；6—机架

1. 机座

机座固定在混凝土基础上，由铸铁制成，用于固定机架。

2. 传动与减速装置

为了适应不同压延工艺的要求，辊筒速比应在较大范围内调节。为了使辊筒转动平稳，一般采用直流电动机。

3. 辊筒

辊筒是与塑料直接接触并对它施压和加热的部件，主要控制产品质量。因此对压延辊筒有一定的要求：

（1）辊筒应具有足够的刚度，以确保工作时强大负荷作用下，弯曲变形不超过许用值。

（2）辊筒工作表面应具有足够的硬度，以抵抗长时间的工作磨损。

（3）辊筒应精细加工，以保证表面光洁程度。

（4）辊筒工作表面外径的加工应达到七级精度以上，以给辊筒留有使用后的修磨余量。

（5）辊筒材料应具有良好的导热性，辊筒工作表面部分壁厚均匀，内腔需经机械加工。

（6）辊筒的结构与几何形状应确保沿辊筒工作表面全长温度分布均匀一致，防止应力集中，使用可靠、经济合理。

4. 辊距调节装置

制品的厚度由辊距来调节。

5. 轴交叉装置和预应力装置

这两种装置都是为了克服操作中辊筒出现弯曲而设的。辊筒的弯曲变形对制品的精度有直接影响。

6. 加热装置

辊筒的加热方式主要有蒸汽加热、电加热、过热水加热3种。前两种方法用于空心式压延辊筒；后一种方式多用于钻孔式压延辊筒，它是空心式压延辊筒加热面积的2倍，具有辊筒表面温度均匀、稳定、易于控制等优点。

7. 厚度调节装置

制品的厚度首先由辊距来调节，三、四辊压延机在塑料运行方向倒数第二辊的轴承位置是固定不变的，其他辊筒则常需要借助调节装置做前后移动，以迎合产品厚度变动的需要。一般有粗细两套调节装置，空车时用粗调节器，操作生产时用细调节器。

 6.1.3 压延机的规格及技术参数

1. 压延机的规格

压延机规格一般用辊筒外直径乘以辊筒工作部分长度来表示。如610mm×1730mm四辊T型压延机，其中610为辊筒直径，1730为辊筒工作部分长度。我国压延机型号可表示为XY-4T-1730，其中XY表示橡胶压延机，4T表示四辊筒T型排列，1730表示辊筒工作部分的长度（mm）。

SY-4Γ-1730B，其中SY表示塑料压延机，4Γ表示四辊筒倒L型排列，B为设计顺序号。

2. 压延及设备的主要技术参数

辊筒的直径D（外径）和长度L（有效长度）是压延机的重要的特征参数。辊筒长度越长，表示所加工的制品的宽度越大。平常所说的长度是指有效长度，并非实际长度。有效长度就是制品的最大幅宽。

随着辊筒长度增大，辊筒直径也要相应增加，以增大辊筒的刚性。压延机辊筒的长径比是指辊筒的有效长度与辊筒的直径之比，其值L/D为2～2.7，一般不超过3。

6.2 压延机的调试、操作、维护和保养

四辊压延机安装完毕后，要经过调试运转。先在不加热、无负载情况下运转2～3d，以观察各传动、啮合、润滑处的运转正常与否。然后缓慢升温，由常温升至200℃应在8h内完成。不可太快，要按一定的升温曲线，即在20～100℃阶段，每分钟升温1℃，在100～200℃阶段，每分钟升温0.5℃，达到加工温度后，保持一段时间，便可投料运转。先应试投软性料，无异常后，方可试投硬性的物料。

投料前，解脱辊应预先加热。每次开车前，要检查紧急开关是否可靠，金属检测器是否正常，喂料运输带和辊间是否有异物。如有异物，应排除后方可开车。如果金属检测器或紧急开关不正常，在未修好以前，不得开车。

在未开车以前，要预先对润滑油加热，一般需加热到 80～100℃ 左右，并预先润滑，待见到回油以后，方可开车。

启动时开低速，加料待每个辊筒间隙都存有相当物料之后，才可调至工作转速。为了保护辊筒表面，在未加料的情况下辊间至少相距 1mm。

在运行过程中，要随时注意回油温度，轴承温度，电机功率以及辊筒温度，并及时调整。

当辊筒两端制品厚度出现不等时，应先调开小的一端，然后两端同时调小，不可单独调间隙大的一端，否则辊筒颈部将因受力过大而遭损伤。

要特别注意的是，辊筒必须在运转中进行加热或冷却，否则将引起辊筒的变形。停止加料后，辊筒要继续回转。并把辊距松开到 2～3mm。待辊筒冷却到 80℃ 以下时，才能停转。

如果需要使用紧急停车，必须马上调开辊距，以免碰伤辊面。正常停车，不得使用紧急停车开关。待辊筒停转以后，才可停止润滑油的循环。

四辊压延机的操作人员不得带钢笔、手表等金属物品上岗，以免不辊筒遭受损坏。不得用金属物划伤辊筒表面或花辊表面。

此外，辊筒不得露天存放，一则防止风沙污损辊面，二来冬季时，防止辊筒积水冻结，造成损坏，一般至少应在 5℃ 以上环境中存放。存放中要特别防止辊面锈蚀。

 ## 6.3　塑料压延成型技术

 ### 6.3.1　PVC 薄膜的原料

目前的塑料压延成型以生产聚氯乙烯制品为主。聚氯乙烯压延产品主要有软质薄膜和硬质片材两种。PVC 价格低廉、使用范围广，制品厚度可在 0.03～0.75mm 范围内可调，软硬度在很大范围内可调。PVC 为极性物质，其具有良好的印刷性，因此，可用来印刷各种美丽的图案，国外已有用 PVC 薄膜生产玩具图书的实例。

软质 PVC 薄膜制品主要有工业膜、农业膜、民用膜、雨衣膜和透明膜等，不同用途和不同地区其配方有所不同。SPVC 压延薄膜的配方组成如表 6-1 所示。

表 6-1　SPVC 压延薄膜的配方（单位：质量份）

名称	工业膜	农业膜	雨衣膜
PVC（SG-3）	100	100	100
DOP	10	32	32
DBP	20	—	8
DOS	—	—	10
石油酯（T-50）	12	10	—

续表

名称	工业膜	农业膜	雨衣膜
氯化石蜡	8	10	—
硬脂酸铅	1	—	1.2
硬脂酸钡	1	1	1.2
硬脂酸镉	—	0.7	—
硬脂酸（HST）	0.3	0.3	0.2
环氧硬脂酸辛酯		3	

6.3.2 软质 PVC 薄膜压延成型工艺及参数

软质 PVC 薄膜压延成型工艺，首先将树脂和助剂加入高速混合机中充分混合，混合好的物料送入到密炼机中去预塑化，然后输送到挤出机（或炼塑机）经反复塑炼塑化，塑化好的物料先经过金属检测器检测再经过辊筒连续辊压成一定厚度的薄膜，然后由引离辊承托而撤离压延机，并经进一步拉伸使薄膜厚度再进行减小。接着薄膜经冷却和测厚，即可作为成品卷取。必要时在解脱辊与冷却辊之间进行轧花冷却、测厚、卷取得到制品。生产软质聚氯乙烯薄膜的工艺流程如图 6-4、图 6-5 所示。

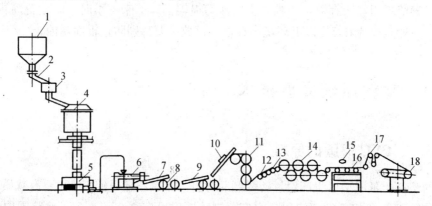

图 6-4 软质 PVC 压延膜生产工艺流程

1—树脂料仓；2—电磁振动加料器；3—称量器；4—高速热混合机；5—高速冷混合机；6—挤出塑化机；7—运输带；
8—两辊开炼机；9—运输带；10—金属探测器；11—四辊压延机；12—牵引辊；13—托辊；14—冷却辊；
15—测厚仪；16—传送带；17—张力装置；18—中心卷取机

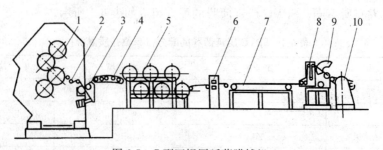

图 6-5 S 型四辊压延薄膜辅机

1—主机；2—引离装置；3—轧花装置；4—缓冷装置；5—冷却装置；6—测厚装置；7—输送装置；
8—张力调节装置；9—切割装置；10—双工位中心卷取装置

压延成型是连续生产过程，在操作时首先对压延机及各后处理工序装置进行调整，包括辊温、辊速、辊距、供料速度、引离及牵引速度等，直至压延制品符合要求，即可连续压延成型。四辊压延机操作条件如表 6-2 所示。

表 6-2　生产薄膜时四辊压延机的操作参数

项目	Ⅰ	Ⅱ	Ⅲ	Ⅳ	引离辊	冷却辊	运输辊
辊速（m/min）	42	53	60	50.5	78	90	86
辊温（℃）	165	170	170～175	170	—	—	—

6.3.3　压延制品质量影响因素

塑料压延的影响因素可归结为四个方面，即压延机的操作（工艺）因素，原材料（配方）因素，设备因素和辅助过程中的各种因素。

6.3.3.1　压延机的操作因素

操作因素主要包括辊温、辊速、速比、存料量和辊距等，它们之间又是互相联系和互相制约的。

1. 辊温和辊速

物料在压延成型时所需要的热量，一部分由加热辊筒供给；另一部分则来自物料与辊筒之间的摩擦，以及对物料的剪切作用产生的热量。摩擦生热量除了与辊速有关外，还与物料的增塑程度有关，亦即与其本身黏度有关。因此，配方不同时，在相同的辊速条件下，压延温度的控制也就不一样。同理，配方相同时，压延速度不同，压延机辊筒温度的控制也不一样。如果在 60m/min 的辊速下仍然用 40m/min 的辊温操作，则料温势必上升，从而引起包辊故障。反之，如果在 40m/min 的线速度下用 60m/min 的辊温，料温就会过低，从而使薄膜表面毛糙，不透明，有气泡至出现孔洞。若提高辊速则辊温应适当降低，此时物料升温和熔融塑化所需的热量即可由增加剪切量而增加的热量来提供，否则将导致温度过高，影响制品质量或正常操作。反之，降低辊速度则适度提高辊温，以补充由减少剪切量而减少的摩擦热，否则会造成温度过低，塑化不良，因此控制辊筒温度必须与辊筒的线速度相配合。

辊温与辊速之间的关系还涉及辊温分布、辊距与存料调节等条件的变化。如果其他条件不变而将辊速由 40m/min 升到 60m/min，这样必然会引起物料压延时间的缩短和辊筒分离力的增加，从而使产品偏厚以及存料量和产品横向厚度分布发生变化。反之，辊速由 60m/min 降到 30m/min 时，产品的厚度先变薄、而后出现表面发毛现象。前者是压延时间延长及分离力减少所致，而后者显然是摩擦热下引起热量不足的反映。

压延时，物料常黏附于高温和快速的辊筒上。为了使物料能够依次贴合辊筒，避免夹入空气致使薄膜产生孔泡，各辊筒的温度一般是依次增高的，并维持一定的温差，各辊筒之间的温差在 5～10℃ 范围内，但Ⅲ、Ⅳ两辊的温度应接近相等，这样可以有利于薄膜的引离。

2. 辊筒的速比

压延机相邻两辊筒线速度之比称辊筒的速比。使压延机具有一定的速比的目的不仅在于使物料依次贴辊，而且还在于使塑料能够更好地塑化，使物料受到更多的剪切作用。此外，还可使制品取得一定的延伸和定向，从而所制薄膜厚度和质量分别得到减小和提高。为了达到这一目的,辅机与压延机辊筒的线速度也应该有速比,这就使引离辊、冷却辊和卷取辊的线速度依次增高,并且都大于压延机主辊筒(四辊压延机中的Ⅲ辊)的线速度。但是速比不能太大,否则薄膜的厚度将会不均匀,有时还会产生过大的内应力。薄膜冷却以后要尽量避免延伸。

调节速比的要求是不能使物料包辊和不吸辊。速比过大,物料易包在速度高的一个辊上,而不贴下一个辊,还有可能出现薄膜厚度不均匀,内应力过大现象;速比过小,物料黏附辊筒能力差,以致空气夹入而使产品出现气泡,如对硬片来说,则会产生"脱壳"现象,塑化不良,造成质量下降。

3. 辊距及辊隙间存料

调节辊距一是为了适应产品厚度的要求,二是为调节辊隙间的存料量。压延机的辊距,除了最后一道与产品厚度大致相同外,其他各道辊距都要比这一数值大,而且按压延辊筒的排列次序自下而上(逆压延方向)逐渐增大,借以使辊隙中有少量存料。辊隙存料对压延成型起贮备、补充和进一步塑化的作用。存料的多少和旋转状况均能直接影响产品质量。存料过多,薄膜表面毛糙并出现云纹,还容易产生气泡;在硬片压延中还会出现冷疤;存料过多对设备也不利,还会增大辊筒负荷。存料量太少会使压力不足而造成薄膜表面毛糙,在硬片中会连续出现菱形孔洞,存料过少还可能经常引起边料的断裂,以致不易牵至压延机上再用,存料旋转不佳会使产品横向厚度不均匀,薄膜有气泡,硬片有冷疤。存料旋转不佳的原因在于料温太低、辊温太低或辊距调节不当。故辊隙存料量是压延操作中需要经常观察和调节的重要因素。合适的存料量如表 6-3 所示。

表 6-3 压延 PVC 时辊隙间存料要求

制品	Ⅱ/Ⅲ辊隙存料量	Ⅲ/Ⅳ辊隙存料量
0.10mm 厚薄膜	细至一条直线	直径约 10mm,呈铅笔状
0.50mm 厚薄膜	折叠状连续消失,直径约 10mm,呈铅笔状	直径 10~20mm,缓慢螺旋状

4. 剪切和拉伸

由于沿压延方向上物料受到很大的剪切和拉伸力作用,因而聚合物大分子会顺着薄膜的压延方向取向排列,使薄膜在物理力学性能上出现各向异性,这种现象在压延成型中通称为压延效应或定向效应。PVC 压延薄膜因定向效应引起的性能变化主要有断裂伸长率沿压延方向为 140%~150%,横向为 37%~73%;在自由状态下受热时,因解取向而使薄膜纵向收缩,横向与厚度则膨胀。这与橡胶的压延效应是一致的。定向效应或压延效应的程度随压延速度、辊筒的速比、辊隙中的存胶量以及物料的表观黏度等因素的增长而增大,随辊温、辊距及压延时间的增加而减小。另外,由于引离辊、冷却辊、卷取辊等均有速比也会引起压延效应的增大。

6.3.3.2 原材料的因素

1. 树脂

树脂的分子量较高、分子量分布较窄,则制品的物理力学性能、热稳定性和表面均匀性好,但又会增加设备负荷和使压延温度升高,不利于生产厚度较小的薄制品,树脂中的灰分、水分和挥发分含量都不能过高。灰分含量过高会降低薄膜的透明度,水分及挥发含量过高会产生气泡。

2. 其他组分

配方中对压延影响较大的其他组分是增塑剂和稳定剂，增塑剂含量多的物料黏度低，在不改变压延机负荷的条件下可以提高压延速度或降低压延温度。

稳定剂选用不当常会使压延机辊筒（包括花纹辊）表面蒙上一层蜡状物质，致使薄膜表面不光，生产中还会发生粘辊现象，或者在更换产品时发生困难。压延辊温越高，这种现象越严重。出现蜡状物质的原因在于所用稳定剂与树脂的相容性较差，并且其分子的极性基团的正电性较高，致使压延时析出物料表面而黏附于辊筒的表面上，形成蜡状层。颜料、润滑剂等原料也有形成蜡状物的可能。避免形成蜡状层的方法为：

（1）选用适当的稳定剂，即分子中极性基团的正电性较小、与树脂的相容性较好的稳定剂，例如钡的正电性较镉的高，锌的则更小，故钡皂就比镉皂和锌皂析出现象严重，故在压延物料配方中应控制钡皂的使用。

（2）最好少用或不用月桂酸盐而选用液态稳定剂，如乙基己酸盐和环烷酸盐等。

（3）掺入吸收金属皂类更强的填料，如含水氧化铝等，也可加入酸性润滑剂，如硬脂酸等。酸性润滑剂对金属具有更强的亲和力，可以先黏附于辊筒表面，并对稳定剂起润滑作用，因而能避免稳定剂黏附于辊筒表面。但硬脂酸用量不能过多，否则易析出薄膜表面。

3. 供料前的混合与塑炼

混合与塑炼是为了使物料中各组分的分散和塑化均匀。若分散不均匀，常会使薄膜出现鱼眼、柔曲性降低及其他质量缺陷；塑化不均会使薄膜出现斑痕。

塑炼温度不能过高，时间也不易过长，否则会使过多的增塑剂挥发，并易引起树脂降解，塑炼温度过低会出现物料不粘辊或塑化不均的现象。适宜的塑炼温度视具体配方而定，一般温度范围为 150～180℃。

6.3.3.3　设备因素

压延产品质量上的突出问题之一是横向的厚度不均匀，通常是中间和两端厚度较大，而近中区的两边较薄，俗称"三高两低"现象，如图 6-6 所示，这种现象主要是由于辊筒的弹性弯曲变形和辊筒两端的温度偏低造成的。

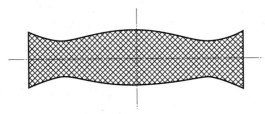

图 6-6　压延制品横截面"三高两低"现象

1. 辊筒的弹性弯曲变形

这是由于压延时物料对辊筒的分离力（即横压力）所引起的。这种弯曲变形从变形最大处的辊筒轴线中心向两端逐渐减小，因而压延制品的断面厚度呈现中间厚、两边薄的现象。这样的塑料薄膜在卷取时，其中间的张力必然高于两边，致使放卷后出现不平整现象。辊筒的长径比越大，这种弹性变形的影响也越大。为了减小其影响，除了从辊筒材料及结构设计等方面提高其刚度外，还采用辊筒的中高度、轴交叉和预弯曲等措施加以补偿，通常是三种方法并用的补偿效果最好，单用某一种补偿方法其补偿作用都有局限性。

（1）中高度法：将辊筒工作表面加工成为中部直径稍大，两端直径较小的腰鼓形，沿辊筒的长度方向有一定的弧度。中高度就是辊筒工作表面最大直径和最小直径的差值。如图 6-7所示。

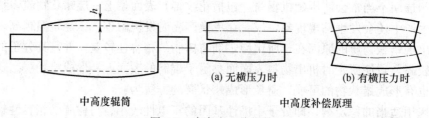

中高度辊筒　　　　　　　　　　　　(a) 无横压力时　　　　　(b) 有横压力时
　　　　　　　　　　　　　　　　　　　　　　中高度补偿原理

图 6-7　中高度凸缘辊筒

（2）轴交叉法：如果将相邻的两个平行辊筒之一绕其轴线的中点的连线，旋转一个微小的角度（一般为 1°~2°），使两辊筒的轴线呈空间交叉状态，在两个辊筒之间的中心间隙不变的情况下将增加两端的间隙，如图 6-8 所示。

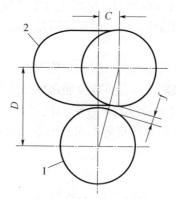

图 6-8　辊筒轴交叉示意图

（3）预应力法：在辊筒工作负荷作用前，在辊筒轴承两端的轴颈上预先施加额外的负荷，其作用方向正好与工作负荷相反，使辊筒产生的变形与分离力引起的变形方向正好相反，两种变形可以相互抵消，从而达到补偿的目的，如图 6-9 所示。

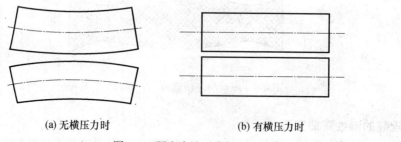

(a) 无横压力时　　　　　　　　　　　(b) 有横压力时

图 6-9　预应力法示意图

2. 辊筒表面温度的变动

在压延机辊筒上，两端温度通常比中间的低。其一方面原因是轴承的润滑油带走了热量，另一方面是辊筒不断向机架传热。辊筒表面温度不均匀，必然导致整个辊筒热膨胀的不均匀，这就造成产品两端厚的现象。

　　为了克服辊筒表面的温差，虽可在温度低的部分采用红外线或其他方法作补偿加热，或者在辊筒两边近中区采用风管冷却，但这样又会造成产品内在质量的不均。所以，保证产品横向断面厚度均匀的关键在于中高度、轴交叉、预应力装置的合理设计、制造和使用。

 练习与讨论

　　1. 压延成型的原理是什么？有何工艺特点？

　　2. 压延成型辊筒的排列方式有哪几种？压延机按辊筒数目可分为几类？四辊压延机有几种排列方式？最普遍采用哪几种？

　　3. 影响压延产品质量的因素有哪些？

　　4. 压延前工序有哪些设备？压延后处理有哪些程序？

　　5. 压延加工的目的及其对操作和产品质量的要求是什么？

　　6. 何谓压延效应？受哪些操作因素影响？如何影响？

项目七　中空吹塑成型技术

教学目标

（1）能根据产品的外观进行中空吹塑设备和模具的选择。
（2）能完成中空吹塑产品成型操作。
（3）能初步对中空吹塑操作中出现的异常情况进行处理。

工作任务

药用塑料瓶的中空吹塑成型。

　　中空吹塑成型是将挤出机挤出或注射机注射出的、处于高弹性状态的空心塑料型坯置于闭合的模腔内，然后向其内部通入压缩空气，使其胀大并贴紧于模具型腔表壁，经冷却定型后成为具有一定形状和尺寸精度的中空塑料容器。该成型方法以生产的产品成本低、工艺简单、附加值高等独特的优点得到了广泛的应用。

　　中空吹塑成型是热塑性塑料的一种重要的成型方法，也是塑料包装容器和工业制件常采用的成型方法之一。包装容器从容量几毫升的眼药水瓶、到容量大到几千升以上的贮运容器以及各种工业制件，诸如各种塑料瓶子、水壶、提桶、玩具、人体模型、汽车靠背及内侧门、啤酒桶、贮槽、油罐及油箱等中空塑料制品均可采用吹塑成型方法生产。因此，中空吹塑成型制品，在化妆工业、油漆工业、医药行业、饮料及食用植物油等的包装中，占有越来越重要的地位。到目前为止，各种吹塑成型的中空制品，在国内市场的总需求量已逾百亿只。

 7.1　中空吹塑成型常用的方法及对原料的要求

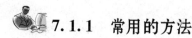 **7.1.1　常用的方法**

　　在吹塑成型塑料容器时，其共性是将其处于高弹态下的熔融塑料型坯，在特定温度下利用压缩空气进行纵横拉伸吹塑而成型，随着生产实践的不断深入，中空吹塑成型已发展成为多种方法并存的一大类成型方法。实际生产中，人们往往根据不同的习惯来予以分类，譬如按型坯的成型工艺不同，中空吹塑成型可分为挤出吹塑和注射吹塑两大类；按照吹塑拉伸情况的不同可分为普通吹塑和拉伸吹塑两类；按照产品器壁的组成分为单层吹塑和多层吹塑两

大类。通常可按型坯的成型方法、型坯状态及生产步骤等方法进行分类，如表7-1所示。

表7-1 中空吹塑成型方法分类

按型坯成型方法分类	按型坯冷热状态分类	按工艺过程步骤分类
挤出吹塑成型 注射吹塑成型 拉伸吹塑成型 多层吹塑 片材吹塑成型	热型坯法 冷型坯法	一步法（挤-拉-吹，注-拉-吹） 二步法（注吹分开、挤吹分开） 三步法（挤管、封口、吹塑分开）

随着生产技术的发展，目前用得最多的是挤-拉-吹塑和注-拉-吹塑一步法，前者以生产大中型产品居多，后者以生产中小型、高精度透明容器为主。最常用的成型方法有以下四种。

7.1.1.1 挤出吹塑成型

挤出吹塑成型是制造塑料容器使用最早、最多的一种工艺方法，据资料介绍，世界上80%～90%的中空容器是采用挤出吹塑成型的。挤出吹塑成型是将热塑性塑料熔融塑化，并通过挤出机机头挤出型坯；然后将型坯置于吹塑模具内，通入压缩空气（或其他介质），吹胀型坯，冷却定型后，从模具内取出制品，如图7-1所示。其主要优点是生产的产品成本低廉、设备与模具结构简单、效益高，突出的缺点是制品壁厚尺寸有差异、均匀性不易控制。

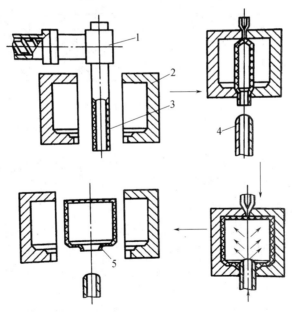

图7-1 挤出吹塑生产工艺流程示意图

1—挤出机头；2—吹塑模具；3—型坯；4—压缩空气吹管；5—制品

当今工业化的挤出吹塑有多种具体的实施方法，处于主体地位的有直接挤出吹塑和储料缸式挤出吹塑两种。此外，还有诸如有底型坯的挤出吹塑、挤出片状型坯的吹塑和三维吹塑等成型方法，除三维吹塑主要用于制造异型管等工业配件（如汽车用异型管）外，其余几种方法均用于制造包装容器。

挤出吹塑成型主要用来成型单层结构的中空容器,其成型的容器容量,最小的为几毫升,最大的可达几万毫升。其成型的容器包括牛奶瓶、饮料瓶、洗涤剂瓶等容器;化学试剂桶、农用化学品桶、饮料桶、矿泉水桶等桶类容器;以及200L、1000L的大容量包装桶和储槽。成型常用的塑料有低密度聚乙烯(LDPE)、高密度聚乙烯(HDPE)、聚氯乙烯、聚丙烯、乙烯-乙酸乙烯酯共聚物(EVA)、聚碳酸酯等聚合物。

7.1.1.2 注射吹塑成型

注射吹塑成型与挤出吹塑成型的主要不同之处在于注射吹塑的型坯是采用注射的方法制备的。

注射吹塑成型采用注射成型制取有底型坯,然后转移到吹塑模具内,用压缩空气将型坯吹胀,冷却定型后,从模具内取出制品,如图7-2所示。此法的优点是制品壁厚均匀,无飞边,无须后加工,且螺纹口规整;由于注塑型坯有底,制品底部无拼接缝,因而强度好,生产效率高。主要缺点是设备与模具价格昂贵,多用于小型中空制品的大批量生产。

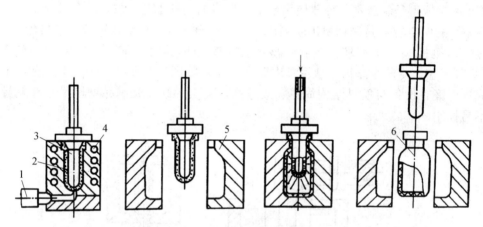

图 7-2 注射吹塑生产过程示意图
1—注射机喷嘴;2—注射型坯;3—空心凸模;4—加热器;5—吹塑模具;6—制品

根据型坯从注射模具到吹塑模具中的传递方法的不同,注射吹塑机有往复移动式与旋转运动式两类。采用往复式传送型坯的机器一般只有注射、吹塑两个工位,而旋转式传送型坯的机器有3个工位(注射、吹塑与脱模)或4个工位(注射、吹塑、脱模与辅助工位)。辅助工位可用于安装嵌件或进行安全检查,即检查芯棒转入注射工位之前容器是否脱模,或者在该工位进行芯棒调温处理,使芯棒在进入注射工位时,处于最佳温度状态。如果将辅助工位设于吹塑工位与脱模工位之间,还可在该辅助工位对吹塑容器进行装饰及表面处理,如烫印、火焰处理等。

注射吹塑适用于多种热塑性塑料的成型加工,如聚苯乙烯、聚丙烯腈、聚丙烯和聚氯乙烯等。它主要用于吹制小容量器皿,代替玻璃制品用于日化产品(如化妆品、洗涤剂)、食品及药品的包装。产品的形状有多种选择,除圆形之外,亦可制成椭圆形、方形及多角形等。

7.1.1.3 拉伸吹塑成型

拉伸吹塑成型又称双轴取向拉伸吹塑成型。它是将挤出或注射成型的型坯,经冷却后,再次加热,然后用机械的方法及压缩空气施以外力,使型坯沿纵向及横向进行吹胀拉伸、最终冷却定型的方法，如图 7-3 所示。用此种方法吹塑成型的中空制品，可使材料分子在双轴取向作用下，制品透明性得到改善，强度显著提高。根据型坯制造的工艺不同，拉伸吹塑分为注射拉伸吹塑及挤出拉伸吹塑两类。若拉伸吹塑成型在同一机组完成，称为一步法；若拉伸吹塑成型采用型坯的制造及型坯的吹胀分步进行的方法，称为两步法。

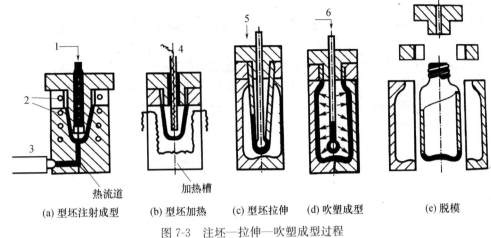

热流道　　　　加热槽

(a) 型坯注射成型　　(b) 型坯加热　　(c) 型坯拉伸　　(d) 吹塑成型　　(e) 脱模

图 7-3 注坯—拉伸—吹塑成型过程

1—冷却水；2—冷却水孔；3—注射机；4—加热模芯；5—拉伸方向；6—压缩空气

拉伸吹塑技术开发初期仅用于生产小容器，目前已能生产容积达 20L 的容器。目前采用拉伸吹塑成型的塑料有聚对苯二甲酸乙二酯（PET）、聚丙烯、聚氯乙烯以及聚丙烯腈、聚碳酸酯等塑料。

7.1.1.4 多层吹塑

多层吹塑是指不同种类的塑料原料，经过特定的机头形成一个多层复合黏合在一起的型坯，再经过吹塑制得多层中空制品的成型方法。其主要目的是解决制品因为单独使用一种塑料不能满足使用要求的问题。多层吹塑中空制品具有如下更好的性能：

（1）更好的气密性：例如气密性差的 PE 与气密性好的 PVC 复合。

（2）更好的阻隔性：例如发泡 PE 与 LDPE 的复合。

（3）更好的装饰性：例如印刷性不好的 PP 与具有良好印刷性能的聚酰胺（PA）的复合。

（4）更好的原料利用：例如在三层复合挤出吹塑中，采用内外两层利用新料，中间夹层利用回用料，提高原料的利用率。

常见的复合吹塑有：双层复合 PE/PA，PE/PVC，PP/PA。三层复合 PE/EVA/PA，PE/EVA/PE。

多层吹塑存在的主要问题是：

（1）层与层之间的熔接问题，除了注意选择树脂熔体指数外，还要求有严格的工艺控制。

（2）由于多种树脂复合，塑料回料利用较为困难。

（3）机头结构复杂，清理困难，设备投资大，成本高。

7.1.2 对原料的要求

从理论上来讲，凡热塑性塑料都能进行吹塑加工，但若要满足中空塑件的加工和使用要求，还须具备如下条件：

（1）良好的耐环境应力开裂性。因为中空容器常会同表面活性剂等接触，在应力作用下应具有防止龟裂的能力，因此应选用相对分子质量大的塑料。

（2）良好的气密性。所用材料应具有阻止氧气、二氧化碳及水蒸气等向容器壁内或壁外透散的特性。

（3）良好的耐冲击性。为了保护容器内装物品，塑件应具有从一定高度跌落下而不破裂的性能。

中空制品质量优劣，除了受原料及其成型工艺参数的影响之外，还与模具结构设计、成型收缩率选择和加热与冷却装置设计等因素密切相关。正是由于受诸多因素的制约，在生产实践中能用于吹塑的树脂并不多，其中以聚乙烯、聚氯乙烯、聚丙烯、聚苯乙烯、聚对苯二甲酸乙二酯、聚碳酸酯、聚丙烯酸酯类、聚酰胺类、醋酸纤维及聚缩醛等可作为理想的吹塑材料，目前以聚乙烯和热塑性聚酯使用最为广泛。

7.2 中空吹塑设备

无论是挤出吹塑还是注射吹塑成型的设备通常都是由型坯成型装置、吹胀装置、辅助装置和中空吹塑模具等部分组成。

7.2.1 型坯成型装置

型坯成型装置是指包括挤出机或注塑机在内，以及挤出型坯用的机头或注塑型坯用的机头和模具等设备。

7.2.1.1 挤出机

挤出机是挤出吹塑装置中最主要的设备。吹塑制品的力学性能和外观质量、各批成品之间的均匀性、成型加工的生产效率和经济性，在很大程度上取决于挤出成型机的结构特点和正常操作，如挤出机应能获得最高产量、最低能源消耗且售价适宜，操作方便、成型特性参数稳定、容易维修；性能要稳定，成型加工特性参数的重现性要好，波动性要小，而且挤出机要有较好的保护性能（包括机械本身和操作人员的保护）等。

7.2.1.2 注塑机

注塑机的作用是将塑料输送、熔融、混炼成塑化均匀的熔体，并且以一定的注塑压力和注塑速度将设定质量的熔融物料经喷嘴从流道注入型坯模具，经冷却后制成有底的管状型坯。

注塑系统主要由料斗、螺杆、料筒、喷嘴、螺杆转动装置、注射座移动油缸、计量装置等组成。

注塑系统可采用垂直往复式注塑机或水平往复式注塑机。垂直往复式注塑机比水平往复式注塑机结构简单、部件少、能耗小、占地面积少、维修简便，适用于要求低剪切、低熔融温度、不适宜高扭力的材料。水平注塑机的结构虽然比较复杂，但其操作方便，运行可靠性好，反而被大多数容器制造厂接受。

7.2.1.3　型坯机头

1. 挤出吹塑型坯机头

经挤出机熔融混炼的熔体，流经机头，并由机头挤出或压出为型坯。机头是形成型坯的主要装置，其作用是使物料由螺旋运动变为直线运动产生必要的成型压力，保证制品的密实；使物料通过机头得到进一步的塑化；通过机头成型所需要的端面形状的型坯。机头由滤板及滤网组件、连接头、型芯组件、加热器等部件组成。根据不同的机头结构，型芯组件可包括模套、模芯、分流梭、储料腔、型坯厚度调节及控制装置。机头是挤出吹塑成型的重要装备，可以根据所需型坯直径、壁厚的不同予以更换。

（1）型坯机头的形式：型坯机头包括直角机头和储料缸机头。

① 直角机头。所谓直角机头是指型坯挤出方向与螺杆轴线垂直的一种机头形式。主要有中心直角机头、侧向进料直角机头等形式。

中心直角机头的机头内设置分流梭，如图7-4所示。分流梭一般由分流头（鱼雷头状）、分流筋、芯棒等组成。从挤出机挤出的熔体，经挤出机机头，从分流梭顶端的中心位置进入机头，并按圆周分布经分流筋，分成若干股熔体，在芯棒处重新汇合，挤出成型坯。这种机头的结构特点是流道存料少，型坯厚薄易控制，出料较稳定，比较适合聚氯乙烯塑料等热敏性塑料的加工，特别适用于透明无毒容器的成型。因此主要用于聚氯乙烯等热敏性塑料，也可用于聚烯烃塑料的成型加工。

侧向进料直角机头有环形侧向进料直角机头和心形侧向进料直角机头，主要是熔体由侧面方向进入机头芯棒后，经支管径向分流，并从径向流动逐渐过渡到轴向流动。其中环形侧向进料直角机头的结构如图7-5所示，机头芯棒在熔体入口部位开设环形槽使进入机头的熔体成为环形熔流进入芯棒。这种机头的优点是结构简单，制造方便，流道长度较短，型坯只有一条熔合线；缺点是难以保证型坯径向厚度的均匀性。环形侧向进料直角机头主要适用于中、容器的成型加工。

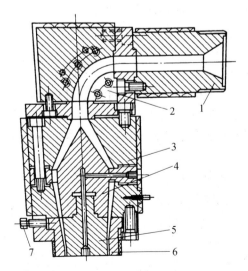

图7-4　中心进料直角机头

1—挤出机机头；2—直角连接体；3—模体；
4—分流梭；5—模芯；6—模套；7—调节螺丝

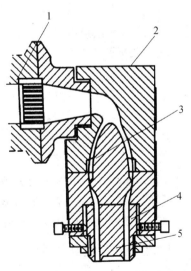

图7-5　环形侧向进料直角机头

1—挤出机；2—模体；3—分流梭；
4—模套；5—芯模

② 储料缸机头。储料缸机头结构如图 7-6 所示，从挤出机挤出的熔体，经机头中心孔进入机头内的储料缸，储料缸内有能上下运动的环形活塞。进入储料缸内的熔体，达到一定控制量时，活塞向下运行，机头的液压系统开始工作，通过活塞快速地把贮存的熔体压出，形成型坯。型坯的形成是按"先进先出"的原则进行的，在压出型坯的过程中，挤出机仍在连续运转。这样，型坯自重下垂和缩颈现象会明显减少，从而提高了型坯壁厚的均匀性。

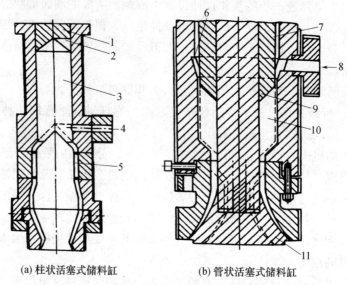

(a) 柱状活塞式储料缸   (b) 管状活塞式储料缸

图 7-6　带储料缸直角机头

1—柱状活塞；2—豁口；3—储料缸；4—熔体入口；5—芯模支架；6—环形尊；7—套筒；
8—熔体入口；9—管状活塞；10—储料缸；11—芯模

直角机头常用于连续挤出吹塑成型，而带储料缸机头适用于大、中容量的聚烯烃容器吹塑成型。

（2）机头口模。机头口模是指模芯和模套。模芯一般与芯棒或分流梭相连，模芯和模套必须配套使用，并且是可更换的；模芯与模套的边缘要呈圆角，以减少残存物料。

2. 注射吹塑型坯机头

注射吹塑型坯机头是保证型坯质量的重要装置，由口模开关油缸与机头两部分组成。机头包括机头体、芯棒、过渡板、口模、调节螺钉、加热控制装置等部件。注射吹塑成型机与挤出吹塑成型机的机头相比，最大的差别在于注射吹塑成型机注射油缸安装在注射塑化装置上，且机头内腔无储料缸；而挤出吹塑成型机挤出油缸安装在机头上，并且机头内腔设置储料缸。

口模在口模开关油缸作用下完成不同动作。塑化时，向下移动，关闭口模注射时，向上移动、打开口模。型坯壁厚，通过调节口模打开的间隙进行控制径向壁厚均匀性，通过调整螺钉、调节口模间隙来控制。

7.2.1.4　型坯注射模具

型坯注射模具主要由型坯芯棒、型坯模腔体、型坯颈圈、冷却系统等组成。

1. 型坯芯棒

（1）型坯芯棒的作用：型坯芯棒同时是型坯注射模具和吹塑模具的主要组件；构成型坯

内表面形状和容器颈部的内径，压缩空气的进出口，相当于挤出吹塑的型坯吹气杆，可在吹塑模内通入压缩空气，吹胀型坯；热交换介质（油或空气）的进出口。芯棒内可调节型坯温度在转位过程中，带走型坯或容器。

（2）型坯芯棒的结构：型坯芯棒是一个中空管件，结构如图7-7所示。棒的末端有一个阀门，当阀门关闭时，能阻止熔体进入芯棒，芯棒有压缩空气的进出口和通气槽；芯棒有热交换介质进出口和通道；芯棒固定在芯棒夹架上，而芯棒夹架固定在转位装置上。芯棒的轴径比夹架上的配合孔径小0.10～0.15mm，以便补偿芯棒从温度较高的型坯、模坯转位到温度较低的吹塑模内时，因热膨胀或收缩引起的尺寸差异。芯棒可用合金工具钢制造，有时也用铜铍合金制造芯棒的端部及主体部分。

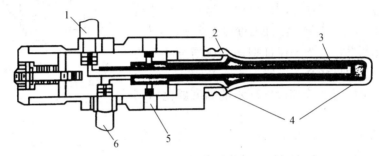

图7-7 型坯芯棒的结构

1—热交换介质入口；2—型坯；3—芯棒；4—压缩空气出口；5—压缩空气入口；6—热交换介质出口

（3）型坯芯棒的工艺要求：

① 芯棒的直径和长度是芯棒的主要尺寸，按成型工艺要求，其长径比（L/D）一般不超过10：1。芯棒的L/D过大，芯棒受高压注射压力作用，易产生弯曲变形，造成型坯壁厚分布不均匀。

② 芯棒在主体部位的直径应比容器的口颈部内径略小，便于容器从芯棒上脱模。但是，芯棒直径减小，会使型坯吹胀比增大，不利于容器壁厚的均匀性。因此，设计时应在不影响容器脱模的情况下，使芯棒保持较大的直径。

③ 芯棒在成型过程中，既要经受较高的注射压力的作用，又要受加热-冷却-调温等反复多次的温差变化影响，因此，除了要求高质量的材料以外，还要求芯棒具有较高的机械加工精度。

④ 芯棒上有压缩空气出口位置，可根据塑料的品种、型号及容器形状、芯棒的L/D来确定。当$L/D>8：1$时，容器颈部尺寸小，为减小芯棒的变形，可采用底出气的芯棒；当L/D较小时，容器颈部尺寸相对增大，或者型坯肩部较难吹胀时，或者选用的树脂要求有较高的型坯吹胀温度时，可采用顶部出气的芯棒，还可以在出气口处增设小孔。

⑤ 为避免因芯棒偏移造成型坯壁厚不均匀或造成熔体泄漏，芯棒与型坯模及吹塑模的颈圈应紧密配合。

⑥ 在芯棒靠近容器颈部的部位，为防止型坯转位时口部螺纹移位，或者防止型坯吹胀时压缩空气的泄漏，应开设凹槽。

2. 型坯模腔体

型坯模胶体由定模与动模两半模构成。型坯模腔体的主要作用是用来成型型坯上表面。不同塑料对模胶体材料的要求不一样。对软质聚合物，型腔体可由碳素工质钢或热轧钢制成；对硬质聚合物，型腔体可由合金工具钢制成，型腔体要抛光，加工硬质聚合物时还要镀硬铬。

3. 坯模颈圈

型坯模颈圈用来成型容器的颈部和螺纹的形状，并可起到固定芯棒的作用。

4. 模具的冷却与排气

模具冷却的位置和段数直接影响着型坯的温度分布和生产效率。一般型坯注射模具的冷却分三段进行，如图 7-8 所示。

（1）颈圈段，为了保证颈部的形状和螺纹的尺寸精度，一般要加强颈圈的冷却，冷却温度设定为 5℃左右。

（2）模腔体与芯棒，为了保证型坯在适当温度下的吹胀性能，此段的温度较高，一般为 65～135℃。

（3）充模喷嘴附近的冷却段循环水的温度要比第二段的温度高些。

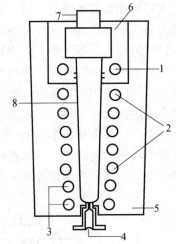

图 7-8　型坯模具冷却孔道的设置

1—颈圈段；2—腔体段；3—充模喷嘴段；

4—注射型环；5—模具；6—模颈圈；

7—芯棒；8—型环；

 7.2.2　型坯吹气机构与吹塑模具

1. 吹气机构

（1）针管吹气，如图 7-9 所示，其吹气针管安装在模具型腔的半高处，当模具闭合后，针管向前穿破型坯壁，压缩空气通过针管吹胀型坯，然后吹针缩回，熔融塑料封闭吹针遗留的针孔。针吹法适于连续吹塑颈尾相连的小型容器，模具内具有切割装置，生产用芯轴吹气不能成型的不带瓶颈的制品，但是在开口制品成型后，需要整饰加工，而且模具复杂，成本高。

（2）型芯顶吹。吹气芯轴由 2 部分组成：一是能定颈部内径的芯轴，二是可以在吹气芯轴上带滑动的旋转刀，结构如图 7-10 所示。模具的颈部向上，当模具闭合时，型坯底部夹住，顶部开口，压缩空气从型芯通入。这种方法可直接利用机头芯模作为吹气芯轴，压缩空气从十字机头上方进入，经芯轴进入型坯，可以简化吹塑机构；但是该方式较难定径，制品需要整饰，而且由于空气从芯模进入会影响机头的温度。

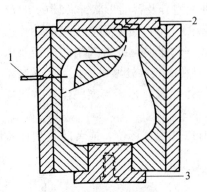

图 7-9　吹针结构示意图

1—吹针；2，3—夹口嵌件

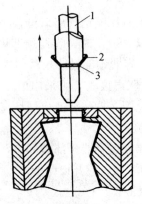

图 7-10　有定径和切径作用的顶吹装置

1—定径吹塑杆；2—带齿的旋转套；3—分割瓶的溢边

（3）型芯底吹。图 7-11 是底吹结构示意图。挤出的型坯落到模具底部的型芯上，通过型芯对型坯吹胀吹气芯轴除了可吹胀型坯外，还可以与模具瓶颈处的两半组件配合，夹住型坯以固定其尺寸，但是由于进气口在模具底部型坯温度最低的部位，若制品形状复杂，易发生吹胀不充分的现象。底吹法适用于吹塑颈部开口偏离塑件中心线的大型容器，有异形开口或有多个开口的容器。

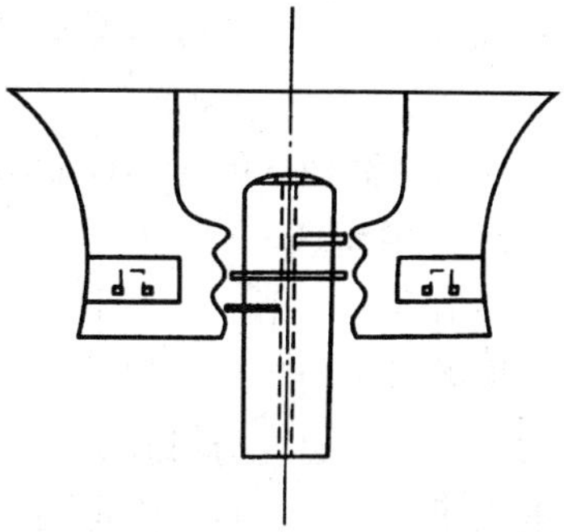

图 7-11　底吹结构示意图

2. 吹塑模具

吹塑模具是用来定型制品最终形状的，主要由模腔体、吹塑模颈圈、底模板、冷却与排气等组成。

（1）模腔体，吹塑模腔体的构成与型坯模具型腔相类似。由于吹塑时所承受的吹塑压力和锁模压力要比注射时的压力小得多，所以对制作模具的材料要求也不高。对于聚乙烯、聚丙烯容器的模腔，可以用铝或锌的合金制作；聚氯乙烯容器的模腔可用铜铍合金或不锈钢制；硬质塑料容器的模腔可用合金工具钢制作。

（2）模颈圈，模颈圈起保护和固定型坯颈部及芯棒的作用，模颈圈的直径应比相应的型颈圈大 0.05～0.25mm，以防止型坯转位时产生变形。

（3）底模板，底模板用来成型容器底部的外形，为了便于脱模，容器底部一般都设计成凹形状。对于聚烯烃容器，其底部内凹槽深度为 1.5mm，硬质塑料容器为 0.8mm；当内槽深度大于 9mm 时，模具应采用能缩进底块的滑动式底模块。

（4）冷却与排气，吹塑模具型腔结构很重要的一点是设置有效的冷却孔道，为了达到较好的冷却效果，冷却水管应贴近型腔。在吹塑模具的分型面上开设深 0.025～0.05mm 的气槽，颈圈块与模腔体之间的配合面也可排气。

7.3　药用中空吹塑瓶成型技术

7.3.1　原料和配方

许多种热塑性塑料如 PE、PP、PET、PC 等均可作为注射吹塑中空药瓶原料，目前以固体药用聚烯烃塑料瓶为最多，它是以高密度聚乙烯树脂或聚丙烯为原料，添加色母料（或钛白粉）、碳酸钙填料以及硬脂酸锌等助剂配合而制成。以高密度聚乙烯树脂为例，其主要原料配方如表 7-2 所示。

表 7-2　聚乙烯注射吹塑中空药瓶的主要原料配方

原料名称	配比（份）	原料名称	配比（份）
高密度聚乙烯	100	碳酸钙填料	5
色母料（或钛白粉）	1（0.8）	硬脂酸锌	1

7.3.2　生产工艺过程及参数设定

1. 原料准备

先将需成型树脂与助剂按照配方严格计量，配料均匀，再通过自动上料机把混合料传送到主机料斗。对于非吸湿性塑料（如 PE、PP 等）可直接使用，对于吸湿性塑料（如 PET、PC 等）需经料斗干燥器对混合物进行干燥处理，否则药瓶会出现泡孔、放射斑、条纹等缺陷，还会降低药瓶的力学性能与尺寸稳定性。

2. 注射型坯

注射型坯为第一成型工位：塑料在注射部件的料筒螺杆内熔胶，然后经热流道以高压注射到模腔内成为型坯，同时使用高温导热油来调整模具的温度，使型坯的温度适合下一工位的吹塑。注射温度与树脂的品种及药瓶的厚度有关。对于结晶性树脂，如 PE、PP 等，注射温度高于其熔点；对于无定型聚合物，注射温度要高于其黏流温度。薄壁药瓶比厚壁药瓶注射温度高。

例如生产 20mL 聚乙烯药瓶的工艺温度为料筒加料段 140～180℃，料筒中段 180～195℃，料筒前段 195～210℃，热流道 210～240℃。循环油控制的型坯温度分布为瓶颈和瓶底 60～80℃，瓶体 80～130℃。注射压力与药瓶的壁厚有关，薄壁药瓶比厚壁药瓶注射压力高。在保证药瓶质量情况下，尽可能采用较低的注射压力。一般 PE 的注射压力为 58.8～98.06MPa，PP 的注射压力为 54.9～98.06MPa。

3. 吹塑

吹塑为第二成型工位：型坯依附在芯棒上旋转到下一工位进行吹塑成型；压缩空气经芯棒吹入型坯并使其膨胀，完全接触到吹塑模具经冷却后，药瓶即告吹塑完成。吹塑时空气可先低压（0.4～0.6MPa）大流量吹塑，尽可能使型坯冷却情况下与模具接触。再进行高压（0.8～1.2MPa）定型吹塑，使型坯吹胀形成模具的轮廓。对熔体黏度低、冷却速度较慢的塑料空气压力低，反之则高。

型坯在模具内被吹胀后，要在保持压力状况下进行冷却定型。充分的冷却可以防止制品变形并保证外观质量。药瓶的冷却除模具通冷却水和压缩空气外，还要掌握适当的冷却时间。冷却时间过长，会延长成型周期，影响产量和成本。型坯被吹胀后，也要有充分时间回气。充分的回气可以防止药瓶底部变形。回气时间可根据成型药瓶大小而定。对容积较大的药瓶，回气时间可长些，反之则短。

4. 脱模

脱模为第三成型工位：已吹塑好的药瓶，旋转到取出工位脱模装置将药瓶自芯棒上取出。在药瓶取出后，芯棒的内部冷却系统将冷却芯棒的温度，使其适合制造过程中的注射工位芯棒的温度。芯棒的外部冷却系统也将冷却芯棒使其降温，防止制品黏结芯棒，影响药瓶质量。

5. 输送

脱模板翻转 90°，把已成型的药瓶整齐排放在输送带上，经过火焰装置、记数装置直接装箱。

6. 检验

对生产的药瓶进行常规检验和批量检验，主要内容有外观、物理性能、化学性能、菌检试验、异常毒性等方面的测试。

7. 包装

将合格的药瓶进行包装，标注商标、规格、生产日期、生产单位、地址等，然后入库、贮存。

7.3.3　中空吹塑工艺过程的质量控制

注射吹塑和挤出吹塑的差别在于型坯成型方法的不同，两者的型坯吹胀与制品的冷却定型过程是相同的，吹塑成型过程影响因素也大致相同。对吹塑过程和吹塑制品质量有重要影响的工艺因素是型坯温度、充气压力与充气速率、吹膜比、吹塑模温度和冷却时间等。

1. 型坯温度

制造型坯，特别是挤出型坯时，应严格控制其温度，使型坯在吹膜之前有良好的形状稳定性，保证吹塑制品有光洁的表面、较高的接缝强度和适宜的冷却时间，型坯温度对其形状稳定性的影响，通常表现为两点：一是熔体黏度对温度的依赖性，型坯温度偏高时，由于熔体黏度较低，使型坯在挤出、转送和吹塑模闭合过程中因重力等因素的作用而变形量增大；二是离模膨胀效应，当型坯温度偏低时，会出现型坯长度收缩和壁厚增大现象，其表面质量也明显下降，严重时出现鲨鱼皮症和流痕等缺陷，壁厚的不均匀性也明显增大。

在型坯的形状稳定性不受严重影响的条件下，适当提高型坯温度，可改善制品表面光洁度和提高接缝强度。一般型坯温度控制在材料的 $T_g \sim T_f$（或 T_m）之间，并偏向 T_f（T_m）一侧。但过高的型坯温度不仅会使其形状的稳定性变坏，而且还因必须相应延长吹胀物的冷却时间，使成型设备的生产效率降低。

2. 充气压力和充气速度

吹塑成型是借助压缩空气的压力吹胀半熔融状态的型坯，对吹胀物施加压力使其紧贴吹塑模的型腔壁以取得形状精确的制品。由于所用塑料品种加工温度和成型温度不同，半熔融态型坯的模量值有很大的差别，因而用来使型坯膨胀的空气压力也不一样，一般在 $0.2 \sim 0.7\mathrm{MPa}$。半熔融态下黏度低、易变形的塑料（如 PA 等）充气压力取低值，半熔融态下黏度大、模量高的塑料（如 PC 等）充气压力应取高值。充气压力的取值高低还与制品的壁厚和容积大小有关，一般来说薄壁和大容积的制品宜用较高的充气压力，厚壁和小容积的制品则用较低的充气压力为宜。

以较大的体积流率将压缩空气充入已在模腔内定位的型坯，不仅可以缩短吹胀时间，而且有利于制品壁厚均一性的提高而获得较好的表面质量。但充气速度如果过大将会在空气的进口区出现减压，使这个区域的型坯内陷，造成空气进入通道的截面减小，甚至定位后的型坯颈部可能被高速气流拖断，致使吹胀无法进行。所以充气时的气流速度和体积流率往往难以同时满足吹胀过程的要求，为此需要加大吹管直径，使体积流率一定时，不必提高气流的速度。当吹塑细颈瓶中空制品时，由于不能加大吹管直径，为使充气气流速度不致过高，就只能适当降低充气的体积流率。

3. 吹胀比

吹胀比是制品的尺寸和型坯尺寸之比。型坯尺寸和质量一定时，制品尺寸越大，型坯的吹胀比越大。虽然增大吹胀比可以节约原材料，但制品壁厚变薄，吹胀成型困难，制品的强度和刚度降低吹胀比过小，原材料消耗增加，制品有效容积减少，制品壁厚增大，冷却时间延长，成本增高。一般吹胀比为 $2 \sim 4$ 倍，吹胀比的大小应根据塑料材料的种类和性质、制品的形状和尺寸以及型坯的尺寸大小来决定。

4. 吹塑模具温度

吹塑模具的温度高低首先决定于成型用塑料的种类，聚合物的玻璃化温度 T_g 或热变形

温度 T_f 高者，允许采用较高的模温；相反，应尽可能降低吹塑模的温度。

模温不能控制过低，因为较低的模具温度会使型坯在模内定位到吹胀这段时间内过早冷却，导致型坯吹胀时的形变困难。模温过高时，吹胀物在模内的冷却时间过长，生产周期增加，若冷却程度不够，制品脱模时会出现变形严重、收缩率增大和表面缺乏光泽等现象、模具温度还应保持均匀分布，以保证制品的均匀冷却。

5. 冷却时间

型坯在吹塑模内被吹胀而紧贴模壁后，一般不能立即启模，应在保持一定进气压力的情况下，留在模内冷却一段时间。这是为了防止未经充分冷却即脱模所引起的强烈弹性回复，使制品出现不均匀的变形。冷却时间影响制品的外观质量、性能和生产效率。

冷却时间一般占制品成型周期的 1/3～2/3，冷却时间与所用塑料的品种、制品的形状和壁厚以及吹塑模和型坯的温度有关。通常随制品壁厚增加，冷却时间延长。增加冷却时间可使制品外形规整，表面图纹清晰，质量优良，但对结晶型塑料，冷却时间长会使塑料的结晶度增大，韧性和透明度降低，而且生产周期延长，生产效率降低。为缩短冷却时间，除对吹塑模加强冷却外，还可以向吹胀物的空腔内通入液氮和液态二氧化碳等强冷却介质进行直接冷却。

 7.3.4　常见的注射吹塑过程的异常现象及解决方法

常见的注射吹塑过程的异常现象及解决方法，如表 7-3 所示。

表 7-3　注射吹塑过程的异常现象及解决方法

现象	故障分析	解决方法
型坯缺料	1. 注射量不足 2. 注射压力及速度偏低 3. 物料温度低 4. 热流道温度偏低 5. 喷嘴堵塞 6. 模具温度低 7. 注射压力低 8. 注射时间短 8. 加料口堵塞 10. 模具安装不对中使一边过薄，阻力增大，物料填不满	1. 延长螺杆后退的行程 2. 提高高压注射压力 3. 提高熔体温度 4. 提高热流道温度 5. 清理喷嘴，加大喷嘴孔径 6. 提高型坯模具温度 7. 提高注射压力 8. 延长注射时间 9. 清理料斗与加料口 10. 应重新安装
型坯溢边	1. 注射量太多 2. 注射压力偏高 3. 注射速度过快 4. 物料温度太高 5. 热流道温度偏高 6. 喷嘴温度太高 7. 模具闭合不良	1. 缩短螺杆后退的行程 2. 降低高压注射压力 3. 降低注射速度 4. 降低熔体温度 5. 降低热流道温度 6. 降低喷嘴温度 7. 应调整模具闭合系统，使其紧密贴合
型坯注射量不稳	1. 注射压力出现波动 2. 热电偶松动或损坏 3. 混炼式喷嘴元件损坏型坯 4. 模具控温装置失灵	1. 检查注射油缸 2. 拧紧或更换 3. 更换混炼式喷嘴元件 4. 检查并更换

续表

现象	故障分析	解决方法
熔合不良	1. 模具排气不良 2. 注射压力偏低 3. 吹胀时吹入空气的时间偏长 4. 注射余料量太少 5. 原料污染 6. 注料口温度太低	1. 改善模具排气条件 2. 提高注射压力 3. 缩短吹胀时间 4. 延长螺杆后退的行程 5. 应净化处理 6. 提高注料口温度
吹不成型	1. 吹胀压力太低 2. 型坯温度太低 3. 芯棒温度太高 4. 供气管线堵塞 5. 型坯模具温度太低	1. 提高吹胀压力 2. 提高料筒温度 3. 降低芯棒温度 4. 清除堵塞物 5. 提高型坯模具温度
型坯垂伸	1. 注射压力太高 2. 成型周期太长 3. 芯棒温度太高 4. 熔料温度太高	1. 应适当降低注射压力 2. 缩短成型周期 3. 降低芯棒温度 4. 降低料筒温度
容器表面有条纹或熔接痕	1. 模具排气不良 2. 注料口堵塞 3. 注射压力控制不当 4. 注射速度控制不当 5. 螺杆转速太快 6. 原料内混有异物杂质 7. 熔料温度太低	1. 清理模具型腔，改善排气条件 2. 应清除堵塞物及加大注料口 3. 压力太高或太低都会导致产生表面条纹或熔接痕，应适当调整压力 4. 速度太快或太慢都会导致产生表面条纹或熔接痕，应适当调整速度 5. 降低螺杆转速 6. 应净化处理 7. 提高料筒温度
容器体凹陷	1. 吹胀时间短 2. 吹塑模具温度太高 3. 芯棒温度过高 4. 模具控温装置控制不当 5. 模具型腔设计不合理	1. 延长吹胀空气的作用时间 2. 降低吹塑模具的温度 3. 加大芯棒的冷却量 4. 检查模具控温装置 5. 对吹塑模具型腔作凹陷修整
容器透明度差	1. 冷却速率太慢 2. 吹气管道内不清洁 3. 熔料的流动阻力太大 4. 模具温度太高 5. 注塑冷料导致型坯不透明	1. 加快冷却速率，增大制冷量 2. 应过滤空气 3. 提高物料温度和提高模具浇口的温度，以增大熔体的流动性 4. 降低模具温度 5. 提高喷嘴或模具温度
成型尺寸不稳定	1. 熔料流道内有阻塞物 2. 吹塑压力偏低 3. 注射压力低 4. 背压低 5. 注射余料量太多或少 6. 注射速度太快或太慢 7. 型坯模温太高 8. 熔料温度太高	1. 清理机筒及模具流道 2. 提高吹胀气压的压力 3. 提高高压注射压力 4. 提高背压 5. 调整螺杆后退的行程 6. 调整注射速度 7. 降低型坯模具温度 8. 降低熔料温度
容器脱模困难	1. 脱模压力低 2. 脱模不畅 3. 芯棒尾部的凹槽过大 4. 容器与模具的摩擦力大	1. 提高脱模压力 2. 调整或更换脱模装置 3. 减小芯棒尾部的凹槽 4. 在树脂中加入润滑剂或在模具中喷涂脱模剂以减小容器与模具的摩擦力

练习与讨论

1. 比较注射成型设备与注射吹塑成型设备的主要区别。

2. PET 饮料瓶成型所需的设备有哪些？

3. 挤出吹塑与注射吹塑的特点分别是什么？

4. 查找有关资料，总结注射吹塑常见的故障有哪些？如何排除？

项目八　塑料其他成型技术

教学目标

（1）掌握搪塑成型的基本原理、工艺过程和工艺参数。

（2）掌握热成型的设备、工艺过程及工艺要求。

8.1　塑料搪塑成型

搪塑成型是用糊塑料制造空心软制品的成型方法。将模具加热到一定温度时，将塑料糊倒入开口的中空模具中，直到达到规定的容量，此时将注满料的模具放入到烘箱中一段时间，使模具壁的凝胶层达到一定厚度时，倒出模具中的液体料，再将带有一定厚度凝胶料的模具放在烘箱加热，使凝胶层熔化，取出模具进行冷却，最后从模壁上剥出制品。

搪塑成型的优点是设备费用低，工艺控制较简单，但制品的厚度、重量等准确性较差。

8.1.1　搪塑成型原料

搪塑成型的主要原料为聚氯乙烯糊树脂，所谓聚氯乙烯糊，即是由聚氯乙烯树脂等细微固体在增塑剂等液体组分中的均匀混合物或悬浮液。聚氯乙烯糊的制成品是由根据各种用途和要求而配制成的各种聚氯乙烯糊来完成的。

8.1.1.1　聚氯乙烯糊种类

聚氯乙烯糊是细微固体（固态氯乙烯聚合物或共聚物、固体助剂）分散在非水液体组分中的混合物，因其组分的不同，其性质也不同，通常可分为以下四类。

1. 增塑糊（塑性溶胶）

由固体树脂和其他固体配合剂悬浮在液体增塑剂里而成的稳定体系，其液相全是增塑剂。为保证流动性，一般增塑剂含量较高（质量分数 40％以上），这类溶胶应用较广，主要制作厚壁的软制品。

2. 稀释增塑糊（有机溶胶）

在塑性溶胶基础上加入挥发性而对树脂无溶胀性的有机溶剂，即稀释剂，也可以全部用稀释剂而无增塑剂。稀释剂的作用是降低黏度，提高流动性并削弱增塑剂的溶剂化作用，便于成型，适用于成型薄型和硬质制品。

3. 增塑胶凝糊（塑性凝胶）

在塑性溶胶的基础上加入胶凝剂（如有机膨润土和金属皂类）。胶凝剂的作用是使溶胶变成胶凝体，降低流动性，使凝胶在不受外力和加热情况下，不因自身的质量而发生流动，只有在一定剪切作用下才发生流动。这样，在塑型后的烘熔过程中，型坯不会发生形变，可使最终制品的型样保持原来的塑型。

4. 稀释增塑胶凝糊（有机凝胶）

在有机溶胶的基础上加入胶凝剂。

有机凝胶与塑性凝胶的区别和有机溶胶与塑性溶胶的区别相同。前两者与后两者的不同点在于前两者组成中都加有胶凝剂，只有当剪应力高达一定值后才发生流动，这样，在不受外力和加热的情况下，物料不会因自身重力而发生流动，在整个成型过程中物料就不会产生流泄和塌落现象，同时容易成型，使最后所得到的制品能保持塑成时的形状。

8.1.1.2 聚氯乙烯糊的制备

1. 聚氯乙烯糊的组分及作用

聚氯乙烯糊所含组分有树脂、分散剂、稀释剂、胶凝剂、稳定剂、填充剂、着色剂、表面活化剂以及为特殊目的而加入的其他助剂等。

2. 聚氯乙烯糊的配制与贮存

（1）聚氯乙烯糊的制备：

聚氯乙烯糊的制备，关键是将固体物料稳定地悬浮分散在液体物料中，并将分散体中的气体含量降至最小。配制工艺通常包括：研磨、混合、脱泡等工序。

① 研磨。研磨的作用：一方面使附聚结团的粒子尽可能分散；另一方面使液体增塑剂充分浸润各种粉体料的表面，以提高混合分散效果。制备 PVC 糊前，着色剂、粉末稳定剂、胶凝剂和发泡剂应与适量分散剂混合，在三辊研磨机中研磨成浆，然后再用于整个物料中。

② 混合。混合是配制塑料糊的关键工序，为使各组分均匀分散，要求混合设备对物料有一定的剪切作用。常用的设备为行星搅拌型的立式混合机、捏合机和球磨机等。塑性溶胶或凝胶通常用捏合机或行星搅拌型立式混合机，如图 8-1 所示。有机溶胶则常用球磨机在密闭下进行，以防溶剂的挥发。钢制球磨机因钢球密度大，可获得较大的剪切效率，所以捏合效果好；瓷球球磨机则可使树脂避免因铁质而引起的降解作用。

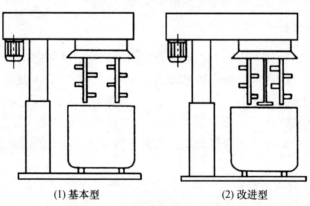

(1) 基本型 　　　　　　　　(2) 改进型

图 8-1　行星搅拌型的立式混合机

配制溶胶时，将树脂、分散剂和其他配合剂以及上述在三辊研磨机上混匀的浆料加入到混合设备中，通过搅拌使其混合，直至成为均匀地糊状物为止。增塑剂含量较大时，宜分步加入，但对有机溶胶或有机凝胶，增塑剂应一起加入，以免有机溶剂挥发。

糊料在搅拌桶的高度一般不宜超过桶高的2/3，以免搅动时飞溅和溢出。混合搅拌器的旋转叶片的形式、大小、叶片位置高低均会影响混合效果，搅拌速度要均匀，转速不宜过快，否则容易将造成糊料升温过快，并在液面形成过大过深的旋涡使大量空气混入增塑糊内。为了避免混合过程中分散剂的溶剂化作用而增大溶胶的黏度，混合温度不得超过30℃。由于混合过程中温度会升高，设备最好附有冷却装置。混合终点视配方和要求而定，一般混合在数小时以上。混合操作质量可通过测定溶胶的黏度和固体粒子的细度来检验。

混合时，混合料的黏度一般是先高后低，变至最低值后，如果再行混合，则黏度又能回升。先高后低的原因是成团或成块的树脂逐渐被分散的结果，而以后由低而高的原因则是树脂溶剂化作用增加。

搅拌后，如糊料中有结块，可以再进行研磨。如结块不多，也可以通过滤网滤去。

③ 脱泡。在搅拌过程中，PVC糊中总会夹入大量气泡，使用表面活化剂或料的黏度较高时，卷入的空气不易逸出。用于生产泡沫塑料制品（如发泡的壁纸和人造革）可允许糊料中有少量气泡，无需对糊料专门脱泡，可在静置中使其自然脱泡。为保证非发泡制品的质量，需要将气泡脱除，脱除的方法有：a. 将配成的糊料，按薄层流动的方式，从斜板上流下，以使气泡逸出；b. 抽真空使气泡脱除；c. 利用离心作用脱气；d. 综合式，即同时利用上述两种或两种以上作用的结合式。

连续法生产聚氯乙烯糊，固体物料通过转动元件连续地进入涡轮混合机的顶部，同时喷入增塑剂，使固液相混合而形成微分散体，固体粒子表面得到润湿。如果要配低黏度糊，可在涡轮混合机轴间几点喷入增塑剂即得。图8-2为聚氯乙烯糊的工业化生产流程。

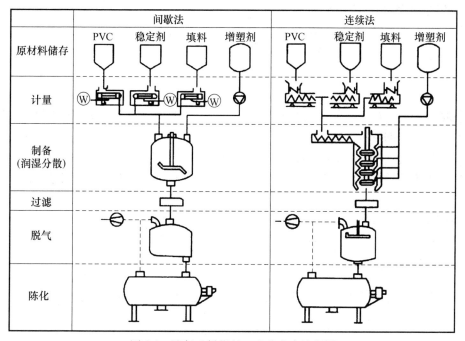

图8-2 聚氯乙烯糊的工业化生产流程图

（2）聚氯乙烯糊的贮存：

由于刚配制的PVC糊，糊黏度等性能都不够稳定，不利于加工过程的正常进行。静置一段时间后，各种性能趋于稳定，一般应静置8～24h后使用，这个过程称为"陈化"。

通常情况下，聚氯乙烯糊是稳定的，但随着贮存时间的延长和贮存温度的升高，由于分散剂的溶剂化作用，导致不可逆的黏度升高，因此，贮存温度不应超过 30℃，也不可直接与光线接触。在较低温度下，一般可贮存数天至数十天。此外，微量的铁和锌能加速聚氯乙烯的分解，故不应与铁、锌等接触，贮存的容器以搪瓷、锡、玻璃、铝或某些纤维板制成的器具为宜。

生产上应特别注意其流动性。在应用工艺上通常把较稠厚的聚氯乙烯糊称之为高黏度糊，而把较稀薄的、流动性较好的聚氯乙烯糊称之为低黏度糊。

在搪塑工艺上，通常需要的聚氯乙烯增塑糊，要求是流动性好，能倾倒或泵送，并能在室温下流淌到模具内腔各部分，直至细微花纹的模腔表面的低黏度增塑糊。它的糊黏度一般在 15～20Pa·s 之间。而稀释增塑糊的黏度通常都大大低于一般增塑糊的黏度。典型的稀释增塑糊的黏度在 2～6Pa·s 之间。经验认为，聚氯乙烯糊理想的流变指数 R 值（低剪切速率时的黏度/高剪切速率时的黏度）低于 1.2 为佳，它具有较优良的流性。

8.1.2 聚氯乙烯糊搪塑成型

聚氯乙烯糊搪塑成型法用以制造聚氯乙烯中空糊制品。利用搪塑法可以制得外形较为复杂的制品，而制品的复杂外形与完整的型腔一致，无注塑法和吹塑法制品的模具拼合线痕。另外，搪塑制品的模具可由电铸法制得，因此模具的成本是十分经济的，同时完成模具的时间也较短。

1. 搪塑工艺及参数

所谓搪塑，即先往阴模里填满聚氯乙烯糊，从外部加热或使模具预热，使该糊料与模具接触部分受热凝胶，而将未凝胶部分倒出，而该凝胶部分即搪涂于型腔。再重新加热，使已凝胶的糊料完全熔融，最后冷却并从模具中取出制品。重复上法，也可制得多层的厚壁制品。

应用搪塑法时，由于聚氯乙烯糊具有一定的流动特性，因此可以流淌到模具型腔的各个部位，甚至较精细的花纹处。而在聚氯乙烯糊受热充分熔融时，型腔的内壁即制品的外壁已经定型。当模具冷却到一定的温度时，制品具有柔软和回弹的特性，又具有一定的拉伸强度，因此可以方便地从进料口，甚至较小的模具口取出制品，只要该制品横截面的壁厚总量不大于出模口。

搪塞成型工艺流程如图 8-3 所示。

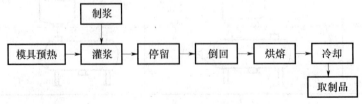

图 8-3　搪塑成型工艺流程

搪塑工艺参数为：模具的预热温度为 130℃，停留时间为 15～30s，余浆倒回后壁上膜的厚度为 1～2mm；烘熔的温度为 160℃，时间为 10～40min，冷却时间为 1～2min，并使温度低于 80℃。

2. 搪塑工艺条件的限制

使用增塑糊技术制作搪塑制品，并不是所有复杂的型腔都能适应该技术。有些几何形状如一头闭合的 U 形、管形过细和弯曲过度的、反方向多分叉的，则必须采取模具开孔或拼装措施，或分割搪塑后零件拼合等；搪塑成型的制品厚薄分布是不均匀的，主要因素在于模具的厚薄均匀度、模具受热的方式和均衡度、进料和回料的时间和方向等，模具的壁厚过度将会影响产品制作的周期，制品的厚度要求过厚的将会影响制品熔融的均匀度；模具过大则既影响受热的均匀，也会造成操作上的困难。一般的搪塑模具及设施是不能制造实心产品的，如制造薄型的实心制品花边等，则可采用敞模增塑糊浇铸技术来完成。

3. 模具

搪塑模具不像其他成型法如注塑、吹塑等的模具须承受合模压力、冲撞力，和过强的气压、料压等内压力，因此搪塑模具一般不强求过多的力学强度。搪塑成型所需模具可以经济、方便、快捷地通过电铸法制得，材料基材可以是纯镍或是镀了镍的纯铜等，但应是高导热性材料。

常见的搪塑成型，是先将模具预热的，因此模具应有一定的厚度（如 2～3mm），以保证模具有一定的热容量，可使与模壁接触部分的增塑糊受到传递热量而凝胶，模壁过薄的模具无足够的热容量，则不利于使型腔内的增塑糊凝胶成一定的厚度。

搪塑成型在凝胶熔融时，有增塑剂等蒸气从增塑糊中逸出，因此成型模具应是敞口形状或至少留有出气孔。另外，模具不希望带有尖锐的边缘或有些部位壁厚过薄，因为这些部位有可能使凝胶层过薄、从而影响制品质量。

4. 加热设备

搪塑成型所用的加热工作室通常采用的设备是隧道式电热烘房或电热烘箱等。

（1）隧道式电热烘房，该种设备安装有一条或数条"轨道"，将模具连同内腔中已凝胶的增塑糊由"轨道"送入隧道式烘房中加热，待凝胶层熔融时由隧道口送出，最后再经冷却和脱模，取出制品。模具的预热和增塑糊的浇铸、回料等工序则在进入隧道前完成。隧道式烘房较易形成一个连续生产模式，它较适合相同或类似大小的制品生产要求，也便于实行生产半自动化或大部自动化。隧道式烘房占地面积较大，因循环操作所需的模具数量也较多，一次性投资较大，适宜于大批量制品的长期作业。

隧道式烘房内装有较大电功率的电热材料和保温材料，另装有温度、时间等控制元件，其内部工作室的长、宽、高则根据由"轨道"送入的模具大小和多少而定。它的生产效率是高于其他搪塑成型设备的。

（2）电热烘箱，烘箱可由单人完成独立单元操作，即由一个人完成增塑糊的凝胶和熔融的过程，其中也包括模具预热、制品脱模等。烘箱较适宜生产周期短、批量较小产品的制作，因此大多搪塑玩具行业采用电热烘箱。人们根据模具和制品的大小、多少、选择不同的工作室尺寸和不同电功率的烘箱。

8.2 热成型

广义地讲，凡是将热塑性塑料型材或坯料加热至热变形温度以上，通过外力作用使其变形（成型）并通过冷却定型获得所需形状的制品的塑料材料二次成型工艺方法均为热成型，如板材的弯曲，法兰的弯制、管材的弯制、板材卷制、容器的口部或底部的卷边、管材的扩口等都属于热成型的范畴。

本节所述的热成型指的是其中一类，是以热塑性塑料片材为原料生产薄壳类制品的成型工艺，即业内通称的热成型。此类热成型的基本方法是采用适当的方法将塑料片材夹持固定加热片材到软化温度（高弹态）将软化的片材与模具边缘贴合；给软化的片材单向施压，使其紧贴在模具型面上而成型充分冷却后脱模取件经修饰即得成品。

8.2.1 热成型原料

热成型可以使用各种工艺制成的塑料片材：

（1）制品规格多样，可成型特厚、特薄、特大、特小各类制件，产品应用遍及各行各业范围极广。如日用器皿、食品和药品的包装、汽车部件、雷达罩、飞机舱罩等。

（2）原料适应性强，几乎所有的热塑性塑料，如 PS、PMMA、PVC、ABS、PE、PP、PA、PC 及 PET 等，制成的薄膜、片材、板材都可用作热成型原料。

（3）设备投资少，模具精度及材质要求低，成型效率高。热成型所需的压力不高，对设备的压力控制要求不高。由于成型压力低，模具材料除了金属外，木材、塑料、石膏等都可作为热成型材料，模具制造方便。

多为单面模塑成型，制品与模具贴合面结构形状鲜明，光洁度较高。但制品厚度均匀性差，与模具贴合晚的部位厚度较小。受片材变形能力及成型压力限制，不能成型结构太复杂的塑件。制品使用需要的孔洞需后加工。需要回收使用的边角废料较多。

8.2.2 热成型技术

热成型工艺过程主要由片材加热、施压成型、冷却定型等工艺操作组成。根据具体工艺操作方法不同可有很多变化，各种成型方法在力源形式、施力方式、模具结构等方面各有特点，产品种类、规格、性能等也有所不同。下面是几种常用的热成型工艺方法。

1. 差压成型

在气体差压的作用下，使已加热至软化的坯料（片或管）紧贴模面，冷却后制得制品，这种方法称为差压成型。根据压差形成的方法不同，可分为两大类：真空成型和气压成型（也称为加压成型），分别如图 8-4 和图 8-5 所示。也有将真空和加压结合在一起的。这种成型方法的特点有二：其一，与模面贴合的一面，结构上比较鲜明和精细，而且光洁度较高；其二，坯料与模面贴合得越晚的部位，其厚度越小，即有制品厚度的均匀性较差的缺点。

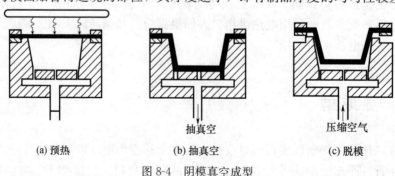

| (a) 预热 | (b) 抽真空 | (c) 脱模 |

图 8-4 阴模真空成型

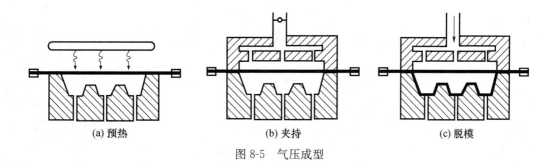

(a) 预热   (b) 夹持   (c) 脱模

图 8-5 气压成型

　　差压成型又可细分为覆盖成型、柱塞助压成型（还可分为柱塞助压真空成型、柱塞助压气压成型、气胀柱塞助压气压成型）和回吸成型（包括真空回吸成型、气胀真空回吸成型、推气真空回吸成型）等几类。

2. 模压成型

　　这类方法中还可以细分为单阳模法、单阴模法、对模成型和复合模压成型四种。模压（也称为对模成型）成型可适用于所有的热塑性塑料。对模成型如图 8-6 所示。

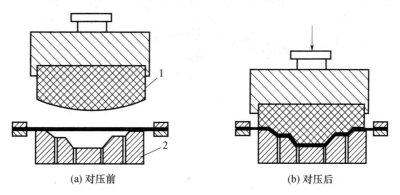

(a) 对压前   (b) 对压后

图 8-6 钢模与硅橡胶模块对压成型

1—硅胶上模；2—钢下模

3. 双片热成型

　　双片热成型是成型中空制品的一种方法，是将两块已加热至足够温度的片材放在两瓣模具的模框中间，并将其夹紧，然后将吹针插入两片材之间，通过吹针，将压缩空气吹入两片之间，与此同时，在两瓣模上进行抽真空，使片材贴合两瓣模的内腔经冷却、脱模和修整后成为中空制品，如图 8-7 所示。该法所成型的中空制品壁厚较均匀，还可制成双色或厚度不同的制品。

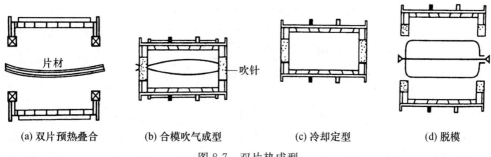

(a) 双片预热叠合   (b) 合模吹气成型   (c) 冷却定型   (d) 脱模

图 8-7 双片热成型

8.2.3　热成型的设备及工艺要求

热成型的基本工序是：片材的夹持→加热→成型→冷却→脱模。

通常以夹紧装置的最大尺寸和最大成型深度作为热成型机的主要参数。现在常用的热成型机有单工位成型机、固定式双工位成型机、旋转式双工位成型机、专用机组与生产线，如图 8-8 所示。

图 8-8　热成型设备

热成型机的基本组成如下：①高效加热器；②夹持片材的框架；③真空泵和真空贮槽；④安装成型模具的平台；⑤机械装置；⑥制品的冷却系统等。

1. 加热器

现在，常用的加热方法有热辐射加热、气体传导加热、固体传导加热、组合加热法和高频电加热法几种。热辐射法是加工中用得较为普遍的方法，如电加热器和远红外加热器。

对加热器总的要求是在规定的时间内将片材加热到规定的温度。在大多数热成型机上，加热器的功率约为总功率的 60%。

（1）电加热器。加热的持续时间和质量取决于加热器的结构、辐射表面的温度、传热的热惯性、型坯与加热器的距离、辐射能的吸收系数、加热器的表面特性以及材料的热物理性能。通道式管状或板状加热器，其表面的工作温度可达 597℃，条带式和芯棒式加热器的工作温度为 497~797℃，达到工作温度的加热时间需要 10~15min。

（2）远红外加热器，其特点是加热速度快，远红外线具有光的一切性质，具有一定的穿透能力，可以使物体在一定深度的内部和表面同时加热，与高频加热和微波加热相比，设备费用低，对人体伤害小，但向周围环境散射的能量多。

对流加热、接触法加热和高频电加热有时也有应用。

2. 夹持设备

塑料板坯在成型时，板坯被固定在夹紧装置上。在热成型的通用型和复合型的成型机上多采用便于固定各尺寸板材的夹紧装置。夹紧装置的结构形式将影响夹紧力均匀分布。

夹紧装置可分为两类：框架式和分瓣式、在双工位或多工位成型机中，夹紧装置可以一个工位转到另一个工位。成型工艺要求夹持要均衡，要有可靠的气密性，能实现自动化，动作迅速灵活，夹持框大多数呈垂直或水平放置。

3. 气动与真空系统

在真空和气动成型以及综合成型的成型机系统中，都有能产生气压的系统，真空系统一般只用来产生成型所需要的压力差；气动系统用来产生成型压力或其他辅助用途，以保证各部件传动的动力源。

4. 冷却系统

内表面和外表面要同时冷却，冷却时间基本上等于加热时间，必要时也可以进行强制冷却。

5. 热成型模具

在工作压力不高时，可采用强度低的材料制造热成型模具。材料的选择要根据成型的数量和对其质量要求而定。如选木制模具可承受 500 次造型，石膏模可承受 50 次造型，型砂模和树脂砂模可承受 500 次以上的造型。

为了提高模具的使用寿命，模具可用铝、铜、锌或钢来制造。铝质模具表面质量高，导热好，供大量生产时用。与制品接触的表面应精加工，粗糙度为 $0.16\mu m$。

8.2.4 热成型实例

RPVC 和 SPVC 片材都可以用于热成型。RPVC 片材在热成型温度下的拉伸率为 5％～25％。单阳模或单阴模的板材垂制或弯曲，其温度可为 70～100℃，SPVC 片材的成型温度比 RPVC 低，具体温度取决于 PVC 的增塑程度。

PE 片材热成型温度高时可高于熔点 5～50℃，有利于制品的尺寸稳定。所用原料的 MFR 最好偏低。PP 片材热成型与 HDPE 相似，热成型温度一般控制在 140～150℃。

非定向的 PS 片材一般不宜作热成型的原料，因成型后切边困难。双向拉伸 PS 片材可用于热成型，但所用框架必须坚固，以防片材热收缩而发生意外。

RPVC 熔体的热力学强度较低，面积增长率较小，ABS 熔体的热力学强度较高，面积增长率较大，所以，既可以方便地用各种热成型方法成型，又可以制得拉伸比较大和结构精细的制品。

热成型时应严格控制片材的温度，不宜作较大的拉伸，最好是气压和真空并用。双向拉伸 PS（即 BOPS）片材气压成型工艺条件如表 8-1 所示。PS 泡沫片材也可用作热成型的原料，但必须是高质量的。

表 8-1 BOPS 片材气压成型工艺条件

成型温度（℃）	113～135
加热器功率密度（W/cm²）	4.7
加热器进空气孔直径（mm）	孔径 0.5，孔距 12～25
加热器接触空气压力（MPa）	0.035～0.175
模具进气孔及排气孔直径（mm）	0.5
成型时空气压力（MPa）	0.56～1.06
制品脱模空气压力（MPa）	2.8～4.2

练习与讨论

1. 简述聚氯乙烯糊树脂搪塑成型过程。

2. 简述热成型工艺过程及其产品特点。

3. 热成型中材料是什么状态成型的?

4. 常用的热成型工艺方法有哪些?

5. 热成型机主要哪几个基本功能部分构成?

6. 以聚氯乙烯糊的搪胶玩偶为例,从制品的性能要求、原辅材料的性能特点、成型加工工艺和设备的要求,三方面收集相关资料。

7. 查找资料确定制作聚氯乙烯糊搪胶玩偶所需要的原料,制定配制工艺流程、成型过程,以及相关操作规程。

模块四 橡胶制品成型技术

项目九 橡胶制品成型用物料及准备

教学目标

(1) 掌握橡胶制品成型原料组成。

(2) 掌握橡胶制品成型前的开炼、塑炼和混炼操作设备、工艺过程及质量控制。

(3) 能熟练地进行开炼机、密炼机设备的操作。

(4) 能初步排除橡胶塑炼和混炼操作中常见的故障。

(5) 能针对混炼胶质量缺陷进行剖析。

(6) 能进行开炼机、密炼机设备的简单日常维护与保养。

橡胶，同塑料、纤维为三大合成材料，其中橡胶是唯一具有高度伸缩性与极好弹性的高聚物。

橡胶是具有高弹性的高分子化合物的总称，其通俗的定义是一种高分子弹性体。

根据美国材料与试验协会（ASTM D1566—2010e1）标准，其概念定义为：橡胶是一种材料，能够在大的变形下迅速恢复其形变，能够被改性（硫化）。改性的橡胶不溶于（但能溶胀于）沸腾的苯、甲乙酮、乙醇和甲苯混合物等溶剂中。改性的橡胶室温下（18～29℃）被拉伸到原来长度的2倍并保持1min后除掉外力，能在1min内恢复到原来长度的1.5倍以下，具有上述特征的材料称为橡胶。

按国家标准（GB/T 9881—2008）对橡胶的定义，橡胶是一种可以或已被改性为基本不溶（但能溶胀）于苯、甲乙酮、乙醇和甲苯混合物等溶剂中的弹性体。

9.1 橡胶制品原材料及性质

作为橡胶制品的原材料主要是：生胶、配合剂（硫化剂、补强剂、防老剂等各类添加剂）和骨架材料。

9.1.1　生胶

橡胶作为材料在制品生产成型过程中主要以四种形式存在：生胶、塑炼胶、混炼胶、硫化胶。生胶也称为生橡胶，是指没有经过任何加工的橡胶，是作为制造橡胶制品基本原材料的商品形式的天然橡胶或合成橡胶的统称，一般由线型大分子或带有支链的线型大分子构成，可以溶于有机溶剂；塑炼胶是生胶在机械应力、热、氧或塑解剂的作用下，生胶由强韧的弹性状态转变为柔软的塑性状态，通过这一塑炼加工后，具有满足一定可塑度要求的橡胶；混炼胶是生胶或塑炼胶按配方与配合剂经加工混合均匀由炼胶机混炼且未被交联的胶料叫做混炼胶，混炼胶是制造橡胶制品的坯料，即半成品；硫化胶是混炼胶在一定的条件下（硫化剂、温度、压力和时间等），经交联由线型大分子变成三维网状结构而得到的橡胶，硫化胶具有弹性而不再具有可塑性。

生胶是橡胶制品配方中的基体材料，制品的主要性能及加工性能都由其决定，生胶主要有天然橡胶（NR）和合成橡胶（SR）两大类，合成橡胶可分为通用合成橡胶与特种合成橡胶两类，具体分类如图 9-1 所示。

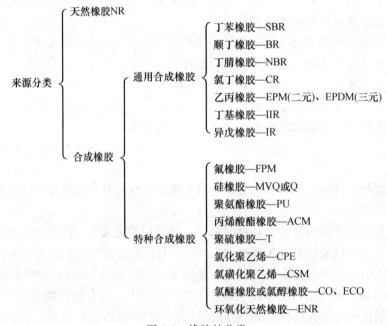

图 9-1　橡胶的分类

1. 天然橡胶

天然橡胶（NR）是指从植物中获得的橡胶，地球上能进行生物合成橡胶的植物约有200 多种，但具有采集价值的只有几种，其中主要是巴西橡胶树，也称为三叶橡胶树，其次是银菊、橡胶草、杜仲等。

（1）天然橡胶的成分：天然橡胶是由胶乳制造的，胶乳中所含的非橡胶成分有一部分就留在固体的天然橡胶中。一般天然橡胶中含橡胶烃 92%～95%，非橡胶烃占 5%～8%。

（2）天然橡胶的性能和用途：天然橡胶生胶的玻璃化温度为 $-72℃$，黏流温度 130℃，开始分解温度 200℃，激烈分解温度 270℃。当天然橡胶硫化后，其 T_g 上升，也再不会发生黏流。

① 弹性。在0~100℃范围内，天然橡胶的回弹性在50%~85%之间，其弹性模量仅为钢的1/3000，伸长率可达1000%，拉伸到350%后，缩回永久变形仅为15%。天然橡胶的弹性在通用橡胶中仅次于顺丁橡胶。

② 强度。在弹性材料中天然橡胶的生胶、混炼胶、硫化胶的强度都比较高。未硫化橡胶的拉伸强度称为格林强度，天然橡胶的格林强度可达1.4~2.5MPa，适当的格林强度对于橡胶加工成型是必要的。天然橡胶的抗撕裂强度也较高，可达98kN/m，其耐磨性也较好。天然橡胶机械强度高的原因在于它是自补强橡胶，当拉伸时会使大分子链沿应力方向形成结晶。

③ 电性能。天然橡胶是非极性物质，是一种较好的绝缘材料。当天然橡胶硫化后，因引入极性因素，如硫磺、促进剂等，会使绝缘性能下降。

④ 耐介质性能。天然橡胶是一种非极性物质，它溶于非极性溶剂和非极性油中。天然橡胶不耐环乙烷、汽油、苯等介质，未硫化胶能在上述介质中溶解，硫化橡胶则溶胀。天然橡胶不溶于极性的丙酮、乙醇中，更不溶于水中，耐10%的氢氟酸、20%的盐酸、30%的硫酸、50%的氢氧化钠等。

天然橡胶具有优良的物理机械性能、弹性和加工性能，得到广泛应用。其应用范围如表9-1所示。

表9-1　天然橡胶的应用范围及所占份额

产品名称	份额（%）	产品名称	份额（%）
轮胎	68.0	胶鞋	5.5
机械制品	13.5	乳胶制品	9.5
胶粘剂	1.0	其他	2.5

2. 丁苯橡胶（SBR）

丁苯橡胶（SBR）是最早工业化的合成橡胶（SR）之一。目前，SBR（包括胶乳）的产量约占全部SR产量的55%，约占NR和SR总产量的34%，是产量和消耗量最大的SR胶种。SBR主要用于轮胎等橡胶制品中。

（1）SBR的结构：SBR是以丁二烯和苯乙烯为单体，在乳液或溶液中经催化共聚制得的弹性体。在该大分子内，苯乙烯与丁二烯的排列方式是无规则的，丁二烯部分的微观结构也不具有立规性。由于其结构的不规则性，故没有结晶的特性。共聚物中丁二烯的键合有反式－1,4结构、顺式－1,4结构及1,2结构，各结构的含量受聚合条件如温度的影响，一般以反式－1,4结构含量为最高，约60%~70%。

SBR的玻璃化温度T_g取决于结合苯乙烯的质量分数，而T_g对SBR的性能起着重要作用。大部分SBR（乳聚丁苯橡胶）的苯乙烯质量分数为23.5%，这种苯乙烯质量分数的SBR具有较好的综合物理性能。

（2）SBR的性能：SBR与其他通用橡胶一样，是一种不饱和的烃类高聚物，能溶于大部分溶解度参数相近的烃类溶剂中，但硫化胶仅能溶胀。SBR能进行多种聚烯烃型反应，如氧化、臭氧破坏、卤化和氢化等。在光、热、氧和臭氧的作用下，SBR会发生物理化学反应。SBR被氧化的速度比NR慢，即使在较高温度下老化反应的速度也比较缓慢；光对SBR的老化作用不明显，但SBR对臭氧的作用比NR敏感，耐臭氧性比NR差，SBR的低温性能稍差，脆性温度约为－45℃；影响SBR电性能的主要因素是配合剂。与一般通用橡胶相比，SBR 具有如下优缺点：

① 优点：

a. 硫化曲线平坦，不易焦烧和过硫。

b. 耐磨性、耐热性、耐油性和耐老化性等均比 NR 好。

c. 加工过程中，相对分子质量降低到一定程度后不再下降，因而不易过炼，可塑化均匀，硫化胶硬度变化小。

d. 高相对分子质量可高填充，低温充油丁苯橡胶的加工性能好。

e. 易与其他高不饱和通用橡胶并用，尤其是与 NR 或 BR 并用，可克服其不足之处。

② 缺点：

a. 纯胶强度低，加入高活性补强剂后方可使用，但其加配合剂的难度比 NR 大，且配合剂分散性差。

b. 滞后损失大，生热高，弹性低，耐寒性稍差。

c. 收缩率大，生胶强度低，黏合性差。

d. 硫化速度慢。

e. 耐屈挠龟裂性比 NR 好，但裂纹扩展快，热撕裂性差。

3. 聚异戊二烯橡胶（IR）

顺式 1,4-聚异戊二烯橡胶（IR）与 NR 有相似的化学组成、立体结构和物理性能，是一种综合性能较好的通用 SR，也称合成 NR。

NR 与 IR 的微观结构还是有差别的：NR 的顺式结构质量分数最大，高达 0.98 以上；用齐格勒型催化剂生产的 IR，其顺式－1,4 结构的质量分数为 0.98；用锂型催化剂生产的 IR，其顺式结构的质量分数较低，为 0.92；采用三氯化钒/烷基铝作催化剂可制得反式结构 IR，其反式－1,4 结构的质量分数为 0.98。

NR 的立体规整度高，结晶性好，而 IR 的结晶性低于 NR，这种结晶性是影响 IR 未硫化胶加工性能和硫化胶物理性能的一个因素。与 NR 相比，IR 具有如下特点：

① IR 的质量均一且纯度高，其门尼黏度、胶色、硫化速度均比较稳定。

② IR 不必像 NR 那样进行预炼，塑炼时间短，混炼加工方便，因而可以节省时间，降低电力消耗。

③ IR 基本是无色透明的，适用于浅色胶料和医用橡胶制品。

④ 膨胀和收缩小。

⑤ 在注压或传递模压成型过程中，IR 的流动性均优于 NR，特别是顺式结构质量分数低的 IR 表现出优异的流动性。

⑥ IR 的屈服强度、拉伸强度均低于 NR，由于 IR 的生胶强度低，挺性差，致使应用 IR 的轮胎胎坯存放时易变形，硫化装模困难。

⑦ 与含等量炭黑的 NR 相比，IR 硫化胶的拉伸强度、定伸应力、撕裂强度及硬度均较低。

4. 再生胶

再生橡胶时指废旧硫化橡胶经过粉碎、加热、机械处理等物理化学过程，使其弹性状态变成具有塑性和黏性的能够再硫化的橡胶，简称再生胶。

再生胶主要用于橡胶制品的生产，按一定比例掺入，取代一部分生胶，以降低产品成本、改善胶料加工性能。因为再生胶混炼、压出、压延等生热比纯胶胶料低，硫化速度快，不易焦烧，耐老化性和耐酸碱性好。因此，它不能用来制造物理力学性能要求很高的制品，如汽车轮胎胎面胶和内胎就不能使用再生胶。但对大多数物理力学性能要求不是很高的制品，均可掺用再生胶。例如在轮胎生产中的用量一般为 5%，在工业制品中的用量一般为 10%～20%，在鞋跟、鞋底等低档制品中的用量一般可达到 40%。

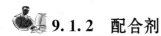 9.1.2　配合剂

橡胶制品是由多种物质组成的，除了生胶作为它的主要组成部分外，为便于加工，改善产品的使用性能和降低制品成本，还要加入各种不同的辅助化学原料，这些原料就称为配合剂。

配合剂的种类很多，所起的作用及对橡胶制品性能的影响也不相同，按其作用功能分类，大致可以分为如下几类。

9.1.2.1　硫化剂与硫化助剂

1. 硫化剂

也称交联剂，在一定条件下，能使橡胶由线型大分子转变为网状大分子的化学物质，这种转变过程称为硫化（交联）。橡胶用硫化剂主要有硫磺、含硫化合物（硫磺给予体）、过氧化物，醌类，酯类化合物等。

从发现以硫磺硫化天然橡胶至今已近一个半世纪，但至今硫磺仍然是天然橡胶及二烯烃类通用合成橡胶主要硫化剂。虽然近年来也出现了不少新型硫化剂，对提高橡胶制品的性能起了显著的作用，但它们的价格一般都比较贵，所以普通橡胶制品的硫化仍以硫磺为主，特种合成橡胶则采用硫磺以外的硫化剂。

（1）硫磺是淡黄色或黄色固体物质，有结晶和无定形两种形态。硫磺在自由状态下存在属结晶形态，温度在 117℃以上属无定形硫磺。所以橡胶在硫化时硫磺是处于无定形状态的。

橡胶工业用的硫磺有硫磺粉、不溶性硫磺、胶体硫磺、沉淀硫磺、表面处理硫磺等。

（2）硫磺给予体是指分子结构中含有硫原子的化合物。在橡胶硫化温度下，这些物质能分解出活性硫与橡胶分子发生反应。

橡胶工业中用得较多的一类作为硫化剂的含硫化合物是秋兰姆类，如二硫化四甲基秋兰姆，它的有效硫含量为 13.3%，熔点 147～148℃，在 100℃分解，引起橡胶交联。

（3）非硫类硫化剂。许多新型合成橡胶，有些品种难以用硫磺和含硫化合物进行硫化，因此采用非硫类硫化剂。非硫类硫化剂主要有机过氧化物、金属氧化物、胺类化合物等。

2. 硫化促进剂

硫化促进剂可加速橡胶的硫化过程，降低硫化温度，缩短硫化时间，并能改善硫化胶的物理机械性能。

对硫化促进剂的基本要求是有较高的活性，能缩短橡胶达到正硫化所需的时间；硫化平坦线长，使正硫化期有较长时间，不致于很快过硫化，避免硫化胶性能变坏；硫化的临界温度较高，可以防止胶料的焦烧，对橡胶老化性能及物理力学性能不产生不良作用。

3. 活性剂

某些物质配入橡胶后，能增加有机促进剂的活性，充分发挥其效能，从而减少促进剂用量，提高硫化速度和硫化效率（增加交联键的数量，降低交联键中的平均硫原子数），这一类改善硫化胶性能的化学物质都称为硫化活性剂（简称活性剂，也称助促进剂）。活性剂可

以分为无机活性剂和有机活性剂两类，有部分有机促进剂也能作为活性剂使用。

9.1.2.2 防护助剂

1. 防老剂

在使用或贮存过程中，由于热、氧、臭氧、阳光等作用而导致分子链降解、支化或进步交联等化学变化，从而使材料原有的性质变坏，这种现象称为老化。凡能抑制橡胶老化现象的物质叫做防老剂。

防老剂一般可分为两类，即物理防老剂和化学防老剂。物理防老剂主要有石蜡、微晶蜡等物质。在常温下，这种物质在橡胶中的溶解度较少，因而逐渐迁移到橡胶制品表面，形成层薄膜，起隔离基断链反应。防老剂一方面要求防老效果好，另一方面也应尽量不干扰硫化体系，不产生污染和无毒。

2. 抗静电剂

橡胶制品在动态应力及摩擦作用下常产生表面电荷集聚，使用性能受到影响。这种现象可通过胶料配以导电炭黑予以减少或消除，也可以加入抗静电剂使橡胶制品表面电荷定向排列很快导出，后者对含浅色填料或补强树脂的制品尤为重要。抗静电剂一般是阳离子表面活性剂和两性型表面活性剂。

3. 防焦剂

防止橡胶早期硫化的添加剂，称为防焦剂。橡胶加工过程中，要经过混炼、压延、压出、硫化等一系列工序，胶料或半成品要经受不同温度和时间的处理。在硫化以前的各个加工操作及贮存过程中，由于机械作用产生热量或者是高温条件，都有可能使胶料在成型之前产生早期硫化，导致塑性降低，从而使其后的操作难以进行，这种现象就称作焦烧或早期硫化。

作为理想的防焦剂，在性能上，应满足以下几点：

（1）能够提高胶料在加工操作及储存过程中的安全性，延长焦烧时间，有效地防止焦烧的发生。

（2）在硫化开始时，不影响硫化速度，即不延长总的硫化时间。

（3）防焦剂本身不具有交联作用。

（4）无毒且成本低廉。

9.1.2.3 填充剂

填充剂按用途可分为两类：即补强填充剂和惰性填充剂。

补强填充剂简称补强剂，它是能够提高硫化橡胶的强力、撕裂强度、拉伸强度及耐磨性等物理机械性能的配合剂。最常用的补强剂是炭黑，其次是白炭黑（沉淀的二氧化硅）、超细活性碳酸钙、活性陶土等。惰性填充剂也称增容剂（也有直接称为填充剂），能够增加胶料的容积，从而降低生产成本或改善加工性能的填料。常用的有沉淀碳酸钙、硫酸钡、滑石粉、云母粉等。

炭黑是橡胶工业中应用量最大的配合剂。发现炭黑对于橡胶的补强作用以后，炭黑的生产技术和产量不断发展和提高，炭黑总量的90%～95%用于橡胶工业，其耗用量约为橡胶耗用量的40%～50%，炭黑不仅能提高橡胶制品的强度，而且能改善胶料的加工性能，并赋予制品以耐磨耗、耐撕裂、耐热、耐寒、耐油及某些特殊性能，使制品使用寿命延长。

9.1.2.4　增塑剂

增塑剂能改善聚合物的加工性能，提高其柔性及拉伸性能，在聚合物中加入增塑剂后能降低其熔体黏度、玻璃化温度或弹性模量。

增塑剂按其作用机理可分为物理增塑剂和化学增塑剂两类。物理增塑剂习惯上称为软化剂，化学增塑剂习惯上称为塑解剂。

1. 软化剂——物理增塑剂

物理增塑剂在橡胶中的增塑机理，是增大橡胶分子链间的距离，减小分子之间的作用力，并产生润滑作用，使分子链之间容易滑动，从而增加胶料的塑性。

根据生产使用要求，物理增塑剂应具备如下条件。①增塑效果大、用量少、速度快；②与橡胶相容性好；③挥发性小；④不迁移；⑤耐候（寒、热、水、光、油、溶剂等）性能好；⑥电绝缘性好；⑦无色、无嗅、无毒；⑧价廉易得。在实际使用中没有一种增塑剂可以同时满足这些要求，因此，多数情况是把两种或两种以上的增塑剂混合使用。增塑效果大，用量多的称为"主增塑剂"，起辅助作用的称为"助增塑剂"。

2. 塑解剂——化学增塑剂

化学增塑剂是通过化学作用增强生胶塑炼效果，缩短塑炼时间达到效果。与物理增塑剂比较，具有增塑效力强、用量少，对制品的物理机械性能几乎没有影响的特点。化学增塑剂除用于生胶的塑炼外，还可用作再生胶的再生活化剂。

9.1.3　橡胶制品的骨架材料

轮胎、传动带、输送带和其他橡胶工业制品，是由多种不同化学性质的材料或不同组织相的物体，经过加工而组成的复合体。通过复合并用不同的材料——橡胶、配合剂、骨架材料等，达到克服单一材料的某些缺点，以利产品发挥综合性能，满足实际使用要求。

骨架材料主要的作用是承受来自橡胶制品内部和外部的作用力，提高橡胶制品的强度，并限制其变形量，即降低延伸，提高抗冲击性等。在很大程度上决定着橡胶制品的使用性能、使用寿命和使用价值。因此，绝大多数的橡胶制品均需采用骨架材料作增强材料。

用于橡胶制品的骨架，作为增强材料主要有纤维材料、金属材料等。纤维按来源可分为天然纤维、化学纤维、玻璃纤维等，金属材料有钢丝、铁丝等。

9.1.3.1　纤维骨架材料

骨架材料随着制造、加工处理技术的不断改进和品种的更新换代，有力地促进橡胶制品性能的提高和完善。一般来说，组成骨架材料的纤维应具有如下基本性能。

（1）强度、模量和回弹率高。

（2）耐热性能好。骨架材料在橡胶制品的加工制造过程及橡胶制品在使用过程中的生热，均会影响纤维的性能，所以要求有良好的耐热性及良好的耐湿热性。

（3）耐疲劳性能好。橡胶制品在实际使用过程中，骨架材料往往受到反复循环的拉伸、压缩、弯曲等疲劳作用。耐疲劳性的优劣就与橡胶制品的使用寿命有关。

（4）尺寸稳定性要好。即在负荷时的变形及蠕变要小，热态时热收缩要小。

（5）和橡胶的黏着性好。

（6）价格低廉。

（7）相对密度小，有利于轻量化。

（8）具有良好的耐腐蚀性及耐燃性。

9.1.3.2 金属骨架材料

用于橡胶制品骨架材料的金属材料主要是钢丝和铁丝。

金属骨架材料在橡胶制品中需要承受主要的荷载，因此，对其要求较高，无论在轮胎还是胶带中，常以一层金属骨架材料代替数层纤维骨架材料，所以必须选用优质金属材料才能满足要求。

钢丝除用作轮胎帘布外，还用于钢丝圈及邮包布。钢丝帘线轮胎具有高速长距离行驶、载荷高、耐磨耗、节约燃料等特点。钢丝绳用于运输带骨架材料性能优良，延伸率极低，耐热性好，抗冲击。钢丝应用于传送带运转效率高、噪声小，运行安全。钢丝也用高压胶管的骨架材料。

9.1.3.3 其他材料

还有一些无机纤维材料，如玻璃纤维也被用作橡胶制品的增强材料，有些制品则要求骨架纤维材料导电，所以导电的金属纤维或合成纤维则被选用为骨架材料，随着科学技术的发展以及对新型橡胶制品的要求，必将涌现出新的骨架材料。

 ## 9.2 炼胶

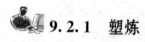 ### 9.2.1 塑炼

生胶和各种配合剂在成型加工为各种橡胶制品前必须进行一定的处理，即炼胶，炼胶由塑炼和混炼组成。具体如图 9-2 所示。

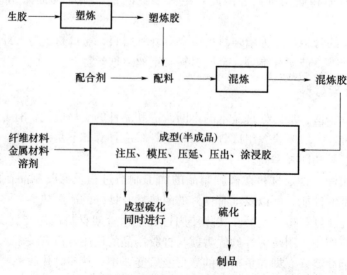

图 9-2　橡胶制品加工流程图

生胶因黏度过高或因均匀性较差等因素，往往难于加工。塑炼就是在橡胶的加工过程中，将生胶首先通过机械、热、氧和加入化学试剂等方式，使生胶由强韧的弹性状态转变为柔软、便于加工的塑性状态。

1. 塑炼目的

生胶塑炼的目的在于取得可塑性，以满足各个加工过程的要求。塑炼能降低橡胶的黏度，使配合易于混入，便于压延、压出，模压花纹清晰，形状稳定，增加压型、注压胶料的流动性，使胶料易于渗入纤维，改善橡胶的流变性能，减小口型膨胀和压延收缩，提高胶料的溶解性和成型黏着性。

但塑炼必须适度，若胶料可塑性偏低，混炼时粉料配合剂不易混入和分散在胶料中，产生混炼不均匀，混炼时间长，操作不顺利；压出的半成品表面粗糙，收缩率大；半成品硫化时易产生缺胶、气孔等缺陷。若可塑性过大，消耗动力，增加成本；制品的机械强度、弹性、耐磨及老化等性能下降。

2. 塑炼原理

塑炼是对橡胶分子链施加机械剪切力和热氧化裂解使其失去部分弹性，提高可塑度，可通过降低平均相对分子质量提高生胶的塑性值。低温时，橡胶在密炼机中塑炼时主要受密炼机机械剧烈的拉伸、挤压和剪切的反复作用，使橡胶分子链断裂，大分子长度变短，从而获得塑炼效果。塑炼分为低温塑炼和高温塑炼。

图 9-3 为温度对天然橡胶塑炼效果的影响。低温塑炼是在冷却下进行，温度越低分子链越容易断裂，在 60℃ 以下塑炼效果好。此外，高温塑炼在密炼机中进行，是在 130℃ 以上通过分子链断裂生成的自由基与周围的氧结合产生自动氧化进行塑炼的。

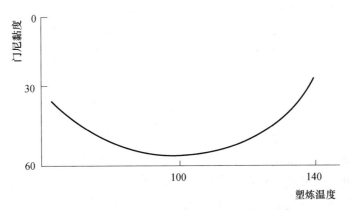

图 9-3　天然橡胶塑炼温度对门尼黏度的影响

3. 塑炼方法

生胶经准备加工后，可供塑炼。塑炼的方法主要有机械塑炼法与化学塑解法，机械塑炼法所用的主要设备是开放式炼胶机、密闭式炼胶机和螺杆塑炼机。化学塑炼法是在机械塑炼过程中加入化学药品来提高塑炼效果的方法。其中，机械塑炼法又分为低温塑炼（机械降解为主）与高温塑炼（自动氧化降解为主，机械力强化橡胶与氧的接触）。

4. 塑炼后的补充加工

塑炼后的塑炼胶要经过压片或造粒、冷却与干燥、停放，干燥后的胶片按规定堆放 4～8h 以上才能供下道工序使用。

9.2.2 混炼

1. 混炼的目的

为提高橡胶制品的使用性能，改进工艺性能和降低产品成本，通常需要在橡胶中加入各种配合剂。混炼的基本任务就是把橡胶与配合剂加以混合，制造性能符合要求的混炼胶，保证成品具有良好的物理机械性能和良好的工艺性能。混炼的质量对胶料的进一步加工的性能和成品的质量有着决定性的影响，即使配方很好的胶料，如果混炼不好，也就会出现配合剂分散不均，胶料可塑度过高或过低，易焦烧、喷霜等，使压延、压出、涂胶和硫化等工艺不能正常进行，而且还会导致制品性能下降。

2. 混炼过程

混炼过程主要是各种配合剂在生胶中混合和分散的过程。由于生胶的黏度很高，为了使配合剂混入橡胶，并在其中均匀混合和较细分散，必须借助炼胶机的强烈机械作用来完成混炼。

各种配合剂与橡胶的混合和分散过程大致可以分为三个阶段：混入、分散和塑化。混炼过程是复杂的，往往不能按时间截然分割，几种现象时常同时存在。初期以混入为主，后期以分散为主，最后是捏炼塑化，调节黏度，而混合则贯穿混炼工艺过程始终。

3. 混炼过程控制

为达到最佳混炼，防止胶料过炼，减少批量胶料之间的质量波动，要正确选取和确定排胶标准，结束混炼。常用的排胶标准有四种：混炼时间、混炼温度；混炼能量和混炼效应。

（1）时间标准：一般采用炭黑分散度来确定，即以直径 $5\mu m$ 以下的聚焦体大约达 95% 所需时间作为排胶标准。确定分散度标准的原则不是追求最高分散度，而是满足所需性能指标的最低分散度。

采用时间标准混炼时，混炼作业进行到规定时间即行排胶。这一方法的优点是简单方便，缺点是无法考虑各批胶料混炼开始时密炼机空壁温度的变化和配合剂加料时间差别，胶料质量波动较大，能量消耗也较大。

（2）温度标准：采用温度标准混炼时，混炼作业进行到规定温度即行排胶。

（3）能量标准：确定最佳混炼能量，一般是根据胶料性能，如黏度、压出膨胀率或物理机械性能到达拐点或平衡位来确定，将达到所需性能的输入能量作为排胶能量标准。

采用能量标准混炼时，用专业仪器测控，混炼作业进行到瞬时功率即行排胶。这一方法的优点是各批胶料质量稳定，并可节省能量消耗和混炼时间，提高设备利用率。

（4）混炼效应标准：由混炼时间和温度两个参数确定混炼效应，也是确定混炼终点的一则排胶标准。采用混炼效应标准混炼时，可用专用仪器——线性混炼调节器，将温度转变为电脉冲，使混炼按规定程序进行。当达到规定混炼效应时，即行排胶。与时间标准相比，这一方法的优点是胶料均匀，性能波动减少 50%，混炼时间缩短 20%，并可实现混炼过程的自动控制。

4. 混炼方法

混炼是对橡胶质量起重要作用的基础工艺，主要研究各种配合剂在生胶中的混合与分散特性、混炼条件和加料顺序对混炼结果的影响，以及这些工艺因素之间的相互关系。

混炼方法分间歇混炼和连续混炼两类。用开炼机或密炼机混炼都属于间歇混炼；利用专门的连续混炼机混炼则属于连续混炼。为使混炼操作自动化、连续化，所采用的设备为外形跟挤出机类似的连续混炼机。在混炼过程中，生胶和配合剂连续自动地投入炼胶机中，而混炼胶不断地由排胶口自动排出。

 ### 9.2.3 开炼机炼胶

生胶在进行塑炼前需要进行烘胶→切胶→选胶→破胶的过程。

烘胶，生胶在常温下黏度很高，难以切割和进一步加工，所以需要烘胶，同时还能解除结晶。烘胶温度不宜过高（天然橡胶50～60℃，24～36h；氯丁橡胶24～40℃，4～6h），否则会影响橡胶的物理机械性能。切胶，生胶加温后自烘房中取出后用切胶机切成小块，块重量视胶种而定。选胶，主要是外观检查，剔除杂质。破胶，用破胶机破胶，便于塑炼。

9.2.3.1 开炼机的结构及参数

开炼机的结构如图9-4所示，主要是由辊筒、辊筒轴承、机架和横梁、底座、调距与安全装置、调温装置、润滑装置、传动装置、紧急停车装置及制动器等组成。

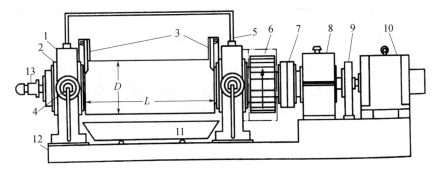

图 9-4 开炼机的结构示意图

1—机架；2—辊筒轴承；3—挡胶板；4—调距装置；5—紧急刹车杆；6—齿轮；7—万向联轴节；
8—减速器；9—紧急停车；10—电机；11—托料盘；12—底座；13—加热冷却装置
D—辊筒直径；L—辊筒表面长度

开炼机的主要技术参数有：辊筒直径与长度、辊速和速比、生产能力、一次投料量和驱动速率等。

（1）辊速：辊筒工作的线速度，用 m/min 表示。

（2）速比：两辊筒的线速度之比。开炼机用于不同炼胶用途时采用不同速比，开炼机各速比范围及用途如表9-2所示。

表 9-2 开炼机速比范围及用途

速 比	用 途	速 比	用 途
1.15～1.3	塑炼	1.30～1.50	破胶
1.08～1.2	混炼	1.30～2.54	再生胶粉碎
1.07～1.08	压片	1.30～1.42	再生胶捏炼
1.20～1.50	热炼	1.80～2.54	精炼

（3）生产能力：开炼机在单位时间内塑炼的物料的量，单位 kg/h。

（4）一次投料量：开炼机一次投入所能塑炼物料的量。

开炼机规格和主要技术参数如表 9-3 所示。

表 9-3　开炼机规格和主要技术参数

型号	辊筒规格（mm）			滚筒速度（m/min）		最大辊距（mm）	速比	电动机功率（kW）	炼胶容量（kg/次）	辊筒表面情况		外形尺寸（mm）
	前辊	后辊	工作部分长度	前辊	后辊					前辊	后辊	
XK-550	550	550	1500	27.5	33	15	1:1.2	95	50～60	光滑面	光滑面	5160×2320×1700
XKP-560	560	510	800	25.6	33.24	12	1:1.43	75	30～50	光滑面	沟纹面	5253×2282×1808
XK-450	450	450	1200	30.4	37.1	15	1:1.227	75	50	光滑面	光滑面	5830×2200×1930
XSK-400	400	400	1000	18.65	23.69	10	1:1.27	40	18～35	光滑面	光滑面	4235×1850×1800
XK-360	360	360	900	16.25	20.3	10	1:1.25	30	20～25	光滑面	光滑面	3920×1780×1740
XK-160	160	160	320	19.64	24	6	1:1.22	4.2	1～2	光滑面	光滑面	1050×920×1280

9.2.3.2　开炼机塑炼

开炼机塑炼是开炼机的两个辊筒以不同的转速相对回转，胶料放到两辊筒间的上方，在摩擦力的作用下被辊筒带入辊距中。由于辊筒表面的旋转线速度不同，使胶料通过辊距时的速度不同而受到摩擦剪切作用和挤压作用，使橡胶大分子键断裂而获得塑性，胶料反复通过辊筒而达到塑炼的目的。

开炼机塑炼的影响因素有：装胶容量、辊距、辊速和速比、塑炼时间、塑解剂以及配合剂添加顺序等。开炼机塑炼的工艺方法有包辊塑炼、薄通塑炼和塑解剂塑炼。

1. 包辊塑炼

受到强烈的挤压与剪切，使物料在辊隙内形成楔形断面的料片，从辊隙中排出的料片由于两个辊筒表面速度和温度的差异而包在一个辊筒上，重新返回两辊间。自然地反复过辊塑炼，直至达到规定的可塑度要求为止。

从工艺过程上看，包辊塑炼有一段塑炼、分段塑炼两类。其中一段塑炼不适用于可塑度要求较高的生胶塑炼；分段塑炼，包辊塑炼 10～15min，下片、冷却、停放 4～8h 后，再进行下一次塑炼，直至达到要求的可塑度为止。通常分为两段塑炼和三段塑炼，具体依可塑度要求而定。

2. 薄通塑炼

辊距在 0.5～1mm，胶料通过辊距后不包辊而直接落到接胶盘，让胶料返回到辊距上方重新通过辊距，重复薄通 10 次以上或至规定时间。待生胶全部落盘后，再把辊距调至 10～12mm，包辊后连续左右捣胶 3 次以上，然后切割下片。

薄通塑炼法特点是胶料散热快，冷却效果较好，塑炼胶可塑度均匀，质量高，能达到任意的塑炼程度，对天然胶、合成胶均有效果，尤其是丁腈胶，只有采用薄通法才能得到较好的效果，因而应用较为广泛，其缺点是速度慢，效率低。

3. 塑解剂塑炼

采用化学塑解剂增加塑炼效果，提高塑炼生产效率并节约能耗。化学塑解剂应以母胶的形式使用，并应适当提高开炼机的辊温。

9.2.3.3　开炼机混炼

开炼机混炼是橡胶工业中最老的混炼方法。与密炼相比，开炼的缺点是生产效率低、劳动强度高、环境卫生不易保持且容易发生人身安全事故。但是开炼的灵活机动性大，适用于规模小、批量小的生产。

1. 开炼机混炼过程

开炼机的混炼过程分为三个阶段，即包辊（加入生胶的软化阶段）、吃粉（加入粉剂的混合阶段）和翻炼（吃粉后使生胶和配合剂均达到均匀分散的阶段）。

（1）包辊：包辊状态是橡胶流变特性的典型表现，主要随温度而变化，表 9-4 将生胶在辊筒上的状态与温度的关系分为四个区域。

1 区生胶不能进入混距，不能包辊，原因是辊温较低或胶料硬度大，弹性高。如硬丁腈胶，在这种情况下不能进行混炼。

2 区生胶能包前辊，一般橡胶都能出现这种情况，这是正常混炼的包辊状态。

3 区生胶通过辊缝后不能紧包前辊，表现有脱辊（或称出兜）的现象。在温度稍高时，混炼顺丁胶或三元乙丙橡胶等会出现这种情况，此时使混炼操作发生困难。

4 区呈黏流包辊，在高温下混炼塑性较大的胶料会出现这种情况，这种情况下混炼可正常进行，但对配合剂的分散不利。

表 9-4　包辊状态及分析

生胶在辊筒上的状态			
包辊现象	1区	2区	3区	4区
	生胶不能进入辊距或强制压入则成碎片	紧包前辊筒，成为弹性胶带，不破裂，混炼分散好	脱辊，胶带成袋囊形或破碎，不能混炼	呈黏流薄片包辊
辊温	低 ──────────────────────→ 高			
生胶力学状态	弹性固体──────→高弹性固体──────→黏弹性流体			

在混炼时，一般应控制在 2 区和 4 区，而避免出现另外两种情况。为了取得第二种情况，在操作中必须根据各种生胶的特性来选择适宜的温度，如顺丁胶的包辊性较差，适宜的混炼温度范围较窄，当辊温超过 50℃时，由于生胶的结晶溶解，变得无强韧性，就会呈现 3 区的状态。天然胶和丁苯胶的包辊性较好，适宜的混炼温度范围较宽。

（2）吃粉：适量堆积胶是吃粉的必要条件。胶料包辊后在辊距上方保留适当数量的堆积胶，然后再向堆积胶上添加配合剂。当加入配合剂时，由于堆积胶受到阻力、折叠起来，形成波纹，不断翻转和更替，配合剂便被带进堆积胶的波纹部分中，并带入辊距中。

堆积胶的量不能过多或过少，过少不容易使配合剂混入内部，混合效果较差；过多会使多余的胶料在辊距上方翻转打滚，不能顺利进入辊距而得不到混炼。

（3）翻炼：吃粉后应立即切割翻炼操作，不断改变胶料的流动方向，使死层的胶料不断被带到顶部堆积胶并带入活动层，使配合剂得到充分的分散和混合。

2. 开炼机混炼的影响因素

混炼中要注意加胶量、加料顺序、辊距、辊温、混炼时间、辊筒的转速和速比等各种因素。既不能混炼不足，又不能过炼。

（1）加胶量：依开炼机的规格及胶料配方特性确定，合理的加胶量是在胶料包辊后在辊距上留有适量的堆积胶，以便使配合剂与胶料混合均匀。

容量过少，设备利用率低，易产生过炼现象。过多，形成过多的堆积胶使分散效果降低，散热困难使混炼温度升高，容易产生焦烧现象而影响胶料质量，还会导致设备负荷重、劳动强度加大等一系列问题。

（2）辊距：在合理的装胶容量下，辊距以 4～8mm 为宜。

辊距过大，不利于配合剂的分散。辊距减小，胶料通过辊距时的剪切效果会加快混合与分散速度；但同时也增加生热量，使堆积胶增多，散热困难，又不利于剪切分散效果。

所以随配合剂不断加入，胶料的容积增大，辊距也应逐步调大，以保持有适量的堆积胶。

（3）辊温：辊温低，流动性差，不利于吃粉过程，但有利于混合分散效果；辊温过低，胶料硬度太大，易损坏设备；辊温高，利于降低黏度，提高流动性和湿润，加快吃粉速度；辊温过高，容易脱辊和焦烧，难以操作，也会降低混炼质量。

应根据生胶种类和配方特点合理确定温度。开炼机前后的温度相差 5～10℃，NR 容易包热辊，所以前辊温度高，SR 易包冷辊，故后辊温度高。

（4）辊速与速比：辊速和速比提高，剪切力作用、混合分散效果增加，但生热升温速度加快，易于焦烧，又不利于提高剪切效果。

辊速和速比过小又会降低机械剪切力、分散效果和生产效率，所以开炼机混炼的辊筒转速一般控制在 16～18r/min，速比范围在 1：（1.1～1.2）之间。

（5）加料顺序：合适的加料顺序利于混炼过程的顺利进行，并提高混炼胶质量，顺序不当，轻则影响配合剂的分散均匀性，重则导致脱辊不能进行混炼，甚至导致过炼和焦烧。

通常采用的加料顺序是：

橡胶→固体软化剂→促进剂、活性剂、防老剂→补强剂→液体软化剂→硫磺、促进剂

3. 开炼机混炼操作

辊距调至 3～4mm，投入生胶辊压以形成光滑的包辊胶，卸下胶料。

辊距调至 8～10mm，投入胶料，包辊后割下余胶，按顺序加入配合剂，全部吃净后将余胶投入，混炼 4～5min，在配合剂加入过程中不准开刀翻炼。

抽取余胶，加入硫磺，待全部混入后再将余胶投入补充翻炼 1～2min。

调整辊距 2mm 左右，薄通 3～4 次，将辊距调至合适范围辊压下片，将混炼胶片隔离冷却，停放 8h 以上供下一工序使用。

9.2.3.4 开炼机的安全操作与维护保养

1. 安全操作注意事项

（1）开车前必须穿戴好劳动保护用品。

（2）检查各机台紧固件有无松动、损坏。

（3）检查刹车装置是否完好、有效、灵敏；正常停车严禁使用刹车装置。

（4）检查发现的问题消除后，方能开车。

（5）辊筒的加热和冷却必须在辊筒转动条件下缓慢进行，以防止因局部温度突变使辊筒产生温度应力而产生裂纹甚至断裂。

（6）调节辊距左右要一致，以免损伤辊筒和轴承。减小辊距时应注意防止两辊筒因相碰而擦伤辊面。

（7）炼胶过程中，炼胶工具、杂物不准乱放在机器上，以避免工具掉入机器中损坏机器。机器运行时，如发现积胶在辊缝处停滞下不时，不得用手按塞，用手推胶时，只能用拳头推，以防手轧入辊筒。

（8）刹车或突然停电后，必须将辊缝中的胶料取出后方能开车，严禁带负荷启动。

（9）严禁机器长时间超载或安全保护装置失灵情况下使用。

（10）检查导胶装置是否良好，电气开关是否灵敏可靠。

2. 维护保养

操作时应保持周围环境清洁，以免将硬的杂物掺入胶料中损坏辊筒和机器。

各润滑部位必须按规定给足润滑油，应经常检查减速机、注油器的油位是否正常。仪表、联系信号、电器开关等是否灵敏可靠，不符要求的要立即更换。

设备运行中出现异常震动和声音，应立即停车。但若轴瓦发生故障，不准关车，应立即排料，空车加油降温，并联系有关人员进行检查处理。

经常检查各部位温度，辊筒轴瓦温度不超过 40℃（尼龙轴瓦不超过 60℃），减速机轴承温升不超过 35℃，电动机轴承温升不超过 35℃。

工作完后，应关闭好水、风、气阀门，切断电源，清理机台卫生。

3. 开炼机基本操作过程

（1）根据生产计划，准备胶料。

（2）检查核实胶料代号和胶料合格卡片。

（3）检查两辊筒间无杂物后，启动开炼机。

（4）紧油杯加润滑油，打开冷却水，根据工艺要求调整辊温和辊距。

（5）靠大齿轮一端投入引胶并包辊、加胶，有标识的胶片最后加入。

（6）加完一车后左右各划刀两次，操作时要先划刀，后上手拿胶，胶片未划下，不准硬拉硬扯。

（7）送胶或下片。

（8）生产结束空转 10min 后停机，关冷却水，打扫接胶盘和周围卫生。

9.2.4 密炼机炼胶

9.2.4.1 密炼机的结构及主要参数

1. 密炼机的结构

密炼机一般是由 5 部分组成，即密炼室转子部分、加料及压料装置部分、卸料装置部分、传动装置部分及机座部分。

（1）混炼室转子，主要由上机体、下机体，上混炼室、下混炼室，转子等组成。上、下混炼室带有夹套，可通入冷却水或蒸汽进行冷却或加热。转子两端用双列圆锥滚子轴承安装在上、下机体中，两转子通过安装在其颈部的速比齿轮的带动，在环形的密炼室内做不同转速的相对回转。

（2）加料及压料装置，由加料斗、上顶栓及汽缸等组成。安装在混炼室的上机体上面。加料斗主要由斗形加料口和翻板门所组成，翻板门的开关由风缸推动。

（3）卸料装置，由安装在混炼室下面的下顶栓和下顶栓锁紧机构组成。

（4）传动装置，由电机、弹性联轴节、减速机和齿形联轴节等组成。

2. 规格

密炼机的规格一般以混炼室总容积和长转子

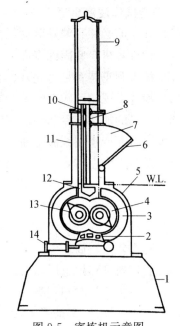

图 9-5 密炼机示意图

1—底座；2—下顶栓；3—夹套；4—密炼室；
5—机身；6—投料门；7—进料斗；8—活塞杆；
9—风筒；10—冷却水管；11—加料斗壁；
12—上顶栓；13—转子；14—卸料门离合器

（主动转子）的转数来表示。同时在总容积前面冠以符号，以表示何种机台，其命名规则如图 9-6 所示。

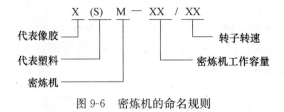

图 9-6 密炼机的命名规则

3. 工作原理与参数

（1）工作原理：物料从加料斗加入密炼室后，加料门关闭，压料装置的上顶栓降落，对物料加压，物料在上顶栓压力和摩擦力作用下，被带入两个具有螺旋棱、有速比的、相对回转的两转子间歇中。

物料在由转子与转子，转子与密炼室壁、上顶栓、下顶栓组成的捏炼系统内受到不断变化和反复进行的剪切、撕拉、搅拌、折卷和摩擦的强烈捏炼作用。物料破坏并升温，产生氧化断链，增加可塑度，使配料分散均匀，从而达到塑炼或混炼的目的。物料炼好后，卸料门打开，物料从密炼室下部的排料口排出，完成一个加工周期。

（2）主要参数：

① 转子转速与速比：

转子转速——是指密炼机长转子每分钟转动的转数。

速比——密炼机两转子转速之比称为速比。

② 顶栓压力：

上顶栓对胶料的压力范围，一般在 1～5MPa 之间。

③ 容量与生产能力：

a. 容量：密炼机的一次炼胶量。

$$V=V_0B$$

式中　V——密炼机的工作容量，L；

　　　V_0——混炼室总容积，L；

　　　B——填充系数，$B=0.55～0.75$。

④ 生产能力：单位时间内塑炼物料的重量，单位为 kg/h。

$$G=\frac{60VYa}{t}$$

式中　G——密炼机的生产能力，kg/h；

　　　V——炼胶容量，L；

　　　Y——胶料密度，kg/L；

　　　t——炼胶周期时间，min；

　　　a——设备利用系数，$a=0.8～0.9$。

9.2.4.2　密炼机塑炼

密炼机塑炼是将物料从加料斗加入密炼室后，加料门关闭，压料装置的上顶栓降落，对物料加压。物料在上顶栓压力及摩擦力的作用下，被带入两个具有螺旋棱、有速比的、相对回转的两转子的间隙中，致使物料在由转子与转子，转子与密炼室壁、上顶栓、下顶栓组成的塑炼系统内，受到不断变化和反复进行的剪切、撕拉、搅拌和摩擦的强烈塑炼作用，从而达到塑炼的目的。

密炼机塑炼的生产能力大，劳动强度较低、电力消耗少。但由于是密闭系统，清理比较困难，所以仅适用于胶种变化少的场合。

1. 密炼机塑炼工艺方法

密炼机塑炼的工艺流程：称量生胶→打开加料门→投入生胶块→放下上顶栓加压塑炼至规定时间→打开下顶栓→排胶→压片→冷却存放。采用的工艺方法有一次塑炼法、分段塑炼法和化学增塑塑炼法三种。

（1）一段塑炼：将生胶一次加入密炼机内，在一定的温度和压力条件下塑炼一定时间，直至达到所要求的可塑度为止。在塑炼过程中，要不断地对密炼室壁，辊筒和上、下顶栓通入冷却水进行冷却，以控制塑炼温度。

（2）分段塑炼：用于制备较高可塑性塑炼胶的一种工艺方法。分段塑炼通常分两段进行：先将生胶置于密炼机中塑炼一定时间，然后排胶、捣合、压片、下片、停放 4～8h，再进行第二段塑炼，以满足可塑度要求，二段塑炼胶的可塑度可达 0.35～0.50（威氏）。在生产中第二段塑炼与混炼工艺一并进行，以减少塑料胶储备量，节省占地面积。如可塑度要求0.5以上时，也可以进行第三段塑炼。

（3）化学塑解剂塑炼：由于密炼机塑炼温度较高，采用塑解剂塑炼效果要比开炼机低温下的增塑效果大，塑炼温度也要比纯胶塑炼的温度适当降低。

2. 密炼机塑炼影响因素

影响密炼机塑炼的因素主要有温度、转速、上顶栓压力、容量、时间等。

（1）温度：生胶在密炼室内一方面在转子与腔壁之间受剪应力和摩擦力作用，另一方面还受到上顶栓的外压。密炼时生热量非常大，物料来不及冷却，属高温塑炼，温度通常高于120℃，甚至处于160～180℃之间。密炼机的塑炼效果随温度的升高而增大。天然胶用此法塑炼时，温度一般不超过155℃，以110～120℃最好，但温度过高会导致橡胶物理机械性能下降。

（2）转速：转速快，塑炼效率高。转速从25r提高到75r，塑炼时间从30min缩短到10min。转速的提高必然会加速胶料生热升温，因此必须加强冷却。

（3）时间：用密炼机塑炼，胶料的可塑度随塑炼时间的增加而增加。初期可塑度随时间延长而直线上升，一定时间后增加速度减缓。

使用塑解剂进行塑炼时，塑炼效果会提高，塑炼时间可缩短30％～50％。

（4）上顶栓压力：上顶栓必须加压，以增加转子对胶料的剪切作用。压力过小，不能压紧胶料，但压力过大，又会造成设备负荷过大。上顶栓压力一般为0.5～0.8MPa。

（5）装胶容量：容量过大，生胶不能得到充分搅拌，设备超负荷工作；容量过小，胶料打滚，得不到有效的塑炼。各种规格密炼机的装胶容量为密炼室容积的48％～62％。

（6）化学塑解剂：密炼机塑炼温度高，采用化学塑解剂增塑法合理有效，不仅能充分地发挥塑解剂的增塑效果，而且在同样条件下会降低排胶温度，提高塑炼胶质量。

9.2.4.3 密炼机混炼

采用密闭式炼胶机进行混炼，操作安全性较大，粉料飞扬损失小，劳动强度低，易于实现自动化，能缩短混炼时间，混炼胶质量好，生产效率高。但存在温度难以控制，易焦烧，冷却水耗量大。变换胶料配方困难，设备投资大，且不适宜混炼对温度敏感的胶料，浅色胶料和特殊胶料等。特别适用于大规模、自动化生产。

1. 密炼机混炼工艺过程

提起上顶栓，按加料顺序依次将生胶和配合剂从加料口投入密炼室，每次投料后都要放下上顶栓加压混炼一段时间后，再提起上顶栓投加下一批配合剂，直到混炼完毕，放下下顶栓将胶料排至压片机加硫磺，并压成规则的胶片，进行冷却和停放。

2. 密炼机混炼操作

密炼机混炼是在高温加压下进行的，操作方法一般分为一段混炼法、两段混炼法和逆混炼法。

（1）一段混炼法：一段混炼法是指经密炼机一次完成混炼，然后压片得混炼胶的方法。其加料顺序为生胶→小料→补强剂→填充剂→油类软化剂→排料→冷却→加硫磺及超促进剂。

一段混炼的优点是胶料管理比较方便，节省车间胶料停放面积。其不足是混炼胶可塑度低，填料不易分散均匀，混炼时间长，易焦烧和过炼，使混炼胶质量受到影响。

一般适用于胶料黏度较低、配方填充量较少的混炼。

（2）两段混炼法：两段混炼法是指两次通过密炼机混炼压片制成混炼胶的方法。第一阶段混炼与一段混炼法一样，只是不加硫化和活性大的促进剂，一段混炼完后下片冷却，停放一定的时间，然后再进行第二段混炼。混炼均匀后排料到压片机上再加硫化剂，翻炼后下片。

分段混炼法每次炼胶时间较短，混炼温度较低，配合剂分散更均匀，胶料质量高，可减少持续高温混炼引起是焦烧倾向。

两段混炼法适用于容易生热和焦烧的胶料混炼。

（3）逆混炼法：采用与常规完全相反的顺序进行混炼，一开始就把除硫磺和促进剂以外的其他配合剂首先投入密炼机，然后再投入生胶进行混炼。

能改善高填充胶料中炭黑的分散性，缩短混炼时间，适用于生胶挺性差和炭黑、油类含量高的胶料，主要应用于 EPDM 和 BR 的混炼。

3. 密炼机混炼影响因素

密炼机混炼时除了受到设备结构因素的影响外，还存在装胶容量、上顶栓压力、转子转速等工艺因素的影响。

（1）装胶容量：容量不足，剪切力和捏炼不够，甚至打滑和转子空转，效果不良。容量过大，必要的翻动回转空间，混合不均匀，设备超负荷运行。

（2）上顶栓压力：上顶栓压力适当，利于胶料捏炼和配合剂的分散，缩短周期，提高效率。上顶栓压力过大，耗能大，易升温。上顶栓压力不足，胶料在混炼室壁和转子表面打滑，效果差，时间长。

（3）转子转速：提高转子转速是强化胶料的混炼效果，缩短混炼时间的有效措施之一，因为转速快，剪切速率大。但过快会使胶料升温迅速，黏度下降，剪切力降低，不利于混炼。

（4）加料顺序，一般为：塑炼胶→表面活性剂→硬脂酸、固体软化剂、防老剂、普通促进剂→炭黑→液体软化剂→硫磺和超速促进剂

（5）混炼温度：摩擦剪切作用使升温快，通过密炼室和转子的冷却来控制混炼温度。混炼温度过高，胶料变软，不利于分散，易焦烧。混炼温度过低，胶料压散，不能捏合。

（6）混炼时间：混炼时间过短，会造成分散不良，可塑性不均匀。混炼时间过长，易引起过炼，易焦烧。在保证混炼质量前提下，尽量缩短混炼时间。

9.2.4.4　密炼机的安全操作与维护保养

1. 安全操作要求

（1）开车前必须检查混炼室转子间有无杂物，上、下顶栓，翻板门，仪表，信号装置等是否完好，检查无误后，方可准备开车。

（2）开车前必须发出信号，听到呼应确认无任何危险时，方可开车。

（3）投料前要先关闭好下顶栓，胶卷逐个放入，严禁一次投料，粉料要轻轻放入，炭黑袋要口朝下逐只向风管投送。

（4）设备运转中严禁往混炼室里探头观看，必须观看时，要用钩子将加料口翻板门钩住，将上顶栓提起并插上安全销，方可探头观看。

（5）操作时发现杂物掉入混炼室或遇故障时，必须停机处理。

（6）如遇突然停车，应先将上顶栓提起插好安全销，将下顶栓打开，切断电源，关闭水、汽阀门。用人工转动联轴器排料，注意相互配合，严禁带料开车。

（7）上顶栓被胶料挤（卡）住时，必须停车处理；下顶栓漏出的胶料，不准用手拉，要用铁钩取出。

（8）操作时要站在加料口翻板活动区域之外，排料口下部，不准站人。

（9）排料、换品种、停车等应与下道工序用信号联系。

（10）停车后插入安全销，关闭翻板门，落下上顶栓，打开下顶栓，关闭风、水、汽阀门，切断电源。

2. 维护保养

润滑规则，各润滑点润滑油要保证到位，保证油量、油压和润滑油牌号，油路不得渗漏。

工作生产结束后，密炼机需经 15～20min 空运转后才能停机，空运转时仍需向转子端面密封装置注油润滑；停机时，卸料门处于打开位置，打开加料门插入安全销，将压砣提到上位插入压砣安全销，开机时按相反程序进行工作；清除加料口、压砣和卸料门上的黏附物，清扫工作场地，除去转子端面密封装置油粉料糊状混合物。

3. 操作过程及要求

（1）停车较长时间后第一次启动，应按空运转实验和负载试运转的要求进行。

（2）开启主机、加速器和主电机等冷却系统的进水和排水阀门。

（3）按电气控制系统使用说明要求启动设备。

（4）运行时注意检查润滑箱的油量、减速器和液压站油箱的油位，确保润滑点润滑和液压工作正常。

（5）注意机器运行情况，工作是否正常，有无异常响声，连接紧固件有无松动。

（6）按负载试运转时炼最后一车料时的要求停机。

（7）在投产的第一个星期内，需随时拧紧密炼机各部位的紧固螺栓，以后每月拧紧一次。

（8）当机器的压砣处在上部位置，卸料门处于关闭位置和转子在转动的情况下，方可打开加料门向密炼室投料；

（9）当密炼机在混炼过程中因故临时停车时，在故障排除后，必须将密炼室内胶料排出后方可启动主电机。

（10）密炼室的加料量不得超过设计能力，满负荷运转的电流一般不超过额定电流，瞬间过载电流一般为额定电流的 1.2～1.5 倍，过载时间不大于 10s。

（11）大型密炼机，加料时投放胶块质量不得超过 20kg，塑炼时生胶块的温度需在 30℃以上。

9.2.5 混炼胶质量检查和存放

9.2.5.1 混炼过程记录检查

检查消耗功率记录，检查辊筒压力记录，检查混炼温度记录，检查混炼效果记录。

9.2.5.2 混炼胶质量的检查

评估混炼胶质量的手段是进行快速检验。快检的方法是在每个胶料下片时与前、中、后三个部位各取一个试样，测定其可塑度、密度、硬度和初硫点等，然后与规定指标进行比较，看是否符合要求。

1. 可塑度

将所取三个试样用威氏可塑计测其可塑度值，以检查胶料的可塑度是否符合指标要求和均匀。可塑度测定主要是检验胶料的混炼程度和原材料是否错加或漏加等。

2. 密度

将所取三个试样依次浸入不同密度的氯化锌水溶液中进行密度测定。密度测定主要是检验胶料是否混炼均匀，以及是否错加或漏加生胶或补强剂等原材料。

3. 硬度

将所取三个试样在规定的温度和时间下快速硫化成试片，然后用邵尔 A 型硬度计测出其硬度值。硬度测定主要是检验补强填充剂的分散程度，硫化的均匀程度，以及原材料的错加或漏加等。

除以上三项快速检验项目外，还可以测定初硫点，目测或显微镜检查配合剂的分散度等。

9.2.5.3 混炼胶质量问题及处理方法

混炼胶料经常出现的质量问题有以下几个方面：

1. 配合剂结团

造成配合剂结团的原有主要有：生胶塑炼不充分；粉状配合剂中含有粗粒子或结团物；生胶及配合剂含水率不充分；混炼时装胶容量过大、辊距过大、辊温过高；粉状配合剂落到辊筒上被压成片状；混炼前期辊温过高形成炭黑凝胶颗粒太多等。

对配合剂结团的胶料可补充加工（低温多次薄通），以改善其分散性。

2. 可塑性不均

形成混炼胶料可塑性过大、过小或不均匀的主要原因有塑炼胶可塑性不适当，混炼时间过长或过短；混炼温度不当；混炼不均匀；软化增塑剂多加或少加以及炭黑配错等。

对于可塑性过大、过小或不均匀的胶料，若料重正常，硬度、密度基本正常时，可少量掺入正常胶料中使用（掺合量 10%～30%），或将可塑性过大与过小的胶料掺和使用，也可将可塑性过小的胶料进行补充加工。若不符合料重、硬度、密度等指标，则作废料处理。

3. 密度过大、过小或不均匀

混炼胶密度过大、过小或不均匀的主要原因是配合剂称量不准确、错配或漏配；混炼加料时错加或漏加，混炼不均等。

对混炼和硬度不均的胶料可以经补充加工解决。

4. 喷霜现象

引起喷霜的主要原因是：生胶塑炼不充分；混炼温度过高；混炼胶停放时间过长；硫磺粒子大小不均、称量不准确等。有的也因配合剂（硫磺、防老剂、促进剂、白色填料等）选用不当而导致喷霜。

对因混炼不均、混炼温度过高以及硫磺粒子大小不均所造成的胶料喷霜问题，可通过补充加工加以解决。

5. 焦烧现象

胶料出现轻微焦烧时，表现为胶料表面不光滑、可塑性降低。严重焦烧时，胶料表面和内部会生成大小不等的由弹性的熟胶粒（疙瘩），使设备负荷显著增大。

胶料产生焦烧的主要原因有：混炼时装胶容量过大；温度过高；过早的加入硫化剂且混炼时间过长；胶料冷却不充分，胶料停放时间过长等；有时也会由于配合不当；硫化体系配合用量过多而造成焦烧。

对出现焦烧的胶料，要及时进行处理。轻微焦烧胶料，可通过低温（45℃以下）薄通恢复其可塑性。焦烧程度略重的胶料可在薄通时加入 1%～1.5% 的硬脂酸或 2%～3% 的油类软化剂使其恢复其塑性。对于严重焦烧的胶料，只能作废料处理。

9.2.5.4　混炼胶保存

混炼胶在质量检验的同时，必须停放一段时间。在停放过程中，橡胶与填料，橡胶与配合剂之间会发生物理的化学的作用。如有机促进剂在停放中通过扩散和迁移会趋向均匀。但若局部浓度过高，会扩散至胶料表面，即所谓的喷霜。炭黑与橡胶在停放过程中会产生炭黑凝胶，提高炭黑补强的作用。

但若停放时间过长，含有硫化剂的混炼胶会产生早期硫化，即焦烧，导致胶料报废。停放一般在 24～48h。最多不超过 4d。若在低温下存放，可以存放较长的时间。

项目十　橡胶成型技术

教学目标

（1）能根据产品的特点选择相应的橡胶成型设备及辅助设备。
（2）熟悉橡胶压延、压出、硫化的工艺流程操作，并能进行相应成型工艺参数的设定。
（3）熟悉橡胶压延、压出、硫化成型过程中主要设备的操作。
（4）结合项目六能初步对橡胶压延、压出成型操作中常见的故障进行判断、分析。
（5）能针对常见橡胶轮胎制品的质量缺陷进行剖析。

工作任务

自行车外胎成型。

利用压延机辊筒之间的挤压力作用，使物料发生塑性流动变形，最终制成具有一定断面尺寸规格和规定断面几何形状的胶片，或者胶料覆盖于纺织物或金属织物表面制成具有一定断面厚度的胶布的工艺加工过程。它包括压片、贴合、压型和纺织物挂胶等作业。

10.1　压延成型技术

10.1.1　压延设备

10.1.1.1　压延机构造

橡胶压延机结构见 6.1.2 章节。

10.1.1.2　压延机用途与分类

压延机主要用于胶料压片、纺织物挂胶、钢丝帘布挂胶、胶坯压型、胶片贴合等。为适应不同的工艺要求，压延机种类很多，按不同的分类方法有各种类型，具体分类方法与类型如图 10-1 所示。

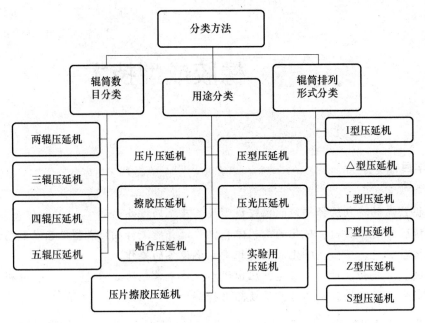

图 10-1　压延机分类与类型

 10.1.2　压延过程

压延过程一般包括混炼的预热、供胶、压延以及压延半成品的冷却、卷取、截断、放置等。也可分为压延前准备及压延两个过程。

10.1.2.1　压延前准备工艺

在进行压延前，需对胶料及纺织物进行预加工，即准备工艺。

1. 胶料的热炼与供胶

胶料进入压延机之前，需要先将其在热炼机上翻炼，这一工艺过程称之为热炼或预热。热炼的目的是提高胶料的混炼均匀性，进一步增加胶料的可塑性，提高胶料的温度，增大热可塑性。

热炼过程一般分两步，在开炼机上进行，第一步叫粗炼，通过低温薄通，使胶料变软而均匀，粗炼辊温一般为 40～45℃；辊距 2～5mm；薄通 7～8 次。第二步叫细炼，辊距较大，辊温较高，以提高胶料温度，获得较大的热可塑性。同时增进胶料与纺织物的黏合性。细炼的辊温一般为 60～70℃；辊距 7～10mm；翻炼 6～7 次。

热炼和供胶工艺过程为：粗炼→细炼→供胶→压延机压延。

2. 纺织物预加工

（1）烘干：为了提高胶料与纺织物的黏合性能，保证压延质量，需要对纺织物进行烘干，减少纺织物的含水量，一般控制含水率在 1%～2% 之内，含水率过大将降低橡胶与纺织物的黏附力，但过于干燥会使纺织物变硬，在压延过程中受损伤，降低强度。

一般可用蒸汽辊筒烘干、红外线干燥及微波干燥，但目前仍以蒸汽辊筒烘干为主。

（2）帘布浸胶：其目的在于使胶料与帘布之间建立起一过渡性的中间层，用以增加胶料与帘布间的结合强度,提高帘布的耐疲劳性和轮胎的使用寿命。

浸胶工艺设备,一般分为单独浸胶工艺设备和与压延机联动的浸胶工艺设备两种。目前生产中以单独浸胶工艺流程为主。

浸胶工艺条件对浸胶帘布质量有很大的影响。主要因素有浸胶胶乳的组成和浓度、帘布浸渍时间和帘布张力、挤压辊压力、干燥条件和附胶量等。

10.1.2.2 压延工艺

1. 压片

压片是将已预热好的胶料,用压延机在辊速相等的情况下,制成一定厚度和宽度的胶片,可采用两辊、三辊或四辊压延机进行。在三辊压延机上压片时,上、中辊间供胶,中、下辊间出胶片,如图10-2所示。对规格要求很高的半成品,则采用四辊压延机压片。多通过一次辊距,压延时间增加,松弛时间较长,收缩相应减小,厚薄的精确度和均匀性都可提高。其工作示意图如图10-3所示。

图10-2 三辊压延机压片工作示意图　　　图10-3 四辊压延机压片工作示意图

压片过程中出现的质量问题有内部有气泡,表面皱缩,胶片表面不光滑,胶片厚度不均。造成这一系列质量问题的原因主要是:

(1) 配合剂含水率高、软化剂挥发性大、压延温度高、积胶过多、胶卷放入的不当、返回胶含水多、压延胶片太厚等造成内部有气泡。

(2) 胶料可塑度低、收缩率大、胶料与返回胶配比不均、热炼不均等造成表面皱缩。

(3) 胶料的可塑度低、辊温低、压延速度快、胶料有自硫胶粒等造成胶片表面不光滑。

(4) 胶料可塑度不均、胶温波动大导致收缩不均、两侧辊距不一致、卷取松紧不一样等造成胶片厚度不均。

2. 贴合

贴合是通过压延机将两层薄胶片贴合在一起的工艺过程。通常用于制造较厚、质量要求较高的胶片和两种不同胶料组成的胶片、夹布层胶片等。

贴合方法有二辊压延机贴合法、三辊压延机贴合法、四辊压延机贴合法,如图10-4所示。四辊压延机贴合效率高、质量好、精度高,但压延效应大。

3. 压型

压型是将胶料制成一定断面形状的半成品或表面有花纹的工艺过程,如制造胶鞋大底、力车胎胎面等。压型可用二辊、三辊、四辊压延机进行,其中必有一个辊或数个辊筒刻有花纹。对压型的要求是:规格准确、花纹清晰、胶料密致。几种压型方法如图10-5所示。

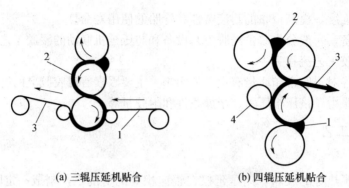

(a) 三辊压延机贴合　　　　　(b) 四辊压延机贴合

图 10-4　贴合工艺示意图

1—一次胶片；2—二次胶片；3—贴合胶片；4—压辊

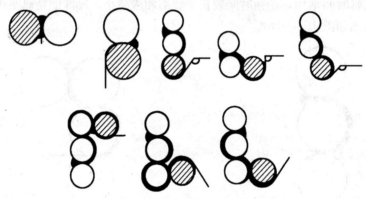

图 10-5　压型方式示意图

4. 纺织物挂胶

利用压延机将胶料覆盖于纺织物表面，并渗入织物缝隙的内部，使胶料和纺织物紧密结合在一起成为胶布的压延作业。纺织物挂胶可以提高骨架材料的结合强度，承担应力作用。减少骨架材料间的摩擦生热。提高胶布的弹性和防水性能，保证制品具有良好的使用性能。

纺织物挂胶的方法可以分为贴胶、压力贴胶和擦胶三种。影响挂胶工艺的主要因素有可塑度、辊温、辊速和辊距。

（1）贴胶：在压延机上利用两个转速相同的辊筒将一定厚度的胶片贴于纺织物上的过程。贴胶常用三辊压延机或四辊压延机，三辊一次只能贴一面，如图 10-6（a）所示；四辊一次可贴两面，如图 10-6（b）所示。在贴胶时，进行贴合的两个辊筒的转速应相同，但供胶的两个辊筒的转速则即可相同，又可不同，有一定速比，有利于消除气泡，贴合效果较好。

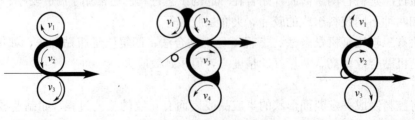

(a) 三辊压延机贴胶($v_2=v_3>v_1$)　　(b) 四辊压延机贴胶($v_2=v_3>v_1=v_4$)　　(c) 三辊压延机压力贴胶($v_2=v_3>v_1$)

图 10-6　贴胶工艺示意图

（2）压力贴胶：这种方法形式上与贴胶相同，区别是两个贴胶辊筒之间也有一定量的积胶存在，利用堆积胶的压力将胶料压入布缝中，如图 10-6（c）所示。此法橡胶附着力好，但帘线易受损害。

（3）擦胶：利用压延机辊筒速比不同所产生的剪切力和辊筒的挤压力，将胶料挤压擦入纺织物缝隙中去的过程。它通常是在三辊或四辊压延机上进行的（图 10-7）。

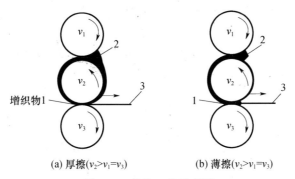

图 10-7　擦胶工艺示意图

1—纺织物进辊；2—进料；3—胶后出料

擦胶时工作辊筒的速比在 1∶1.3～1∶1.5 范围内，速比越大，擦入力越强，胶料的渗透就越好，但纺织物受到的伸张力也越大，擦胶通常只用于帆布挂胶。

10.2　橡胶压出成型技术

橡胶压出（也称挤出）是使高弹态的橡胶在压出机机筒中，通过螺杆的旋转，使胶料在螺杆和机筒筒壁之间受到强大的挤压作用，不断向前推进，并借助于口型（口模）压出具有一定断面形状的橡胶半成品。

在橡胶制品工业中，压出的应用面很广，如轮胎的胎面、内胎、胶管、胶带、电线电缆外套以及各种异形断面的连续制品都可以用压出成型来加工。此外，它还可用于胶料的过滤、造粒，生胶的塑炼以及上、下工序的联动，如在热炼与压延成型之间，压出起到前后工序衔接作用。

压出成型具有操作简单、工艺控制较容易，可连续化、自动化生产、生产效率高、产品质量稳定。应用范围广，通过压出机螺杆和机筒的结构变化，可突出塑化、混合、剪切等作用中的一种，与不同的辅机结合，可完成不同工艺过程的综合加工。

10.2.1　压出设备

压出机的规格用螺杆的外径表示，并在前面冠以"SJ"或"XJ"，S 表示塑料；X 表示橡胶；J 表示压出机。如 SJ-90 表示螺杆外径为 90mm 的塑料压出机；而 XJ-200 表示螺杆外径为 200mm 的橡胶压出机。

10.2.1.1　压出机结构

压出机结构与塑料挤出机的结构原理相近似，通常由机筒、螺杆、加料装置、机头（口型）、加热冷却装置、传动系统等部分组成。

1. 机筒

机筒在工作中与螺杆相配合，使胶料受到机筒内壁和转动螺杆的相互作用，以保证胶料在压力下移动和混合，通常它还起热交换的作用。

为了使胶料沿螺槽推进，必须使胶料与螺杆和胶料与机筒间的摩擦系数尽可能悬殊，机筒壁表面应尽可能粗糙，以增大摩擦力，而螺杆表面则力求光滑，以减小摩擦系数和摩擦力。

在喂料口侧壁螺杆的一旁加一压辊构成旁压辊喂料，此种结构供胶均匀，无堆料现象，半成品质地致密，能提高生产能力，但功率消耗增加。

2. 螺杆

螺杆是压出机的主要工作部件，它在工作中产生足够的压力使胶料克服流动阻力而被压出，同时使胶料塑化、混合、压缩，从而获得致密均匀的半成品。

其结构形式有多种，螺纹有单头、双头和复合螺纹。单头螺纹多用于滤胶双头螺纹的螺杆两沟槽同时出胶，出胶快而均匀，适于压出造型复合螺纹螺杆的加料段为羊头螺纹，便于进料，出料段为双头螺纹，出料均匀。压出机的螺杆通常是双头螺纹或复合螺纹。

橡胶压出机与塑料挤出机的主要差别在于其长径比较小，这是因为与大多数热塑性塑料相比，橡胶的黏度很高，约高一个数量级，在挤出过程中会产生大量的热，缩短压出机的长度，可保持温度升高在一定限度之内，防止胶料过热和焦烧。橡胶压出机的长径比大小，取决于是冷喂料还是热喂料，热喂料橡胶压出机的长径比一般很短，L/D 为 4～5 之间，冷喂料橡胶压出机的 L/D 为 15～20 之间，排气冷喂料压出机 L/D 至可达 20 以上。

与塑料挤出机螺杆的另一区别是橡胶压出机螺杆的螺槽深度通常相当大，一般螺纹深度为螺杆外径的 18%～23%，螺槽较深是为了减少橡胶的剪切和造成的黏性生热。橡胶压出机螺杆的压缩比相对也较小，一般在 1.3～1.4 之间，冷喂料挤出机的一般为 1.6～1.8。滤胶机的压缩比一般为 1，是等距等深螺杆。

3. 机头与口型

机头与机身衔接，用作安装口型。机头也有不同的类型与结构，机头的结构随压出机用途不同而有多种。圆筒形机头用于压出圆形或小形制品，如胶管、内胎等；喇叭形机头用于压出宽断面的半成品，如外胎胎顶、胶片；T 形和 Y 形机头分别与螺杆轴向成垂直（90°）或倾斜一角度（通常为 60°），适用于压出电线电缆的包皮、钢丝和胶管的包胶等。

机头前安装有口型，口型是决定压出半成品形状和大小的模具，一般分为两种：一种是压出实心和片状半成品用的，是一块带有几何形状的钢板；一种是压出中空半成品用的，是由外口型、芯型及支架组成，芯型上有喷射隔离剂的孔。

10.2.1.2 压出机类型

橡胶挤出机根据结构特征分为热喂料挤出机、冷喂料挤出机和排气冷喂料挤出机。根据螺杆数量分为单螺杆挤出机、双螺杆挤出机和多螺杆挤出机。根据工艺用途不同分为压出挤出机、滤胶挤出机、塑炼挤出机、混炼挤出机、压片挤出机及脱硫挤出机等。

 ## 10.2.2 压出工艺

压出成型是在一定条件下将具有一定塑性的胶料通过一个口型连续压送出来，使它成为具有一定断面形状的产品的工艺过程。

胶料沿螺杆前移过程中，由于机械作用及热作用的结果，胶料的黏度和塑性等均发生了一定的变化，成为一种黏性流体。根据胶料在压出过程中的变化，一般将螺杆工作部分按其作用不同大体上分为喂料段、压缩段和压出段三部分。

10.2.2.1 热喂料压出

热喂料压出工艺一般包括胶料热炼与供胶、压出冷却、裁断接取等工序。

1. 胶料热炼和供胶

热炼使混炼胶均匀性和热塑性进一步提高，易于压出，并获得规格准确表面光滑的制品。

热炼的方法和要求与压延胶料相同。供胶或喂料时应连续而且均匀，以免造成供胶脱节或过剩，经细炼后的胶料在供胶前不宜停放过长，以免影响热塑性。

2. 压出

在压出操作开始前，要按压出机操作规程预热机筒、螺杆及机头口型到规定的温度。经热炼后的胶料以胶条的形式通过运输带送至压出机的加料口，并通过喂料辊送至螺杆，胶条受螺杆的挤压通过机头口型而成型。开始供胶后，要调节压出机的转速、口型位置和接取速度，并测定和观察压出半成品的尺寸、表面状态（光滑程度、有无气泡等）、厚薄均匀程度等，直至完全符合工艺要求的公差范围为止。

压出操作中的主要工艺条件：

（1）胶料的可塑性：供压出用胶料的可塑度为 0.25～0.4（冷喂料压出为 0.3～0.5）。胶料可塑性小，则流动性不好，压出后半成品表面粗糙、膨胀大；但可塑度太大，半成品缺乏挺性、容易变形。

（2）压出机温度：压出机各段温度直接影响到压出工艺的正常进行和制品的质量。压出机温度随不同部位不同胶料而有差异。压出机一般以口型温度最高，机头次之，机筒最低。采用这种控温方法，有利于机筒进料，可获得表面光滑、尺寸稳定和收缩较小的压出物。

（3）压出速度：压出速度通常是以单位时间内压出物料体积或质量来表示，对一些固定产品，也可用单位时间压出长度来表示。当压出胶料中生胶含量低或压出性能较好时，压出速度可选取较高的范围，反之取低速范围。

3. 压出物的冷却、裁断、称量与接取

（1）冷却：冷却的目的是防止半成品存放时自硫；使胶料恢复一定的挺性，防止变形；使半成品冷却收缩定形。

常用的冷却方式有：喷淋和水槽冷却。喷淋冷却效果较佳，经济简便，占地面积小。为防骤冷（冷却程度不一导致变形不规则；喷霜），常采用 40℃ 左右的温水冷却，然后进一步降至 20～30℃。

压出大型的半成品（胎面），一般须经预缩处理后才进入冷却槽。预缩率可达到 5%～12%。

（2）裁断和称量：经过冷却后的半成品，有些类型（如胎面）需经定长、裁断和称量等工序处理。一般在定长后，在输送线上或操作台上，用电刀来裁断，然后检查称量重量。长度、宽度和重量合格的胎面胶片可供使用，不合格者返回热炼。

（3）接取：胶管和胶条等半成品在冷却后可卷在容器或绕盘上，以便停放，这便是接取。接取的方法一般有两种，手工法和绕卷法。

10.2.2.2 冷喂料压出

冷喂料压出具有节省热炼设备，易于实现机械化、自动化，胶料的温度和可塑度更均匀，改善了压出制品的质量，提高了表面光洁度，半成品具有较稳定一致的尺寸规格，压力的敏感性小。应用范围广，灵活性大。冷喂料压出机的投资和生产费用较低等优点。

目前冷喂料压出在电线、电缆、胶管等小规格制品压出方面逐渐取代了热喂料压出机。

冷喂料压出工艺与热喂料有所不同，加热前应先将各部位的温度调节到规定值。各部位常用温度如下：螺杆<35℃；加料段35～50℃；塑化段40～60℃；压出段50～70℃；机头和口型80～100℃。

冷喂料压出常采用冷喂料排气压出机，其特点是在压出过程中排除胶料中的气体，提高胶料的致密性，减少胶料中的气孔，降低胶料的压出膨胀率。

10.2.3 压出半成品常见质量问题

在压出工艺中常见的质量问题有：半成品表面不光滑、焦烧、产生气泡或海绵、厚薄不均、规格不准确和条痕、裂口等。

1. 半成品表面不光滑的原因

机头和口型的温度低；供胶温度过高或机头温度过高而产生焦烧；牵引运输速度慢；胶料热炼不均或返回胶掺混不均；压出速度过快等。

2. 焦烧的主要原因

胶料配合不当，抗焦烧性差，焦烧时间短；机头温度过高；流胶口过小，机头处有积胶或口型与机头处有死角，造成胶料不流动；螺杆冷却不足；供胶中断，形成空车滞胶。

3. 产生气泡或海绵

压出速度过快，使胶料中的空气未及排出；原材料含水分和挥发分多；机头温度过高；供胶不足。

4. 厚薄不均的原因

芯型偏位或口型不正，口型板变形；压出温度控制不均；胶料热炼不均，压出速度与牵引速度配合不当等。

5. 规格不准确的原因

厚度不对称，主要原因是芯型偏位或口型不正；厚度复合要求，但宽度不足或过大，主要原因是牵引速度过快或过慢。

6. 条形裂口的原因

胶料中含有杂质或自硫胶粒；胶料可塑性过小；压出温度过高，胶料有焦烧倾向；口型或芯型粗糙不光；流胶口堵塞；各部位受压力不一致。

10.3 硫化

硫化是橡胶制品加工的主要工艺过程之一，也是最后一个加工工序。在这个工序中，橡胶要经历一系列复杂的化学变化，由塑性的混炼胶变为高弹性的交联橡胶，从而获得更完善的物理机械性能和化学性能，提高和拓宽了橡胶材料的使用价值和应用范围。因此，硫化对橡胶及其制品的制造和应用具有十分重要的意义。

线性的高分子在物理或化学作用下，形成三维网状体型结构的过程就称为硫化。实际上就是把塑性的胶料转变成具有高弹性橡胶的过程。线性的大分子硫化后不同程度地形成空间网状结构，如图 10-8 所示。

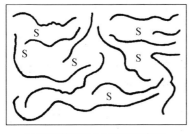 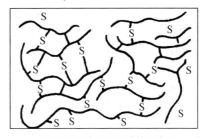

(a) 硫化前橡胶分子结构示意图　　　　(b) 硫化后橡胶分子结构示意图

图 10-8　硫化前、后橡胶分子结构示意图

 10.3.1　硫化历程

在硫化过程中橡胶的各种性能都随着时间增加而发生变化，若将橡胶的某一项性能的变化与对应的硫化时间作图，则可得到一个曲线图形，从这种曲线图形中可显示出胶料的硫化历程，称为硫化历程图，也称硫化曲线。硫化曲线如图 10-9 所示。

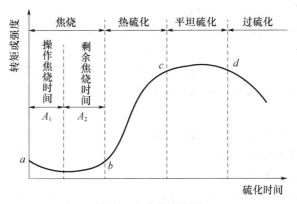

图 10-9　硫化历程图

对硫化历程进行分析，可以将硫化曲线分成四个阶段，分别是焦烧阶段、热硫化阶段、平坦硫化阶段和过硫化阶段。

1. 焦烧阶段

硫化时胶料开始变硬而后不能进行热塑性流动那一点之前的阶段。在此阶段，交联尚未开始，胶料在模内有良好的流动性。在模压硫化中，胶料的流动、充模要在此阶段进行。这一阶段的长短决定胶料的焦烧性和操作安全性。

2. 热硫化阶段

诱导阶段至平坦硫化之间的阶段。继诱导阶段之后，交联便以一定的速度开始进行，在预硫阶段的初期，交联程度较低，即使该阶段后期，硫化胶的主要物理力学性能如抗张强度、弹性等仍未达最佳状态。

热硫化时间的长短取决于硫化温度和胶料配方，通常温度越高，促进剂用量越多，硫化速度越快。

3. 平坦硫化阶段（正硫化阶段）

在这一阶段，硫化胶的主要物理力学性能均达到或接近于最佳值，或者说硫化胶的综合性能达到最佳值。这一阶段所采用的温度和时间，分别称为正硫化温度和正硫化时间。该阶段时间的长短取决于胶料配方，主要是促进剂和防老剂。

4. 过硫化阶段

在过硫化阶段中，不同的橡胶会出现不同的情况：天然橡胶料会出现各项物理力学性能下降的现象，而合成橡胶料在过硫阶段中各项物理力学性能变化小或保持恒定。这是由于对不同的胶料贯穿于橡胶硫化过程始终的交联和热裂解两种反应在硫化过程的不同阶段，所占的地位不同。

10.3.2 硫化条件

硫化条件通常指硫化压力、温度和时间，这三个要素对胶料的硫化质量有非常重要的影响，通常被称为硫化三要素。

1. 硫化压力

橡胶制品硫化时都需要施加压力，其作用可以防止胶料产生气泡，提高胶料的致密性。使胶料流动，充满模具，以制得花纹清晰的制品。提高制品中各层（胶层与布层或金属层、布层与布层）之间的黏着力，改善硫化胶的物理性能（如耐屈挠性能）。

一般硫化压力选取应根据产品类型、配方、可塑性等因素决定。其原则是：可塑性大，压力宜小些；产品厚、层数多、结构复杂压力宜大些。薄制品压力宜小些，甚至可用常压。

硫化加压可以采用硫化介质直接加压、压缩空气加压、注射机加压及液压泵通过平板硫化机把压力传递给模具，再由模具传递给胶料的方式加压。

2. 硫化温度

硫化温度是硫化反应的最基本条件，它直接影响硫化速度和产品质量。硫化温度的高低取决于胶料配方中的橡胶品种和硫化体系，也与产品的形状、大小及厚薄有关。

硫化温度高，硫化速度快，生产效率高。要获得高的生产效率，理论上应尽可能采用较高的硫化温度，但实际中不能无限制地提高硫化温度。硫化温度过高，会引起橡胶分子链的裂解和发生硫化返原现象（尤其是 NR），导致物理机械性能下降。还会使橡胶制品中的纺织物强度降低，影响制品的综合性能。并导致胶料的焦烧时间缩短，减少了流动充模时间，易造成制品局部缺胶。增加厚制品内外温差，硫化程度不一致。

硫化温度的选取应综合考虑橡胶的种类、硫化体系及制品结构等因素。

各种橡胶的最宜硫化温度一般是：

NR＜143℃；SBR＜180℃；IR、BR、CR＜151℃；IIR＜170℃；NBR＜180℃。

3. 硫化时间

硫化时间是完成硫化反应过程的条件之一，决定于胶料配方、硫化温度和硫化压力。

对于给定的胶料在一定的硫化温度和压力条件下，有一最适宜的硫化时间。过长则使制品过硫，过短则欠硫，都使制品性能下降。在硫化过程中应严格控制制品的硫化时间。

硫化温度和硫化时间相互依赖，要达到相同的硫化效果，适当提高温度，则可缩短时间。

4. 硫化介质

在加热硫化过程中，凡是能传递热能的物质，通称为硫化介质。

常用的硫化介质有：饱和蒸汽、过热蒸汽、过热水、热空气、热水及其他固体介质等。近年来也采用电流和各种射线（红外线、紫外线、γ 射线等）做硫化热源。各种硫化介质各有优缺点，其中饱和蒸汽由于给热系数大、导热系数高、放热量大，应用较为广泛。

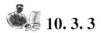

10.3.3 硫化方法

橡胶制品多种多样，硫化方法也很多，可按使用设备的种类、加热介质的种类、硫化工艺方法等来分类。

对硫化方法按其硫化温度的不同，分为室温硫化法、冷硫化法和加热硫化法三类。

1. 室温硫化

室温硫化适用于室温及常压下进行硫化的场合，如室温硫化的硅橡胶或胶粘剂、旧橡胶制品的修补等，要求在现场施工，且要求在室温下快速硫化。

天然橡胶或其他通用合成橡胶也可制成室温硫化胶浆（也称自硫胶浆），胶浆中加有二硫化氨基甲酸盐或黄原酸盐等超促进剂，不需要硫化设备。这类胶浆常用于硫化胶的接合和橡胶制品的修理。

2. 冷硫化

冷硫化法即一氯化硫溶液硫化法，将制品浸入含 2%～3% 的一氯化硫溶液中（溶液为二硫化碳、苯、四氯化碳等），经过数分钟或数秒钟的浸渍即可完成硫化。多用于薄膜制品的浸渍硫化，冷硫化法硫化的产品老化性能较差，已经很少使用。

3. 热硫化

热硫化法是橡胶工艺中应用最广泛的硫化方法，加热是增加反应活性，加速交联的一个重要手段。热硫化的方法很多，有些先成型后硫化，有些成型与硫化同时进行（加注压硫化）。

（1）模型硫化：模型硫化是将胶料充入模腔中，通过加热进行成型和硫化的加工方法。

使用模型的硫化方法有模压硫化法、移模硫化法、注射模压硫化法和液体注射（LIMS，RIM）等硫化方法，而这些方法在胶料制备方式、向模型供料方法、硫化过程产生的最高剪切速率、模型内胶料压力的达到值和温度等方面均有差异。

（2）硫化罐硫化：硫化罐硫化法用于硫化轮胎，它由蒸汽硫化罐与水压机相结合，在罐底部装有柱塞水压筒，向水压筒通入高、低压水（低压水压力为 2.5MPa，作升降模具用，高压水压力 13.5MPa，作压紧模具用），便可使模具升降和压紧。硫化时，除用蒸汽从模型外部加热外，还有用过热水（压力为 2～2.5MPa，温度 150℃）从水胎内部加热，以补充外热不足。过热水起内压作用，使轮胎花纹清晰。

（3）连续硫化：连续硫化多用于压出制品的硫化。随着胶布、胶板、运输带等压出制品的发展，为了提高质量，增加产品以及工艺操作方面的革新，连续硫化不断得到发展应用，其优点是产品不受长度的限制，无重复硫化区，劳动生产率高。

10.3.4 硫化常见质量缺陷与改进措施

硫化工艺与胶料的流动性、受热历程的关系极为密切，同时跟热能提供、硫化设备等合理与否也有很大关系，如果忽视其中一个方面，就会造成质量问题。

1. 焦烧与缺陷

胶料焦烧带来的问题主要有压缩收缩性和压延效应增大，胶片伸长减少，压延和压出表面粗糙，溶解和黏结困难，海绵胶不易发泡等。

混炼胶焦烧与硫化体系、混炼温度、贮藏温度等因素有关，常见的焦烧原因有：混炼时辊温过高或容量过大；压出机或注压机筒温度过高，常会因胶料轻度焦烧而引起接头不良；压延时，辊缝处的余胶停滞时间过长；胶料贮藏温度过高等。

2. 门尼黏度与缺陷

胶料门尼黏度值不适当是造成制品硫化缺陷的重要原因之一，有时黏度不当和焦烧交互作用造成制品缺胶或气泡。正确掌握胶料的门尼黏度是改进橡胶制品硫化质量、消除外观缺陷的关键之一。

在硫化过程中，造成制品表面缺胶的主要原因有三种：①胶料黏度过高，硫化压力无法推动胶料流动。②胶料黏性不足，融合性差。③胶料焦烧时间短，在胶料未充分流动成型时就开始交联硫化。

3. 外观缺陷

橡胶制品在硫化中的外观缺陷及其产生原因是多种多样的，常见的外观缺陷与改进方法归纳如表 10-1 所示。

表 10-1　硫化制品常见外观缺陷与改进方法

缺陷	产生原因	一般改进方法
缺胶明疤	橡胶与模具表面之间的空气无法逸出 压力不足 胶料流动性太差 模温过高 胶料焦烧时间太短 装胶量不足	加开气槽或改进模具结构 加压后回松让空气逸出 提高压力 胶料表面涂硬脂酸锌及提高胶料可塑性 胶料中加石蜡 调整配方，减慢硫化速度
对合线开裂	液压不足或波动 焦烧时间太短 坯胶或模具沾油污	加压，检查液压系统 调整硫化体系 做好半成品及模具的清洁工作
气泡、发孔呈海绵状	① 欠硫或硫化压力不足 ② 挥发分或水分太多 ③ 模内积水不干，胶料沾水沾污 ④ 压出或压延夹入空气 ⑤ 硫化温度太高	① 提高硫化压力和时间 ② 调整配方 ③ 坯胶预热干燥 ④ 改进压延或压出条件；进模前用针刺破气泡；增加合模后的回松次数 ⑤ 降低硫化温度，如起泡较大，壳处理后重新硫化
重皮重叠表面开裂	胶料硫化速度太快，流动不充分 模具不净，胶料表面沾污 成型形状不合理 隔离剂选用或涂擦不当	调整配方，减慢硫化速度 加强模具与半成品管理，不使沾污 改变成型形状，使各部位同时与模具接触 减少隔离剂用量

续表

缺陷	产生原因	一般改进方法
喷硫喷霜	欠硫 某种配合剂用量超过它在胶料中的溶解度 混炼温度太高	增加硫化时间 调整配合剂用量 混炼辊温要适宜
色泽不均	升温过急，受冷凝水或湿蒸汽的冲击 压缩空气中带水 平板硫化不均匀	适当减慢升温 压缩空气经过干燥及去水处理
撕裂	过硫 模温过高 脱模剂不足 出模方法不妥 模具结构不合理	降低硫化温度 缩短硫化时间 改变配方设计 冷启模的措施对应的模温过高 多涂脱模剂 改变启模方式
分层	表面油污 喷霜	保持胶面清洁 减少喷霜物的用量
制品模口扯裂	操作不当 配方不合理	提高模型精度，按最小量加料，减少胶边 预热胶料 采用低温长时间硫化 SBR 胶并用 BR 降低含胶率 60%以下 避免快速硫化 选用补强性大的填充剂

10.4　橡胶制品成型实例——自行车外胎

轮胎由外胎、内胎和垫带构成。外胎由胎体、胎面和胎圈三个主要部分组成。胎体包括帘布层和缓冲层两部分，胎面包括胎面胶和胎侧胶两部分。

自行车外胎是充气轮胎的环状外壳，其作用是承受车辆负荷，防止内胎充气后鼓胀，限定轮胎外缘尺寸，保护内胎免受机械损伤。

10.4.1　力车轮胎原料与配方

制造自行车外胎需要的主体材料有：混炼胶（包括胎面胶和帘线胶）、帘布和钢丝圈。生产混炼胶时需要的原材料可分为以下几类：

（1）橡胶：制造轮胎必不可少的重要材料，在自行车外胎中常用的有天然橡胶、顺丁胶、丁苯胶、再生胶等。

（2）硫化剂：在硫化过程中使橡胶产生交联的重要材料，如：硫、硒、碲或含硫化合物等。

（3）促进剂：在硫化过程中提高硫化速度的一种化学物质，如：促进剂 M、促进剂 CZ、促进剂 TT 等。

（4）活性剂：在硫化过程中可提高硫化活性的材料，如：硬脂酸和氧化锌等。

（5）防老剂：为减缓车胎在使用过程中产生的老化现象所添加的材料。如：防老剂 A、防老剂 RD 等。

（6）补强剂：提高硫化胶物理机械性能的材料，如：炭黑、白炭黑等。

（7）填充剂：为了增加混炼胶体积，在保证需要的性能的情况下添加的材料，如：陶土、轻质碳酸钙等。

（8）增塑剂：为使混炼胶达到一定的塑性和黏性添加的材料，如：机械油、古马隆、松香等。

通过以上类别材料的合理搭配，就可以设计出需要的胎面胶和帘线胶配方。

自行车外胎胎面胶配方如表 10-2 所示。

表 10-2 自行车外胎胎面胶配方（单位：质量份）

名称	1	2	3	4	5	名称	1	2	3	4	5
天然橡胶	55	65	50	65	70	氧化锌	4	5	4	5	4
顺丁橡胶		35	35	35	30	硬脂酸	3	1.5	2.5	2.7	3
丁苯橡胶	45		15			石蜡	1.5	1	1	0.8	1
再生橡胶		10	12	10		碳酸钙			6.2		12.39
硫磺	1.2	1.5		1.2	1.3	机油	6			7	
促进剂 D		0.07				中超耐磨炉黑	30	10	20	27	
促进剂 M		1			0.21	高耐磨炉黑	15	16	11	20	44.4
促进剂 DM	0.5	0.5	1	0.8	1	半补强炉黑			18		
促进剂 CZ	0.8	0.5	1	0.8		软化重油			4	6	8
促进剂 NOBS					0.6	松焦油	2	4			2
防老剂 A		0.6	1			古马隆		2	3		
防老剂 D			1	1		合成油脂酸		1.5			
防老剂 RD		1			0.7	合计	166.2	166.87	182.5	177.3	180
防老剂 1010		0.5	1	1	1.4	含胶率（%）	60.17	59.93	54.79	56.4	65.43
防老剂 1010NA	2.2										

10.4.2 自行车外胎工艺

硬边自行车外胎生产流程如图 10-10 所示。

10.4.2.1 混炼

1. 配料

（1）配料前必须检查所使用的衡器是否灵敏准确：将游码归零，秤杆能上下摆动不少于 3 个周期，并用称量秤砣的方法进行校准。

（2）配料前检查所需配合剂（颜色、粒度、气味）是否异常，是否受潮、变质或混有杂物。彩胶使用着色剂应检查产地是否一致，并仔细核对配方是否正确无误，确认后方可配料。

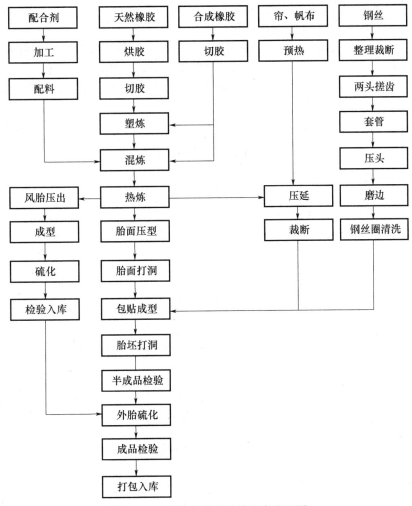

图 10-10 硬边自行车外胎生产流程图

（3）配料用的药盆、药桶皮重要标记清楚，保持清洁，每次称料前复查一次。

（4）配料时，根据配方要求称料，所称重量由容器加上料重构成，将游码固定在所需重量位置，顺时针方向拧紧，以免游码滑动，导致称量不准。游码固定好后，用配料勺把要称量的料舀入容器中，至秤杆上下摆动接触不到框的上下沿即可。

（5）配料盛放原则：硫磺与促进剂可以放在一起；各种促进剂可以放在一起；各种炭黑可以放在一起；活性剂、防老剂、增塑剂、填充剂可以放在一起（注：促进剂 TT 跟硫磺放在一起）。

（6）配合完毕的大小料都要用对应的称量仪器抽查总重量，总重量允许误差不能大于配合剂用量允许公差之和。否则即视为错料，不得流入下道工序，在查明原因并采取相应补救措施后方可使用。

（7）配合完毕并抽查合格的大小料要注明胶料名称（或编号）、数量并按固定地点集中放置。

2. 密炼

（1）打开电源开关，启动润滑，启动油泵，检查上顶栓升降、卸料门开关、进料门开关是否灵活。所有部件均处在正常状态，方可正常生产。

（2）密炼机：用电子皮带称称量，根据电子称指示的数据，先称再生胶，然后称合成胶，最后称标胶（塑炼胶），称好后，传到传送带上。将配料配好的大中小料放在传送带后段上，与称好的生胶一同投进密炼室，压合2min左右，升栓，每隔2min左右升栓一次，每车胶至少升栓2次。投料要求准、稳、快。容器残余物：大料不得多于200g，小料不得多于5g。

（3）密炼机下顶栓挤出的胶条，每5车要清理一次，均匀掺入同种胶料中。

（4）在确保混炼时间（工艺规定的混炼周期）的情况下，排胶。混炼胶排胶温度≤170℃。

（5）混炼损耗：与配方标准重量相比，下车重量平均每车不应超出±0.6%，否则视为错胶，要立即查找原因，并暂缓发用。

（6）密炼操作允许时间误差为±1min。

10.4.2.2　压片

（1）开机后，机器运转正常方能紧辊至片厚要求。

（2）排胶后，迅速过辊以防过炼，并开启风扇，落盘两次，从左到右、从右到左开刀做扇形打扭，总开刀次数不低于6次，下片，打开传送带开关，放下气铊，过隔离剂，严禁落地，冷却后使用（停放时间不少于4h）。下片厚度8～10mm。落胶温度≤45℃。

（3）更换品种时注意更换胶料配方编码。

10.4.2.3　压延

1. 热炼

（1）开机前检查：检查辊距间是否有杂物，炼胶设备是否完好；开启油泵，通过观察孔查看是否供油，供油则正常；清扫底胶盘方可开机。调节辊距至工艺要求：粗炼胶厚度小于18mm，细炼胶厚度小于12mm。

（2）使用胶料前，检查是否有快检卡，并妥善保管，检查快检卡与实际用胶是否相符。胶料必须按领用的先后顺序使用，最长存放时间不超过72h。

（3）双折或多折胶片必须撕开，并沿电机转动轴一侧投入少量冷胶，待软化包辊后再加新料。辊距必须左右一致，左右90°开刀调头不得少于4次，捣合均匀，连续供胶。

（4）打褶带水胶料不得上机，胶料不得落地及过炼，出现焦烧应及时下片，并通知相关人员查看。

（5）严格控制温度：

① 粗炼：辊温不高于60℃，胶温不高于70℃。

② 细炼：辊温不高于70℃，胶温不高于80℃。

（6）严格控制容量：22吋开炼机不大于160kg，18吋开炼机不大于100kg，四辊压延机不超过60kg。供胶时随打随用，不停放。不得让胶在开炼机上任意翻滚，也不得在热炼过程中将胶停放在胶盘上或传送带上时间超过10min。

（7）换用不同胶料时，应将余胶全部清除归入同种胶料中。

2. 放线、递头、接头

（1）压延前检查牵引辊，以防胶帘线粘辊。待主机辊筒通入蒸汽20min后方可拆包，拆包后的帘线停放不超过30min，以防受潮。

（2）放线时，操作工拆好生线包装系好绳带，向主机发出一声长铃（2s）联络信号，然后听到主机回复一声长铃（4s）后，启动放线牵引，绳带放完后，放线工再发出一声长铃（2s）信号通知主机关闭放线牵引。

（3）帘线放出要平整，用手动定中装置把帘线确定在基准线内，跑偏不超过5mm，如果出现偏歪应及时调整定中装置。放第一卷帘线时，用预先准备好的穿针（长度为90mm），在距帘线头20mm处穿入帘线（间隔为10～15mm），同时把穿针两端套入放线带孔内，并把穿好的帘线延穿孔中心一分为二穿针一圈后系牢，调整放线摩擦盘，打铃通知主机开干燥牵引辊，缓慢放线进入手动定中装置、12环储布辊、干燥牵引辊，通过扩布辊后把放线带收好，把穿针取出，用剪刀把帘线头修齐放在扩布辊上准备递头。

（4）放线过程中，各规格原线用卷尺进行三点测幅宽：一点在原线出口，一点在十二环，一点在进压延机口，并认真记录幅宽。根据测量结果及实际情况每月对十二环辊筒进行定期清理表面附着的浸浆。

（5）递头时与主机密切配合，当听到主机停机后发出的递布铃声时，把帘线平整放于中辊胶上，放好后打铃通知主机手，待布头过主机压延正常后，打开张力汽缸调整张力，用电动定中装置对帘线定中，根据工艺幅宽要求用手动弓形辊调整幅宽（弓背向上扩布，向下收布）。

（6）接头前30min方可拆包下一卷帘线，并在帘线头刷胶浆贴压延接头胶（宽度为25～30mm，长度与帘线幅宽相吻合）。接头前储满12环储布辊，正常情况下储布环不得过高（除非特殊情况下采取的措施），以免帘线打褶，上下环距离控制在1.2m范围内，接头时电铃通知主机手减速，并用前牵引辊夹紧距帘线100～200mm帘线，把刷过胶浆的帘线头平放于平板硫化机上，再把尾帘线均衡压在帘线头后压合硫化。平板硫化接头机温度105±5℃，接头时间45s。硫化过程中把平板硫化机两端多余帘线用剪刀清除，接完头用手拉扯接头处检查质量，符合要求方可松前张力辊放线。

（7）压延过程中要在放线、定中装置、12环储布、两组干燥辊、干燥牵引辊、张力汽缸和扩布辊之间巡视，有异常及时处理。接头帘线过主机前1.5m打铃通知主机手减速松辊。

（8）压至最后一卷帘线尾时，用穿针穿好帘线尾（方法同放线一样），通知主机手开慢车压延。放线带过干燥牵引辊前松辊，过完扩布辊时用剪刀沿穿针把帘线与放线带剪开，打铃通知主机手压完剩余帘线。

（9）未用完的原线重新严密包装，以防受潮。

3. 主机

（1）压延前先对润滑油箱通入蒸汽加热油温至60℃时，才能启动油泵，待回油箱八处回油口都出现回油后，启动主机，并通入蒸汽加热辊筒至工艺要求。工艺要求：上辊、中辊温度为85±5℃，侧辊、下辊温度为75±5℃。

（2）辊温达到要求后，关闭蒸汽。加胶调整辊距，认真测定胶片厚度。上胶片厚度2.0mm，下胶片厚度0.3～0.5mm，达到要求后，减速停机打一声长铃（4s）通知放线工递布，待听到放线操作工回复一声长铃（2s），主机手发出一声长铃（4s），启动主机，慢速压延。把布头与上一卷的布尾连接（接头长度控制在1m内），用手充分压实，启动张力汽缸，调节辊距，并取样测厚达到工艺要求后方可加速压延。操作中严格控制胶温和复胶厚度，胶温接近100℃时要先通入一半冷却水然后逐步开大，以防降温过快造成胶帘线厚度波动过大。

（3）在压延过程中，可用挡胶杆放在胶帘线边上挡住多余的胶料。若胶边拉不起时，可用挡胶刀挡住胶边，但要随时调整挡胶刀的位置，以免造成胶帘线卷边浪费。

（4）压延时注意检查主机轴瓦及出（回）油情况。

（5）车速要求：正常情况下 35m/min，过接头和接头时 16m/min。

（6）当听到放线操作人员发出的过接头帘线铃声时必须减速松辊，接头产生的厚线以接头为准，前后不得超过 5m，胶帘线、胶帆布上若有杂物、露白、自硫胶、压烂等，应及时停机处理后再继续压延。由于胶料、帘线在压延过程中产生的质量问题应马上停机更换原材料，不合格原材料隔离摆放、停止使用、标识清楚并上报处理。

（7）换用不同胶料时，应将余料全部清除，清除的胶料归入同种胶中，污染胶料归入黑胶料中。

（8）胶帘线（帆布）压出温度低于 115℃。

10.4.2.4　胎面压型、热炼

（1）开机前检查设备是否完好，辊距间是否有杂物，清扫底胶盘并进行正常的润滑工作。

（2）使用胶料前，查看是否有快检卡，并妥善保存，检查快检卡与实际用胶是否相符。胶料必须按领用的先后顺序使用，最长存放时间不超过 72h。

（3）双折或多折胶片必须撕开，并沿电机转动轴一侧投入少量冷胶，待软化包辊后再加新料。辊距必须左右一致，左右开刀 90°调头不得少于 4 次，捣合均匀，连续供胶。

（4）每车回料及冷胶疙瘩要均匀搭配掺用，掺用不得超过 20%，回料不得堆积过多，以防焦烧，并保持清洁无杂质。返回的机头胶掺用不得超过 10%。

（5）带水胶料不得上机，严禁热炼时洒水，胶料不得落地及过炼，出现焦烧应及时下片，并通知相关人员查看。

（6）严格控制辊温：

粗炼：前辊：50～60℃　　　　细炼：前辊：65～70℃

　　　后辊：50～55℃　　　　　　　后辊：55～60℃

　　　胶厚：10～15mm　　　　　　　胶厚：8～10mm

压型机：上辊：65℃　　　　　　中辊：70℃

　　　　下辊 80℃　　　　　　　侧辊：85℃

挤出机：口型板≤100℃，机头≤75℃，机身 50～55℃

（7）严格控制投料量：18 吋开炼机不大于 100kg，16 吋开炼机不大于 70kg。不得让胶在开炼机上任意翻滚，也不得在热炼过程中将胶停于底胶盘上或传送带上。打卷供胶时应随打随用，胶卷停放时间不超过 10min。

（8）换用不同胶料时，应将余胶全部清除。

10.4.2.5　裁断

（1）开机前检查设备是否完好，在传动部位是否有杂物，气压 0.2～0.4MPa。

（2）检查裁断角度，帘线、帆布型号是否与工艺标准相符。

（3）检查裁断机上压辊、压条松紧防止帘线大小头。

（4）在连续裁断时，必须在压条压下时，才能将上一张帘线取下，防止因拉扯造成大小头。

（5）按先后顺序使用，并将压延小单保存好，以备查询，无压延小单的不得使用，并通

知相关人员查看处理，未裁及打卷帘线不得露于布卷外，存放时间不大于 72h；其余已裁帘线、打卷帆布存放时间不大于 16h。

（6）胶帘线裁断后堆放不得高于150mm。

（7）空布卷必须堆放好，防止受潮。

10.4.2.6　成型

（1）成型时必须做到："四正、二实"。

① 四正：

a. 上帘线正：不得有泡边现象，帘线、耳子布必须反包均匀，偏歪值：牙距＞100mm 的规格小于 9mm，牙距≤100mm 的规格小于 7mm。

b. 上钢丝圈正：大小圈钢丝不得使用，保证钢丝圈上正。接头错开≤150mm。

c. 上外包布正：外包布应整齐，均匀，不得有仔口露布，露线情况，包布接头不大于 20mm，最小拼接长度不小于 50mm。

d. 上胎面正：胎面均匀上于二个钢丝圈之间，并压实，耳根露布不大于 1mm，接头角度 45°，高度≥2mm。

② 二实：

a. 帘布层之间要层层压实：防止脱层、气泡。

b. 胎面要压实：防止脱层，胎面开口。

（2）帘布必须平整，压合紧实，不泡边。

（3）耳子布平贴高度一致，无打折、无翘起。

（4）不得有多层、少层情况。

10.4.2.7　硫化

（1）严格按照各品种工艺硫化时间操作，严禁抢点及误点硫化。

（2）严格执行三正、一慢、四看：

① 三正：

a. 扒胎正：上、下耳子钢丝圈对齐。

b. 装胎正：胎耳与模具胎耳对正。

c. 气嘴杆正：气嘴杆与胶垫进气口对正。

② 一慢：进气放气慢，以防风胎胶垫吹掉。操作慢，一台未完，禁止操作第二台。

③ 四看：

a. 看模子、定型桌有无杂物。

b. 看胎胚上有无杂物。

c. 看气嘴杆是否压坏。

d. 看胎面接头是否裂开。

（3）冷模、冷风胎必须预热后方可使用，预热时间为：风胎 0.5h，模具 1.5～2h，用新模第一次硫化必须延硫 3～5min。

（4）风胎沾水溶隔离剂后必须等水分、油分挥发后方可定型，并检查是否有未溶解的隔离剂在水胎上，如有应清除。

（5）风胎使用前必须充气检查是否完好，如风胎表面有凸凹（超过 2mm）不得使用。

（6）胶垫、气杆、风胎应勤检查，每班不少于 2 次。

10.4.3 典型缺陷分析与质量检验

10.4.3.1 典型缺陷分析

（1）欠硫：制品经过硫化后未达到要求，形成蜂窝状态，不具备使用性能。导致此缺陷的主要原因为"硫化三要素"其中至少一项未达到要求。

① 硫化时间未达到要求：在硫化过程中未按要求的时间进行硫化，提前落模会导致欠硫。加强工艺管理和操作工培训可改善此现象。

② 硫化温度未达要求：生产中一般使用蒸汽对模具进行加热，若蒸汽中水分含量过高会影响加热效果从而导致温度达不到要求继而导致欠硫。安装汽水分离器即可解决此问题。

③ 硫化压力未达要求：密封圈漏风或合模时压坏气杆，一旦出现漏风会导致压力不足，达不到工艺要求的压力会导致欠硫。在硫化过程中勤检查勤更换密封圈及气杆可减少此现象。

若"硫化三要素"经检查确认均符合工艺要求，也可能是漏加硫化剂/促进剂或配方设计时促硫体系设计不合理导致。

（2）压偏：硫化过程中，钢丝圈在模具内未达到相应位置，被模具压坏，丧失使用性能。导致此缺陷的原因大致有以下几类。

① 钢丝圈尺寸不符合工艺要求：在生产钢丝圈过程中，尺寸过大或过小。在硫化时导致钢丝圈不能到达相应位置被模具损坏。每批钢丝圈在使用前应对其尺寸进行测量，符合工艺要求才可投入使用，可大幅度避免此原因导致的压偏。

② 成型牙距较小：成型过程中若牙距较小，不符合工艺要求，成型好的胎胚尺寸会偏小，导致硫化时钢丝圈到达不了相应位置从而导致压偏。成型前对成型机的牙距进行测量，符合工艺要求后方可成型，成型过程中勤测量，可避免此原因导致的压偏。

③ 胎坯装模不正/胎坯装囊时定型不正：在装模/装囊时胎坯未放到相应位置或产生了一定量的位移导致钢丝圈被模具损坏。对操作工技能加强训练可减少此原因导致的压偏。

10.4.3.2 质量检验

轮胎质量检验可分为外观检验和性能检验。

（1）外观检验：将外观存在问题，影响使用的产品检选出，不得流入市场。外观检验时将有欠硫、缺胶、压偏、气泡、脱空、余胶等缺陷产品检出，按要求进行操作，使其不再具备使用性能。

（2）性能检验：通过试验设备对产品的物理机械性能进行检验是否达到标准要求。性能检验主要有：耐久试验、破坏能试验、脱圈试验。

① 耐久试验：将产品装配上相应规格的轮辋，安装在耐久试验机上，加上规定的负荷，模拟车胎行驶。看车胎是否能达到标准要求的行驶公里数。

② 破坏能试验：通过破坏能试验机对轮胎进行破坏，看轮胎在被损坏时能承受多大的力，是否达到标准要求。

③ 脱圈试验：通过水压检测轮胎在脱出轮辋时所能达到的最大压力。

练习与讨论

1. 对橡胶制品生产的机械设备类型及用途进行论述。

2. 论述橡胶生产中塑炼工艺的目的及方法。

3. 橡胶制品中为什么要用骨架材料？对骨架材料有何要求？

4. 配合剂为什么要进行预加工？生产中哪些配合剂需要准备加工？举例说明。

5. 影响密炼机混炼橡胶的因素主要有哪些？

6. 请简述混炼操作的工艺流程，及混炼胶易出现的问题与处理方法。

7. 简述压延与压出的区别与适用范围。

8. 橡胶压延前的准备工作有哪些？其目的是什么？

9. 请对橡胶制品硫化的重要性进行论述。

10. 请查阅相关资料，给出提高胎面胶耐磨性能、提高胎面胶的耐老化和耐屈挠龟裂性能的配方设计。

参 考 文 献

[1] 吴崇周. 塑料加工原理及应用 [M]. 北京：中国轻工业出版社，2008.

[2] 吴其晔，巫静安. 高分子材料流变学 [M]. 北京：高等教育出版社，2002.

[3] 史铁钧，吴德峰. 高分子流变学基础 [M]. 北京：化学工业出版社，2009.

[4] 杨鸣波. 聚合物成型加工基础 [M]. 北京：化学工业出版社，2009.

[5] 王加龙. 高分子材料基本加工工艺 [M]. 北京：化学工业出版社，2004.

[6] 王贵恒. 高分子材料成型加工原理 [M]. 北京：化学工业出版社，1982.

[7] 杨小燕. 高分子材料成型加工技术 [M]. 北京：化学工业出版社，2010.

[8] 方少明，冯钠. 高分子材料成型加工 [M]. 北京：中国轻工业出版社，2014.

[9] 史玉升，李远才等. 高分子材料成型工艺 [M]. 北京：化学工业出版社，2010.

[10] 徐百平. 塑料挤出成型技术 [M]. 北京：中国轻工业出版社，2011.

[11] 孔萍. 塑料配混技术 [M]. 北京：中国轻工业出版社，2009.

[12] 刘青山. 塑料注射成型技术 [M]. 北京：中国轻工业出版社，2010.

[13] 张小文. 塑料管道及管件加工与应用 [M]. 北京：中国石化出版社，2003.

[14] 陈滨楠. 塑料成型设备 [M]. 北京：化学工业出版社，2007.

[15] 朱元庆. 聚氯乙烯管材制造和应用 [M]. 北京：化学工业出版社，2002.

[16] 刘文钧，等. 锥形双螺杆挤出机，JB/T 6492—2001 [S]. 中国机械工业联合会，2001.

[17] 刘芳，李杰，夏飞. 硬脂酸钙对石蜡、硬脂酸润滑作用的影响及其理论分析 [J]. 聚氯乙烯，2005年第11期.

[18] 刘英，译. 润滑剂在硬PVC加工中的应用 [J]. 新疆化工，1997年1期.

[19] 杨鸣波，唐志玉. 高分子材料手册（上）[M]. 北京：化学工业出版社，2009.

[20] 周达飞，等. 高分子材料成型加工 [M]. 北京：中国轻工业出版社，2000.

[21] 唐颂超. 高分子材料成型加工 [M]. 北京：中国轻工业出版社，2015.

[22] 赵光贤. 密炼机的混炼过程控制 [J]. 中国橡胶，2009，25（2）：34-36.

[23] 梁守智，等. 橡胶工业手册，第四分册，轮胎 [M]. 北京：化学工业出版社，2007.

China Building Materials Press